Mathematik im Kontext

Herausgeber:
David E. Rowe
Klaus Volkert

Die Buchreihe Mathematik im Kontext publiziert Werke, in denen mathematisch wichtige und wegweisende Ereignisse oder Perioden beschrieben werden. Neben einer Beschreibung der mathematischen Hintergründe wird dabei besonderer Wert auf die Darstellung der mit den Ereignissen verknüpften Personen gelegt sowie versucht, deren Handlungsmotive darzustellen. Die Bücher sollen Studierenden, Mathematikerinnen und Mathematikern sowie an Mathematik Interessierten einen tiefen Einblick in bedeutende Ereignisse der Geschichte der Mathematik geben.

Weitere Bände dieser Reihe finden Sie unter http://www.springer.com/series/8810

Ivo Schneider

Archimedes

Ingenieur, Naturwissenschaftler, Mathematiker

2. Auflage

 **Springer** Spektrum

Ivo Schneider
Münchner Zentrum für Wissenschafts- und
Technikgeschichte
München, Deutschland

ISSN 2191-074X   ISSN 2191-0758 (electronic)
Mathematik im Kontext
ISBN 978-3-662-47129-6   ISBN 978-3-662-47130-2 (eBook)
DOI 10.1007/978-3-662-47130-2

Die Deutsche Nationalbibliothek verzeichnet diese Publikation in der Deutschen Nationalbibliografie;
detaillierte bibliografische Daten sind im Internet über http://dnb.d-nb.de abrufbar.

Springer Spektrum
Die erste Auflage erschien 1979 bei „Wissenschaftliche Buchgesellschaft", Darmstadt
© Springer-Verlag Berlin Heidelberg 2016

Planung: Annika Denkert

Gedruckt auf säurefreiem und chlorfrei gebleichtem Papier.

Springer-Verlag GmbH Berlin Heidelberg ist Teil der Fachverlagsgruppe Springer Science+Business
Media
(www.springer.com)

Vorwort zur II. Auflage

Mein 1979 erschienenes Buch über Archimedes war, dem Reihentitel „Erträge der Forschung" der Wissenschaftlichen Buchgesellschaft geschuldet, zunächst ein Bericht über die bis dahin erzielten Ergebnisse der Archimedesforschung. Unter der Voraussetzung, dass der Bericht dem damaligen Forschungsstand weitgehend entspricht, was Wilbur Knorr in seiner 1987 erschienenen kommentierten Bibliographie zur Archimedesforschung bestätigt hat, bleibt er unabhängig von dem inzwischen erreichten Forschungsstand ein gültiges Dokument. Natürlich ist die Archimedes-Forschung in den seither vergangenen 36 Jahren nicht stehen geblieben. Allerdings hat sich an den von Archimedes selbst stammenden Quellen nicht viel geändert trotz des seit 1998 der Forschung wieder zugänglichen Palimpsests, der große Teile der von Heiberg als Kodex C bezeichneten Sammlung Archimedischer Schriften aus dem 10. Jahrhundert enthält. Die beiden nur in diesem Palimpsest zu findenden Texte der so genannten Methodenschrift und eines Stomachion betitelten Fragments waren bereits Heiberg bei seinen Besuchen in Konstantinopel in den Jahren 1906 und 1908 zugänglich. Ob sich an der Edition dieser beiden Texte Wesentliches gegenüber der Heibergschen von 1913 geändert hat, wird erst eine bis jetzt nicht vorliegende endgültige Neuedition zeigen können. Grundsätzlich ist der Palimpsest heute etwa wegen der nach 1908 erfolgten Übermalungen und durch Schimmelfraß eingetretenen Schäden in einem wesentlich schlechteren Zustand als ihn Heiberg noch vorfand. Trotz der inzwischen verfügbaren technischen Methoden, mit denen kleinste im Pergament verbliebene Pigmentreste der im 10. Jahrhundert verwendeten Eisengallustinte sichtbar gemacht werden können, hatte Heiberg sogar in einigen Teilen bessere Voraussetzungen, den zur Neubeschriftung mit einem liturgischen Text im 13. Jahrhundert ausgelöschten Text der ursprünglichen Beschriftung aus der zweiten Hälfte des 10. Jahrhunderts zu erschließen.

Es sei auch darauf hingewiesen, dass sowohl Heiberg als auch den heutigen Bearbeitern dieser Texte in vielen Fällen nur Reste von Wörtern oder auch nur von Buchstaben zur Verfügung standen bzw. stehen. Ihre Ergänzung zu einem sinnvollen Text erforderte und erfordert neben entsprechenden philologischen Kenntnissen und Vertrautheit mit der Diktion von Archimedes auch ein hohes Maß an Intuition, deren Ergebnis fast immer nur einen gewissen Grad von Wahrscheinlichkeit beanspruchen kann.

Auch wenn in jüngster Zeit als besonderes Erfordernis der Forschung die Berücksichtigung des Kontextes, in dem griechische Mathematiker wie Archimedes ihre Werke
schufen, betont wird, hat sich auch hier an den dafür zuständigen Quellen seit 1978 wenig geändert. Ergänzend zu den seit langem verfügbaren Texten antiker Ingenieure und
Baumeister wie Ktesibios oder Vitruv, Naturwissenschaftler, vor allem Astronomen, Historiker, Philosophen, Schriftsteller oder Dichter könnten allenfalls die Befunde jüngerer
archäologischer Forschung für die Rekonstruktion eines solchen Kontextes herangezogen
werden. Aber zur Beantwortung von Fragen, die etwa die Versorgung der Bewohner von
Syrakus, einer der bevölkerungsreichsten griechischen Städte, wenn nicht gar der damals
größten griechischen Stadt des Mittelmeerraumes, betreffen, gibt es seitens der Archäologie keine neuen Erkenntnisse. Dabei ist klar, dass allein der Wasserbedarf einer Stadt mit
einigen hunderttausend Einwohnern ohne entsprechende technische Einrichtungen und
ohne eine dafür zuständige Organisation nicht befriedigt werden konnte. Während für das
antike Rom und Pergamon zumindest die Zuführung des Trink- und Badewassers durch
Aquädukte bzw. Druckwasserleitungen belegt ist, weiß man über die Verteilung des Quell-
wassers etwa des Arethusa-Brunnens in Syrakus im Einzelnen bis heute nichts. Dabei bot
diese reiche Handelsstadt nicht nur hinsichtlich ihrer Wasserversorgung eine Fülle von
Problemen, die nur durch eine nicht mehr geringe Anzahl von Fachleuten gelöst werden
konnten. Wie weit Archimedes daran als ein, wie von Plutarch behauptet, dem Herrscher
nahe stehender Berater beteiligt war, ist nicht bekannt. Von den antiken Historikern wird
überwiegend nur auf seine Leitung der Verteidigung der Stadt gegen die belagernden Römer in den Jahren 213 und 212 vor Christus hingewiesen.

Wahrscheinlich gemacht etwa durch einen Bericht von Cicero sind die als Kriegsbeute
nach Rom gebrachten beiden von Archimedes konzipierten Planetarien. Sie waren wie
das jüngere vor der Insel Antikythera gefundene, als Planetarium dienende Instrument aus
einem Metall wie Bronze gefertigt. Die Herstellung eines solchen Instruments erforderte
über mathematisch-astronomische hinaus feinmechanische und vor allem metallurgische
Kenntnisse. Dazu musste es in der Stadt die dafür nötigen Facharbeiter und Werkstätten
gegeben haben. Auch die Verarbeitung von Edelmetallen für die Prägung von Münzen
oder die berühmte, heute z. T. skeptisch beurteilte Geschichte der von Archimedes berichteten Aufdeckung des Betrugs eines Goldschmieds legt zumindest nahe, dass in der Stadt
die dafür notwendigen personellen und technischen Voraussetzungen gegeben waren. Dies
gilt natürlich auch für die rege Bautätigkeit von Hieron II. und den Bau von Handels- und
Kriegsschiffen, mit dem Archimedes auch in Verbindung gebracht wurde. Für die Aktivitäten von Astronomen und Mathematikern wie Archimedes sollte man, wenn man für
die erforderliche Ausbildung nicht zu Lehrern und Institutionen außerhalb von Syrakus
zu gehen gezwungen war, zumindest über eine, vielleicht auch nur kleine Fachbibliothek
in Syrakus verfügt haben. Dass für all dies, durchaus nicht überraschend, Bestätigungen
durch die Archäologie fehlen, soll nur besagen, dass von dieser Seite eine Hilfestellung zur
Rekonstruktion des geforderten Kontextes, zunächst verstanden als die Gesamtheit der für
das Wirken von Archimedes relevanten materiellen Bedingungen, nicht zu erwarten ist.

Beispiele wie diese genügen, um darzutun, dass sich auch in dieser Hinsicht die Quellenlage seit 1978 nicht wesentlich verändert hat. Inwieweit allerdings die verfügbaren Quellen seither tatsächlich und in welcher Form genutzt wurden, ist eine andere Frage, auf die ich zurückkomme. Zunächst soll aber gefragt werden, ob mein Archimedes-Buch von 1979 auch heute noch Bedeutung und damit verbunden Interesse beanspruchen kann. Von wissenschaftlicher Redlichkeit abgesehen, die ja zu einer korrekten Berücksichtigung früher erreichter Befunde verpflichtet, ist die Antwort darauf vor allem abhängig davon, ob und wenn, wie weit frühere Forschungsergebnisse durch neuere Untersuchungen außer Kraft gesetzt werden. Ein Kriterium dafür, dass ein früheres Ergebnis weil nun angeblich obsolet nicht mehr erwähnt werden sollte, ist die vom Autor gewählte Darstellungsform.

Da die Anzahl derjenigen ständig abnimmt, die altgriechische oder im dorischen Dialekt, wie er im Syrakus von Archimedes üblich war, abgefasste Texte lesen oder gar verstehen können, sind die meisten der an der Mathematik des Archimedes Interessierten auf eine Übersetzung in eine ihnen geläufige Sprache angewiesen. Ihnen wird eine solche Übersetzung, auch wenn sie die Schritte der Argumentation mit Hilfe der beigefügten geometrischen Darstellungen mit einiger Mühe nachvollziehen können, oft fremd erscheinen, weil sie dem durch ihre mathematische Ausbildung nahe gelegten Vorgehen nicht entspricht. Unter Verzicht auf griechische mathematische „Authentizität" werden solche Leser versuchen, eine weitere Übersetzung in die ihnen geläufige mathematische Sprache zu erhalten und sich damit möglicher Weise von der Denk- und Vorgehensweise griechischer Mathematiker entfernen. Die von früheren, vor allem aus der Mathematik kommenden Historikern stammende Behauptung, dass einem Großteil der griechischen Mathematik eine Algebra zugrunde lag, die die Griechen hinter einer rein geometrischen Darstellung versteckten, wurde von Sabetai Unguru in einem umfangreichen Artikel von 1975 als unhistorisch und unprofessionell vehement zurückgewiesen. Ungurus Arbeit von 1975 führte zu einer heftigen Reaktion von renommierten Mathematikern wie B.L. van der Waerden und André Weil und schließlich 1979 zu einer Erwiderung von Unguru, in der er eine völlige Neufassung der griechischen Mathematik forderte.

Zur Beurteilung der Angemessenheit oder auch Unangemessenheit einer solchen Forderung gilt es z. B. zu unterscheiden, ob ein Autor den Inhalt eines griechischen mathematischen Textes etwa im Gewand der Algebra unter Hinweis auf die eigentlich zugrunde liegende geometrische Argumentation im Original darstellt, oder ob er behauptet, die algebraische Darstellung entspreche der eigentlichen Denkweise der Griechen.

Die vor 1975 erschienenen Arbeiten vieler Historiker, insbesondere das in Artikeln von 1938 bis 1944 von E.J. Dijksterhuis in holländischer Sprache erschienene Werk über Archimedes, das 1958 in überarbeiteter Form ins Englische übersetzt und erneut 1987 mit der erwähnten Bibliographie von Knorr veröffentlicht wurde, sind frei von Behauptungen obiger Art. Dijksterhuis hat sich darin ausdrücklich von der durch Unguru viele Jahre später kritisierten Übersetzung griechischer geometrischer Darstellung in algebraische Symbolik als der griechischen Denkweise nicht entsprechend distanziert. Unter sorgfältiger Berücksichtigung der Eigenart griechischer geometrischer Denkweise hat er eine eigene Symbolik eingeführt, mit der Begriffe wie etwa Rechteck mit den Seiten a und b, Kreis mit dem Durchmesser d oder das Verhältnis zweier homogener Größen A und B dargestellt werden.

Ohne jede Rücksicht darauf hat sich eine Gruppe heutiger Historiker die Forderung Ungurus nach einer Neufassung der griechischen Mathematik zu eigen gemacht und sich damit ein Alibi zu verschaffen versucht, früher erzielte Ergebnisse wider jede wissenschaftliche Redlichkeit zu ignorieren.

Im Folgenden sollen ausgewählte Beispiele von Ergebnissen der inzwischen erwachsenen neuen Generation von Historikern der griechischen Mathematik als Brücke zum heutigen Wissensstand dienen. Der prominenteste Vertreter dieser neuen Generation ist sicherlich Reviel Netz, der bei Unguru in Tel-Aviv und später bei Lloyd in Cambridge studiert hat. Netz hat in einer speziell Archimedes gewidmeten Arbeit von 1999 das durch den erhaltenen Text nahe gelegte Verständnis der Lösung eines von Archimedes formulierten Problems als ein algebraisches Problem in Frage gestellt. Es handelt sich dabei um die Teilung einer Kugel durch eine Ebene in zwei Segmente in einem gegebenen Verhältnis. Netz machte die Formulierung der Lösung durch Eutokios für das von ihm kritisierte Verständnis verantwortlich. Eutokios, der Kommentator einiger Schriften des Archimedes, lebte mehr als sieben Jahrhunderte nach Archimedes. Der Zeitraum schien Netz ausreichend, um einen entsprechenden Wandel in der Darstellungsform des Beweises als typisch für Eutokios aber nicht für Archimedes zu erklären.

Netz hat in seinem Buch *The shaping of deduction in Greek mathematics* von 1999 behauptet, dass nahezu alle vor etwa 1975 erschienenen Deutungen griechischer Mathematik entweder als wilde Spekulationen oder als unhistorische Machwerke zurückzuweisen sind. Es sei erlaubt, darauf hinzuweisen, dass Netz in diesem Buch und in anderen Arbeiten wiederholt eigene Argumente als unbewiesene, weil u. U. letztlich unbeweisbare Hypothesen und damit als spekulativ bezeichnen musste. In einer späteren Arbeit von 2011 hat er sogar einen Satz in der Methodenschrift des Archimedes in einer Weise gedeutet, die verschiedene Kollegen ihrerseits als wilde Spekulationen ablehnen. Es handelt sich dabei um eine Rückprojektion des mit dem Mächtigkeitsbegriff für unendliche Mengen von Georg Cantor verbundenen aktual Unendlichen auf Archimedes unter Umgehung aller historisch erforderlichen Zwischenschritte. Grundlage für diese von seinem sonstigen Vorgehen völlig abweichende Deutung ist eine der wenigen Ergänzungen und Änderungen der Methodenschrift gegenüber der von Heiberg edierten Fassung in einem 2011 veröffentlichten vorläufigen Text. Dort (S. 119) findet sich, wenn man die mit diesen Ergänzungen verbundenen Fragezeichen unberücksichtigt lässt, dreimal im Griechischen ein Ausdruck, den man Deutsch mit „sind ihrer Anzahl nach gleich" wiedergeben kann; Subjekt wären dabei jeweils zwei Mengen von Schnitten, die nach Netz „klar als unendlich anzusehen sind" (Netz 2011, S. 304), obwohl im Text jede explizite Aussage darüber fehlt. Aber selbst wenn man dies zugesteht, fehlt jede Rechtfertigung für die damit verbundene Behauptung, dass Archimedes' Mathematik weit über die Errungenschaften des 17. und 18. Jahrhunderts hinaus bis in die Sphäre der Auseinandersetzungen um die Mengenlehre und damit verbunden um das aktual Unendliche Georg Cantors reicht.

Mindestens ebensoviel Erstaunen hat die Deutung von Netz des sehr kurzen Stomachion betitelten Fragments in dem Palimpsest ausgelöst. Der kurze erhaltene Text betrifft 14 Flächenstücke, elf Dreiecke, zwei Vierecke und ein Fünfeck, die sich zu einem Quadrat zusammensetzen lassen. Der erste Teil des einleitenden Satzes besagt, dass diese Flächenstücke eine ποικίλα θεωρία (poikila theoria) gewähren, was dem optischen Hintergrund der ursprünglichen Wortbedeutung entsprechend zunächst mit „bunter, verschiedenartiger Anblick" wiedergegeben werden kann. In diesem Sinn ist der Satz offenbar später in der Antike von Autoren wie Marius Victorinus verstanden worden, die aus den 14 Flächenstücken ein Zusammensetzspiel aus den 14 jetzt elfenbeinernen Flächenstücken machten, mit dem verschiedene Figuren wie ein Elefant gebildet werden sollten.

Heiberg hat der lateinischen Übersetzung von poikila theoria mit multiplex quaestio entsprechend die Stelle als vielfältige Fragestellung oder vielfältiges Problem aufgefasst, was wiederum verschiedene Deutungen zulässt. Dem von Heiberg edierten Text fehlt aber nach Netz die zentrale Aussage, die zusammen mit ihrem Beweis seine Abfassung rechtfertigen würde. Eine solche Aussage findet sich allerdings in einer von Heinrich Suter 1899 herausgegebenen arabischen Fassung des Stomachions. Dort heißt es nach der Konstruktion der 14 Teile des Quadrats: „Wir beweisen nun, dass jeder der vierzehn Teile zum ganzen Quadrat in rationalem Verhältnis stehe". Diese Aussage passt gut zu dem Bestreben von Archimedes, die Verhältnisse verschiedener Körper wie Kugel und Zylinder oder von Flächen wie Parabelsegment und einbeschriebenem Dreieck gleicher Grundlinie und Höhe sowie von Streckenabschnitten, in die eine Achse wie die Seitenhalbierende eines Dreiecks durch den Schwerpunkt geteilt wird, als rational nachzuweisen. Netz sah offenbar die in der arabischen Fassung des Stomachions enthaltene Fassung als nicht spektakulär genug für die inzwischen geweckten Erwartungen an. Schließlich waren die über weit mehr als ein Jahrzehnt dauernden, von vielen Personen durchgeführten Arbeiten an dem Palimpsest von einem unbekannt gebliebenen Mäzen in großzügigster Weise gefördert worden. Vor diesem Hintergrund erschien Netz die im arabischen Text enthaltene Lösung als zu trivial für ein Genie wie Archimedes. Deshalb musste mit Hilfe von Mathematikern und Computerspezialisten ein Problem konstruiert werden, das den mathematischen Fähigkeiten von Archimedes angemessen und sensationslüsternen Journalisten ausreichend aufregend erschien. Es erübrigt sich dabei eigentlich festzustellen, dass für die Anerkennung eines fachlichen Ergebnisses oder auch nur der Plausibilität einer Hypothese nicht relativ leicht zu manipulierende fachfremde Journalisten, sondern allein kompetente Fachkollegen zuständig sein können. Einzige Grundlage aber für das Vorgehen von Netz im Fall des Stomachions ist eine bei Heiberg fehlende Ergänzung, deren deutsche Übersetzung lautet: „Es gibt also keine kleine Anzahl von Figuren aus denselben". Zentral für diese Passage ist der Ausdruck „keine kleine Anzahl", wobei für Anzahl das griechische Wort πλῆθος (plethos) steht. Dieses Wort ist nach den verfügbaren Abbildungen der Stelle im Palimpsest kaum, wenn überhaupt erkennbar. Grundlage für die Suche nach diesem Netz sinnvoll erscheinenden Text und verbunden damit das „Sehen" und „Erkennen" der obigen Ergänzung war das von den mit der Suche beauftragten Mathematikern und Computerspezialisten angebotene Problem. Das einem Zirkelschluss vergleichbare Vorgehen musste schließlich die Behauptung rechtfertigen, dass es sich bei dem zentralen Problem des Stomachions nur um den Nachweis der relativ großen Anzahl von Möglichkeiten handeln kann, aus den 14 Teilen des Quadrats neue Konfigurationen des Quadrats zu bilden. Tatsächlich kann man das Quadrat auf 17152 Weisen aus den 14, eigentlich elf Teilen konfigurieren, weil drei Paare der 14 Teile bei den Konfigurationen nie getrennt werden können. Sieht man von Bewegungen (Drehungen) ab, deren Ergebnis jeweils als äquivalent mit einer Grundlösung angesehen werden kann, bleiben noch immer 536 verschiedene solcher Grundlösungen übrig. Die zur Ermittlung dieser Zahlen notwendigen kombinatorischen Methoden mussten also nach Netz Archimedes bekannt gewesen sein, was wiederum für Netz die Neuschreibung der Geschichte der (griechischen) Mathematik mehr als dringlich erscheinen ließ. Aus diesem vergleichsweise Nichts an Aussage eine bei Archimedes mehr oder minder voll entwickelte Kombinatorik zu folgern, ist gemessen an dem früheren Autoren gegenüber erhobenen Vorwurf wilder Spekulation ziemlich erstaunlich.

Niemand wird vernünftigerweise annehmen, dass nach vielen Jahrhunderten nur die besten Texte griechischer Mathematik überliefert wurden. Es ist vielmehr damit zu rechnen, dass durch verschiedene Ereignisse, wie die oft erwähnten Zerstörungen großer antiker Bibliotheken, auch hervorragende Werke für immer verloren gingen. Aber wie der zufällige Fund des Antikythera-Instruments das Wissen um die feinmechanischen Fertigkeiten griechischer Instrumentenmacher nahezu schlagartig auf eine wesentlich höhere Stufe hob, bedürfte es im Fall der vorgelegten Deutung des Stomachions eines ganz konkreten, bis heute fehlenden Textes, der Art und Umfang der behaupteten kombinatorischen Kenntnisse von Archimedes belegt.

Im Gegensatz zu der Bereitschaft, Archimedes ohne jede Evidenz Kenntnis und Anwendung kombinatorischer Methoden zuzutrauen, verschwindet der historische Archimedes bei Netz im diffusen Licht des wenigen, was man allgemein über soziale Herkunft, Ausbildung und Betätigungsmöglichkeiten griechischer Mathematiker der Antike weiß oder auch nur vermutet; dies obwohl über Einzelheiten der Biographie von Archimedes anders als im Text des Stomachions konkrete, wenn auch unterschiedlich glaubwürdige Angaben von verschiedenen antiken Autoren verfügbar sind.

Dieser Haltung entspricht auch das 2008 erschienene Buch von Mary Jäger *Archimedes and the Roman imagination*. Jäger nähert sich aus kulturgeschichtlicher, insbesondere literaturgeschichtlicher Sicht den verschiedenen Archimedesbildern von Autoren, angefangen mit Vitruv und Cicero bis Petrarca. Bei ihr verschwinden die von den genannten Autoren berichteten biographischen Details über Archimedes hinter der Funktion, als Spiegel für die eigene, etwa von dem jeweiligen Autor kulturell höher bewertete römische Identität zu dienen. So wird Archimedes in der Goldkranzgeschichte als ein nackt durch die Straßen von Syrakus rennender und Heureka schreiender Mann im denkbar größten Gegensatz zu den Verhaltensnormen der römischen Elite der Augustuszeit durch Vitruv dargestellt. Auch Cicero ging es bei dem Bericht über seine Wiederentdeckung des von dornigem Gestrüpp überwucherten Grabes von Archimedes im Syrakus nach Jägers Interpretation vor allem um seine Identifikation mit der Rolle eines Vertreters des inzwischen den Griechen kulturell überlegenen Rom. Die verschiedenen Interpretationen des in Ciceros *De re publica* enthaltenen Dialogs über die von Marcellus als Kriegsbeute aus Syrakus nach Rom verbrachten beiden von Archimedes gebauten „Sphären" lassen offen, ob Cicero, der seinerseits dafür von einem Bericht abhängig war, je eines der beiden Instrumente gesehen hat, und, wenn man ausreichend bösartig ist, sogar, ob es diese Instrumente überhaupt gegeben hat[1].

Angesichts der hier nicht nur bei Jäger deutlichen Skepsis gegenüber den von antiken Autoren gemachten Aussagen über Archimedes könnte man hinter Details über das Leben des Archimedes, wie ich sie im ersten Kapitel als „Hinter einem Schleier von Legenden" liegend zusammengetragen habe, einige Fragezeichen setzen. Unbeantwortet bleibt für all diejenigen, die sich jetzt etwa nach Jäger mit dem von allen Details, die man bisher geglaubt oder auch nur für möglich gehalten hatte, entblößten Archimedes abfinden sollen, die Frage, warum sich gerade Archimedes und nicht ein anderer Mathematiker, Naturphilosoph oder etwa Architekt als Kristallisationskern für die Zuschreibung solcher Details anbot.

Aber weil man für den historischen Archimedes eben nicht nur auf das von ihm überlieferte Werk angewiesen ist, besteht auch in der vergleichsweise zu Fachleuten anderer Perioden der Wissenschaftsgeschichte kleinen Gruppe von heutigen Historikern der griechischen Mathematik keineswegs Einigkeit über das Profil des historischen Archimedes. Repräsentativ für einen den überlieferten Berichten positiver gegenüber stehenden Fachmann sei hier Markus Asper genannt, der in verschiedenen Arbeiten vor allem über den gesellschaftlichen Hintergrund der Vertreter einer praktischen und einer reinen oder theoretischen griechischen Mathematik reflektierte. Den wahrscheinlich relativ zahlreichen Praktikern, die sich in dem weiten Spektrum einer angewandten Mathematik beruflich ihren Lebensunterhalt verdienten, stand demnach die wesentlich kleinere Gruppe der Vertreter einer ihrer selbst wegen erforschten, unangewandten Mathematik gegenüber. Im Gegensatz zu den Praktikern, deren Kenntnisse mit denen einer vorgriechischen Phase und darüber hinaus des Mittelalters und noch der frühen Neuzeit zusammenhängen, also eine sehr lange Geltungsdauer und gleichzeitig eine geringe Innovationstendenz aufwiesen, entwickelte sich die griechische „reine" Mathematik anscheinend getragen von relativ wenigen Vertretern in einem Zeitraum von wenigen Jahrhunderten. Archimedes wird heute weitgehend der kleinen, von Herkunft und Lebensstil her sozial privilegierten Gruppe reiner Mathematiker zugerechnet, die im Gegensatz zu den Vertretern der Praxis für die von ihnen erzielten Ergebnisse schriftliche Zeugnisse hinterließ. Dabei wird außer Acht gelassen, dass die sozial als weitgehend disjunkt angenommenen Gruppen der Praktiker

---

[1] Dass ich selbst mit meinem Artikel über die *Entstehung der Legende um die kriegstechnische Anwendung von Brennspiegeln bei Archimedes* von 1968 und 1969 das von D.L. Simms in zahlreichen nachfolgenden Publikationen und dann auch von Jäger übernommene Argumentationsmodell geliefert habe, ohne im Gegensatz zu dem von Jäger vielfach zitierten Simms durch sie auch nur bibliographisch erfasst worden zu sein, sei hier nur am Rande bemerkt. Ein solches Vorgehen stimmt mit den Forderungen nach einer Neuschreibung der Geschichte der griechischen Mathematik ohne Rücksicht auf bereits früher erzielte und nach wie vor gültige Ergebnisse überein.

und der reinen Mathematiker in Wirklichkeit Übergänge in beiden Richtungen zuließen. Jedenfalls würde ich die unbestrittene Tätigkeit von Archimedes als Verteidiger von Syrakus als die Tätigkeit eines Praktikers interpretieren, der vielleicht, nahe gelegt durch seine aus dem Werk Herons rekonstruierbaren mechanischen Schriften, in jungen Jahren eine praktische Tätigkeit vorausgegangen war.

Wendet man das Wort Platons, dass sich im Leben jeder Familie Könige und Sklaven finden, auf das Auf und Ab eines einzigen Lebens an, könnten auch widersprüchlich erscheinende Aussagen über die Lebenssituation von Archimedes in der antiken Literatur aufgrund entsprechender Hypothesen eine natürliche Erklärung finden.

Netz hat in seinem Buch von 1999, dessen Erklärung der Entstehung des strengen mathematischen Beweises bei den Griechen durch das Zusammenwirken von Text und durch Buchstaben gekennzeichneten begleitenden Abbildungen große Beachtung fand, auch die erhaltenen Texte von Archimedes analysiert. Er stellte fest (S. 107), dass der verwendete Wortschatz trotz der Verschiedenheit der von Archimedes behandelten Themen nur 851 verschiedene Wörter aufweist, und dass die meisten der von Archimedes am häufigsten verwendeten 143 Wörter in Euklids *Data* zu finden sind. Damit wird nahe gelegt, dass Archimedes (oder seine antiken Überarbeiter) den Texten eine an Mustertexten, die man mit heutigen Formelsammlungen und Begriffslexika vergleichen kann, orientierte, weitgehend kodifizierte Form gaben oder zu geben versuchten. Als Standardwerke, in denen sich solche Mustertexte fanden, seien neben den erwähnten *Data* die *Elemente* Euklids anzusehen. Stimmt man den sicherlich interessanten Ergebnissen solcher heute üblichen philologisch-statistischen Durchforstungen der erhaltenen Texte zu, so ergibt sich allerdings ein Dilemma für diejenigen, die behaupten, mit solchen Untersuchungen auch einen direkten Einblick in die Werkstatt der griechischen Mathematiker gewinnen zu können, in der die so kodifizierten Aussagen entstanden.

Zieht man hier den von seinem ersten Biographen kolportierten auch über die trennenden zwei Jahrtausende gültigen Ausspruch von Gauß zu Rate, wonach man dem fertigen Gebäude, also der endgültigen Fassung einer mathematischen Arbeit, das Gerüst nicht mehr ansehen können sollte, wird das auch von anderen wie etwa Lakatos verschiedentlich schon früher angesprochene Dilemma deutlich. Unter dem Gerüst ist dabei alles zu verstehen, was zur Heuristik gehört, beginnend mit dem Motiv, das zu einer Fragestellung, zu einem Problem, dann über verschiedene, auch erfolglose Lösungsversuche bis zum fertigen Ergebnis und dessen Beweis führte, der schließlich in der als letztgültig angesehenen Form tradiert wurde.

Ich will deshalb an einem von Dijksterhuis und mehr als 60 Jahre später ohne Verweis auf Dijksterhuis von Netz verwendetem einfachen Beispiel, nämlich Euklid *Elemente* II 5, deutlich machen, welche Darstellungsform von dessen Inhalt abhängig von Vorbildung und Interesse eines heutigen Lesers als durchaus legitime und historisch akzeptable Wiedergabe anzusehen sind und darüber hinaus, welche die Entstehung des Satzes, seine Heuristik betreffenden Fragen, die der erhaltene Text nicht beantwortet, sich anschließen.

Die deutsche Übersetzung dieses Satzes lautet: „Teilt man eine Strecke sowohl in gleiche als auch in ungleiche Abschnitte, so ist das Rechteck aus den ungleichen Abschnitten

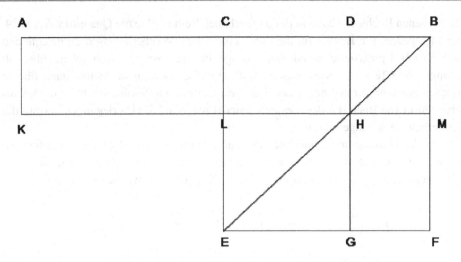

Abb. 1

der ganzen Strecke zusammen mit dem Quadrat über der Strecke zwischen den Teilpunkten dem Quadrat über der Hälfte gleich".

Zur Veranschaulichung in einer Zeichnung (Abb. 1) wird die Ausgangsstrecke durch ihre Endpunkte in Großbuchstaben etwa A und B, der Punkt zur Teilung in gleiche mit C und der in ungleiche Teile mit D gekennzeichnet – von der Verwendung griechischer Buchstaben wie im griechischen Original oder bei Dijksterhuis kann für das Weitere ohne Einbuße an Authentizität abgesehen werden.

Dann zeichne man über CB das Quadrat CEFB mit der Diagonale BE, durch D DG parallel zu CE oder BF, ebenso durch H KM parallel zu AB oder EF sowie durch A AK parallel zu CL oder BM. Mit Hilfe dieser Zeichnung wird im folgenden bewiesen, dass das Rechteck AKHD zusammen mit dem Quadrat LEGH eine dem Quadrat CEFB gleiche Fläche aufweist. Das für den Beweis zentrale Argument, dass der das Quadrat LEGH zu dem Quadrat CEFB ergänzende Gnomon CLHGFB flächengleich dem Rechteck AKHD ist, mag hier ohne die dafür erforderlichen Einzelschritte genügen.

Bereits Dijksterhuis hat darauf hingewiesen, dass dieser Satz als eine Art geometrischer Formel beim Beweis anderer Sätze verwendet wurde. Das für den Beweis dieses Satzes fehlende ursprüngliche Motiv ist die Lösung des isoperimetrischen Problems, als flächengrößtes unter allen umfangsgleichen Rechtecken das Quadrat nachzuweisen.

Die Vermutung, dass die Flächen umfangsgleicher Rechtecke abhängig von der Differenz zwischen Länge und Breite variieren, hätte sich für den griechischen Mathematiker oder auch Praktiker etwa rein arithmetisch mit Hilfe der ψῆφοι (psephoi) genannten Rechensteine, ausgehend z. B. von einer 10 Maßeinheiten gleichen Summe von Länge und Breite eines Rechtecks durch Aufteilung in ungleiche Teile von 9 und 1, 8 und 2, 7 und 3 sowie 6 und 4 im Vergleich zu der in die gleichen Teile 5 und 5 ergeben können. Die Differenz zwischen dem so gefundenen Flächenmaximum von 25 und den Flächen der verschiedenen Rechtecke hätte in der angegebenen Reihenfolge die Quadratzahlen 16, 9, 4 und 1 ergeben. Ein Beweis für die durch eine solche Vorüberlegung nahe gelegte und durch Satz II 5 präzisierte allgemeine Aussage, die unabhängig davon gelten sollte, ob die ungleichen Teile ein gemeinsames Maß aufweisen oder nicht, konnte dann für die Griechen nur in obiger geometrischer Form erbracht werden. Natürlich fehlt in der kodifizierten Form von Buch II 5 der *Elemente* jeder Hinweis auf Vorüberlegungen, die auf die allein erhaltene Aussage führen.

Wenn der Umfang und damit auch der halbe Umfang eines Rechtecks, nämlich die Summe seiner Länge und Breite durch eine Strecke der Länge a gegeben ist, die in die ungleichen Teile b und c, b größer als c, geteilt wird, dann gilt wie behauptet:

$$bc + \left(\frac{a}{2} - c\right)^2 = bc + \left(\frac{b-c}{2}\right)^2 = \left(\frac{b+c}{2}\right)^2 = \left(\frac{a}{2}\right)^2.$$

Auch wenn man diese Übersetzung des geometrischen Sachverhalts in die Symbolsprache der Algebra ohne den Hinweis auf den geometrischen Beweis als ungriechisch ablehnt, sollte doch die folgende rein verbale Darstellung akzeptabel erscheinen: Jedes Rechteck gegebenen Umfangs mit einer von der Breite verschiedenen Länge muss durch ein Quadrat, dessen Seite der halben Differenz zwischen Länge und Breite gleich ist, ergänzt werden, um die Fläche des Quadrats zu erreichen, dessen Seite die Hälfte der Summe von Länge und Breite des Ausgangsrechtecks ist.

Wie gezeigt, war für den strengen geometrischen Beweis die Zeichnung einer Figur erforderlich, deren Eck-, Teilungs- und Schnittpunkte durch Buchstaben gekennzeichnet sind, womit die Allgemeingültigkeit der Aussage unabhängig etwa von einschränkenden Maßangaben gesichert ist. Netz hat wiederholt darauf hingewiesen, dass diese Zeichnungen etwa in den Editionen der *Elemente* Euklids und der Werke von Archimedes durch Heiberg sehr oft nicht den in den überlieferten Manuskripten enthaltenen entsprechen, was seiner Ansicht nach eine Neuedition dieser Werke rechtfertigt. Ohne die Bedeutung der mit Buchstaben versehenen geometrischen Abbildungen für die überlieferten Beweise in Abrede zu stellen, sei vorweg genommen, dass die Zeichnungen in den alten Manuskripten den im Text vorausgesetzten Gegebenheiten nicht immer entsprechen, dass dort Parallelen nicht parallel, gleich lange Strecken ungleich lang und umgekehrt erscheinen können oder die Seiten eines einem Kreis einbeschriebenen Polygons nicht als Geraden, sondern als Bögen gezeichnet sind usw.. Die verschiedenen Formen und Funktionen solcher Abbildungen, ihre Entstehung und möglichen Veränderungen im Laufe ihrer Weitergabe sind von Saito und Sidolin in einem Artikel von 2012 ausführlich beleuchtet worden.

Für den allein am mathematischen Inhalt interessierten Leser werden solche Abbildungen in den erhaltenen Manuskripten außer möglicherweise Verwirrung nichts bringen. Zusätzlich stellt sich trivialer Weise die Frage, ob die in den Manuskripten enthaltenen Abbildungen zu den erhaltenen Texten als authentisch, d. h. identisch mit den zur Zeit der Abfassung erstellten, anzusehen sind. Schließlich sind die ältesten erhaltenen Zeichnungen viele Jahrhunderte, ja im Fall des Palimpsests weit mehr als ein Jahrtausend jünger als zur Zeit ihrer Entstehung und können, wenn überhaupt, nur einen Hinweis auf den Sachverhalt in der überlieferten Fassung, keinesfalls aber auf den eigentlichen Akt der Schöpfung neuer mathematischer Erkenntnis geben.

Auch wenn man Archimedes neben einem für einen kreativen Mathematiker notwendiges außergewöhnliches Assoziationsvermögen ein weit überdurchschnittliches gutes Gedächtnis zubilligt, waren dem obigen Beispiel entsprechend für die uns überlieferte ausgearbeitete Form der meisten seiner Schriften, Vorformen, Entwürfe notwendig, wie man sie auch aus den erhaltenen Notizen und Handschriften von ihrer mathematischen Potenz mit Archimedes vergleichbaren Mathematikern wie Newton oder Gauß kennt. Der Wunsch nach einem direkten Blick in die „mathematische" Werkstatt von Archimedes ist uns deshalb auch in Ermangelung solcher Notizen für immer versagt. Wir wissen nicht einmal, ob sicherlich nicht preisgünstige und wahrscheinlich auch nicht immer in ausreichender Menge verfügbare Papyri der Beschreibstoff für erste Einfälle waren, oder ob diese auf einem zumindest theoretisch immer wieder verwendbaren Beschreibstoff wie dem Staubbrett niedergelegt waren und u. U. dort in geeigneter Weise so fixiert wurden, dass sie durch Archimedes oder auch durch einen Schreiber auf einen Papyrus übertragen werden konnten.

Aus den erhaltenen vier Briefen an Dositheos und dem einleitenden Brief zur Methodenschrift an Eratosthenes geht auch hervor, dass Archimedes eine Art von Archiv seiner Schriften besessen haben muss, ohne das es ihm nicht möglich gewesen wäre, sich bei den Adressaten über die Genese und die Weitergabe seiner Schriften über viele Jahre bestimmt zu äußern.

Würde Archimedes der Fassung des erhaltenen Werks entsprechend seine Mathematik allein als Ergebnis des Denkens eines von jeder Kontamination mit den Anschauungen und Erfahrungen der ihn umgebenden Lebens- und Arbeitswelt freien und reinen Geistes geschaffen haben, wäre auch absolut unerklärlich, warum die durch das Heer des Marcellus bedrohten Syrakusaner einem der konkreten Welt so entrückten Mann die Verantwortung für die Verteidigung ihrer Stadt übertrugen.

Vielmehr kann bei Archimedes als Hintergrund für seine von sinnlicher Anschauung abstrahierend dargestellten Ergebnisse von sehr konkreten Kontakten mit der Erfahrungswelt ausgegangen werden, wie er sie selbst nicht nur bei der Beschreibung der von ihm konzipierten Dioptra im Sandrechner offenbart. Deshalb schließt auch die Reduktion der meisten in der Methodenschrift enthaltenen Sätze auf das Gleichgewicht von zwei in unterschiedlicher Weise belasteten Hebelarmen und damit auf einen abstrakten Wägevorgang konkrete Versuche mit Hebeln und von Wägungen nicht aus. Ebenso können die von Drachmann und anderen rekonstruierten mechanischen Schriften des Archimedes als Vorstufen für ein solches später erreichtes Abstraktionsniveau angesehen werden. Zu den für die Entwicklung des Mathematikers Archimedes offenen Fragen zählt auch ein möglicher Aufenthalt in Alexandria, den man mit den teilweise im dorischen Dialekt und in der für weite Teile der griechischen Welt im Hellenismus verbindlichen Κοινή (Koine) erhaltenen Texten von Archimedes in Verbindung bringen kann. Soll man sich mit dem von Netz festgestellten bescheidenen Wortschatz von weniger als 900 Wörtern im erhaltenen Werk des Archimedes zufrieden geben oder kann man Archimedes wie etwa Gauß überdurchschnittliche sprachliche Fähigkeiten zutrauen, die ihm die Möglichkeit eröffneten, sich auch in der Koine, vielleicht sogar in dem in Rom, dem langjährigen Bundesgenossen von Syrakus, gesprochenen Latein auszudrücken? Muss Archimedes, wenn er der Koine mächtig war, dies in Alexandria gelernt haben oder sind die in der Koine erhaltenen Teile Übertragungen aus dem Dorischen von anderer Hand? Dass die archimedischen Texte in nacharchimedischer Zeit verschiedentlich einschließlich einer Übertragung in die Koine überarbeitet wurden, wird z. B. aus Angaben von Heron über den im Vergleich zum erhaltenen Text umfangreicheren Inhalt der Kreismessung deutlich.

Nach diesen Überlegungen, die auch als Plädoyer für eine größere Toleranz gegenüber verschiedenen Darstellungsformen der von den Griechen erzielten Ergebnisse verstanden werden soll, möchte ich auf die Archimedesforschung seit 1978, soweit nicht durch die Stellungnahmen zu Arbeiten von Netz, Jäger oder Asper schon erfolgt, zurückkommen.

Der um 1979 allgemein als weltweit führender Kenner der griechischen Mathematik und insbesondere der Werke von Archimedes angesehene Wilbur Knorr war 1997 mit erst 51 Jahren verstorben. In seinem ausführlichen Nachruf von 1998 würdigte David Fowler Wilbur Knorrs Beiträge zur Geschichte der griechischen Mathematik und zur Archimedesforschung, die er als eine Kombination von technischen, historischen und textanalytischen Methoden bei der Deutung der Quellen charakterisierte. Fowler sah Knorr als den führenden Exponenten einer Entwicklung, die sich mehr und mehr von den führenden Historikern der griechischen Mathematik des ausgehenden 19. Jahrhunderts und der ersten Jahrzehnte des 20. Jahrhunderts distanzierte, weil diese Generation die griechischen Texte, wie schon lange vor Unguru von Dijksterhuis bemängelt, vor dem Hintergrund der Mathematik ihrer Zeit interpretierte. Knorr hat eine solche bereits eingeleitete Entwicklung bis zu seinem frühzeitigen Ableben fortgesetzt. Für die Knorr nach Abschluss seiner Dissertation verbliebenen 24 Jahre aktiver Forschung unterschied Fowler drei Phasen, von denen die erste die Entstehung der griechischen Mathematik bis Archimedes und Apollonios hinsichtlich ihrer Grundlagen, ihres Wesens und ihrer Methoden betraf. Das Ergebnis dieser Untersuchungen ist im Wesentlichen in den beiden Büchern *The Evolution of the Euclidean Elements* (1975) und *The Ancient Tradition of Geometric Problems* (1986 und 1993) enthalten. In der zweiten Phase befasste sich Knorr mit der Bearbeitung griechischer mathematischer Texte, ihrer Rezeption durch arabische Mathematiker und ihrer Weitergabe an das mittelalterliche Abendland. Dafür stehen vor allem die beiden Bände *Ancient Sources of the Medieval Tradition of Mechanics: Greek, Arabic and Latin Studies of the Balance* (1982) und *Textual Studies in Ancient and Medieval Geometry* (1989). Im zweiten Teil dieses Werks von 1989 hatte Knorr auf 444 Seiten die verschiedenen Versionen der Kreismessung von Archimedes diskutiert.

Die mit Knorrs letzten Lebensjahren zusammenfallende letzte Phase seiner Untersuchungen befasste sich nicht mehr mit Archimedes und seiner Epoche, sondern betraf eigenständige mathematische Texte des Mittelalters. Über die erwähnten Bücher hinaus hat sich Knorr in mehreren seiner über 60 publizierten Artikel mit Details von Archimedes' Werk auseinandergesetzt. Die vor 1978 erschienenen Arbeiten Knorrs sind in dem vorliegenden Band bereits berücksichtigt.

In einer Arbeit von 1978 schlug Knorr auf der Grundlage einer logisch-technischen Untersuchung eine neue Einteilung der bekannten archimedischen Schriften in eine Frühphase und eine reife Phase vor. Die Kreismessung, der Sandrechner, die Sätze 18 bis 24 der Parabelquadratur sowie die erhaltenen beiden Bücher über das Gleichgewicht ebener Flächen rechnete er der frühen Phase zu. Die restlichen Arbeiten abgeschlossen mit der Methodenschrift zählen bei ihm zur reifen Phase, während die rekonstruierten mechanischen Werke oder kleinere Stücke wie das Stomachion in Knorrs relativer Chronologie keinen Platz fanden.

In einem weiteren umfangreichen Artikel von 1978 vertrat Knorr die Auffassung, dass sich das Frühwerk von Archimedes nicht an den Elementen Euklids, sondern an voreuklidischen Arbeiten, vor allem von Eudoxos orientierte. Diese These lässt sich mit der von mir im vorliegenden Werk vertretenen verbinden, wonach Archimedes in Unkenntnis der überlieferten Fassung der *Elemente* Euklids arbeitete, weshalb Euklids Wirken möglicherweise später als bisher angenommen, eventuell sogar nach Archimedes anzusetzen ist. In zwei sehr umfangreichen Artikeln von 1983 und 1985 hat Knorr die von Apuleius und spätantiken Autoren stammenden Behauptungen eines archimedischen Werks über Katoptrik zurückgewiesen und dabei wahrscheinlich gemacht, dass sich diese Autoren auf die pseudoeuklidische Katoptrik bezogen, die sie fälschlich Archimedes zugeschrieben hatten.

1989 beschäftigte sich Knorr mit der Konstruktion des regelmäßigen Siebenecks, von der nur ein Archimedes zugeschriebenes Fragment in arabischer Sprache erhalten ist. Knorr wollte in diesem Artikel Zweifel an der Autorschaft von Archimedes an diesem Fragment zerstreuen. Die Arbeit ist einmal typisch für das spätere Interesse Knorrs an mathematischen Texten der Araber und des lateinischen Mittelalters, die sich an die griechische Antike anschließen. Sie zeigt aber auch, wie schwierig und deshalb oft kontrovers diskutiert die Rekonstruktion archimedischer Werke aus dem Fundus arabischer Manuskripte ist. Jedenfalls zeigt eine von Lennart Berggren 1984 herausgegebene Bibliographie von jüngeren Arbeiten zur griechischen Mathematik, dass zumindest bis zu diesem Jahr hinsichtlich Archimedes alle wichtigen Beiträge erfasst sind, weil Knorr bis dahin und wohl auch bis zu seinem Tod dafür eine führende Stellung beanspruchen konnte.

Eine 2014 erschienene und damit wesentlich neuere kommentierte Bibliographie von Nathan Sidoli deckt den Zeitraum 1998 bis 2012 ab und schließt somit zeitlich an das Wirken von Wilbur Knorr an. Neben Netz sieht Sidoli vor allem Fabio Acerbi als den aktivsten und einflussreichsten unter den neuen Historikern der griechischen Mathematik. Er verweist dafür vor allem auf das nicht nur der italienischen Sprache, sondern auch seiner kompakten technischen Darstellung wegen nur für Insider interessante Buch *Il silenzio delle sirene* von Acerbi, das 2010 erschien. Auch Serafina Cuomos *Ancient mathematics* von 2001 vermittelt einen Überblick, der im Gegensatz zu Acerbi die von den Griechen erzielten mathematischen Ergebnisse zwar erwähnt, aber vor allem an der Einbettung mathematischer Aktivitäten in den zugehörigen sozialen und politischen Kontext interessiert ist. Auffällig ist in Sidolis Bibliograhie die große Anzahl an Arbeiten, die sich vor allem mit technischen Einzelheiten des Antikythera-Instruments beschäftigen. Eine direkte Relevanz für die älteren, Archimedes zugeschriebenen Planetarien haben sie nicht, wenn man nicht einen Zusammenhang der Konstruktion des Antikythera-Instruments mit einer von Archimedes ausgehenden Entwicklung solcher Planetarien annimmt. Aufgrund der weitgehend abgeschlossen erscheinenden Darstellung der von Archimedes erzielten mathematischen Ergebnisse hat sich die Forschung wie schon bei den späten Arbeiten von Knorr deutlich auf die Wirkungsgeschichte der tradierten Arbeiten von Archimedes konzentriert, die seit der Mitte des 16. Jahrhunderts auch im Druck zugänglich waren.

Repräsentativ für ein verstärktes Interesse am Einfluss von Archimedes auf frühneuzeitliche Entwicklungen sind Arbeiten von Eberhard Knobloch, die sowohl im technischen Bereich Ingenieure der Renaissance als auch führende Mathematiker der wissenschaftlichen Revolution wie Kepler, Cavalieri oder Leibniz betreffen. Obwohl den Mathematikern des 16. und 17. Jahrhunderts die Methodenschrift des Archimedes nicht zugänglich war, sind einige von ihnen in der Nachfolge und Weiterentwicklung der Inhaltsbestimmungsmethoden von Archimedes bereits über das bekannte Werk des Syrakusaners hinausgegangen. Am weitesten über Archimedes hinaus ist bei strenger Beachtung einer rein geometrischen Argumentation Johannes Kepler gekommen, der aber weitgehend auf strenge Beweise zugunsten einer ihm ausreichend erscheinenden Heuristik verzichtete. Ich habe 2013 konkret darauf hingewiesen, dass Kepler in seiner *Nova Stereometria* mit dem *Stereometriae Archimedeae Supplementum* von 1615 die in der Methodenschrift enthaltenen Ergebnisse in Unkenntnis von deren Inhalt und darüber hinaus neue fand. Dabei entspricht sein Umgang mit dem Unendlichen weitgehend dem von Archimedes. Dass Kepler dabei von der nachfolgenden Generation den Alten und eben nicht den Modernen zugerechnet wurde, ist entscheidend für die Festlegung des Zeitpunkts, ab dem sich die Mathematik vollkommen unabhängig vom mathematischen Kosmos des Archimedes weiterentwickelte.

Abschließend bleibt mir die angenehme Pflicht, den beiden Herausgebern der Reihe, insbesondere David Rowe, der mich auch mit Literaturhinweisen für das nachfolgende Literaturverzeichnis versorgte, besonders zu danken.

Literatur in Auswahl für die in diesem Vorwort erwähnten neuen Entwicklungen in dem Zeitraum nach 1978, die auch drei umfangreichere Bibliographien einschließt:

Fabio Acerbi, *Il silenzio delle sirene – La matematica greca antica*, Carocci editore, Rom 2010.

Markus Asper, Mathematik, Milieu, Text. In: *Sudhoffs Archiv* **87**, 2003, S. 1–31.

J. Lennart Berggren, History of Greek mathematics: A survey of recent research. In: *Historia Mathematica* **11**, 1984, S. 394–410.

Serafina Cuomo, *Ancient mathematics*, Routledge London – New York 2001.

Eduard Jan Dijksterhuis, *Archimedes* (englische Übersetzung des in holländischer Sprache 1938 erschienenen und bis 1944 ergänzten Werks), Kopenhagen 1956 und ergänzt durch eine kommentierte Bibliograhie von Wilbur Knorr, Princeton 1987.

David Fowler, In memoriam – Wilbur Richard Knorr (1945–1997): An Appreciation, *Historia mathematica* **25** (1998), S. 123–132.

Mary Jaeger, *Archimedes and the Roman imagination*, Ann Arbor, Univ. of Michigan Press, 2008.

Eberhard Knobloch, Archimedes, Kepler und Guldin – Zur Rolle von Beweis und Analogie. In: Volker Peckhaus (Hrsg.), *Oskar Becker und die Philosophie der Mathematik*, München 2005, S. 15–34.

Eberhard Knobloch, Die Nachfahren von Dädalus und Archimedes – Ingenieure der Renaissance. In: Berlin-Brandenburgische Akademie der Wissenschaften, *Berichte und Abhandlungen*, Bd. 9, Berlin 2002, S. 41–78.

Eberhard Knobloch, Analogien und mathematisches Denken. In: *Acta historica Leopoldina* **56**, 2010, S. 309–327.

Wilbur Knorr, Archimedes and the Pre-Euclidean proportion theory. *Archives internationales d'histoire des sciences* **28** (1978), S. 183–244.

Wilbur Knorr, Archimedes and the Elements: Proposal for a Revised Chronological Ordering of the Archimedean Corpus, *Archive for the History of Exact Sciences* **19** (1978), S. 211–290.

Wilbur Knorr, *Ancient Sources of the Medieval Tradition of Mechanics: Greek, Arabic and Latin Studies of the Balance*, Supplement no. 6 of the Annali dell' Istituto e Museo, Florence: Istituto e Museo di Storia della Scienza, 1982.

Wilbur Knorr, The Geometry of Burning-Mirrors in Antiquity, *Isis* **74** (1983), S. 53–73.

Wilbur Knorr, Archimedes and the pseudo-Euclidean Catoptrics: Early Stages in the Ancient Geometric Theory of Mirrors, *Archives internationales d'histoire des sciences* **35** (1985), S. 28–105.

Wilbur Knorr, Archimedes' Dimension of the Circle: A View of the Genesis of the Extant Text, *Archive for the History of Exact Sciences* **35** (1986), S. 281–324.

Wilbur Knorr, On Two Archimedean Rules for the Circle and the Sphere, *Bollettino di storia delle scienze matematiche* **6** (1986), S. 145–158.

Wilbur Knorr, *The Ancient Tradition of Geometric Problems*, Boston/Basel/Stuttgart: Birkhäuser Verlag, 1986; corrected reprint, New York: Dover, 1993.

Wilbur Knorr, Archimedes after Dijksterhuis: A Guide to Recent Studies. In: E.J. Dijksterhuis, *Archimedes*, Princeton: Princeton Univ. Press, 1987, S. 419–451.

Wilbur Knorr, The Medieval Tradition of Archimedes' Sphere and Cylinder. In: E. Grant and J.E. Murdoch (Hrsg.), *Mathematics and Its Applications to Science and Natural Philosophy in the Middle Ages: Essays in Honor of Marshall Clagett*, Cambridge UP, 1987, S. 3–42

Wilbur Knorr, On Archimedes' Construction of the Regular Heptagon, *Centaurus* **32** (1989), S. 257–271.

Wilbur Knorr, *Textual Studies in Ancient and Medieval Geometry*, Boston/Basel/Berlin: Birkhäuser Verlag, 1989.

Wilbur Knorr, The Method of Indivisibles in Ancient Geometry. In: R. Calinger (Hrsg.), *Vita Mathematica: Historical Research and Integration with Teaching*, Washington, DC: Mathematical Association of America, 1996 S. 67–86.

Reviel Netz, Archimedes transformed: The case of a result stating a maximum for a cubic equation, *Archive for the History of Exact Sciences* **54**, 1999, S. 1–47.

Reviel Netz, *The shaping of deduction in Greek mathematics – A study in cognitive history* (= *Ideas in context* Bd. 51), Cambridge UP, 1999 and Paperback 2003.

Reviel Netz, *The works of Archimedes* Bd. 1, *The two books on the sphere and the cylinder*, Cambridge UP, Cambridge 2004.

Reviel Netz, The place of codex C in Archimedes scholarship. In: Reviel Netz, William Noel, Natalia Tchernetska, and Nigel Wilson (Hrsg.), *The Archimedes Palimpsest* Bd. 1, *Catalogue and commentary*, Cambridge UP 2011, S. 266–325.

Reviel Netz und William Noel, *Der Kodex des Archimedes – Das berühmteste Palimpsest der Welt wird entschlüsselt* (Deutsche Übersetzung des englischen Originals *The Archimedes Codex. Revealing the secrets of the world's greatest palimpsest*, London 2007), München C.H. Beck Verlag 2007.

Reviel Netz und Nigel Wilson, Archimedes treatises (Codex C). In: Reviel Netz, William Noel, Natalia Tchernetska, and Nigel Wilson (Hrsg.), *The Archimedes Palimpsest* Bd. 2 *Images and transcriptions*, Cambridge UP, 2011, S. 13–287; die Abbildungen des Palimpsests mit der zugehörigen Transkription des Textes der Methodenschrift finden sich auf jeweils gegenüberliegenden Seiten von S. 68–127, für das Stomachion von S. 284–287.

Ken Saito und Nathan Sidoli, Diagrams and arguments in ancient Greek mathematics: lessons drawn from comparisons of the manuscript diagrams with those in modern editions. In: Karine Chemla (Hrsg.), *The history of mathematical proof in ancient traditions*, Cambridge UP 2012, S. 135–162.

Ivo Schneider, Die Entstehung der Legende um die kriegstechnische Anwendung von Brennspiegeln bei Archimedes. In: *Rechenpfennige: Aufsätze zur Wissenschaftsgeschichte*, einem Kurt Vogels achtzigstem Geburtstag gewidmeten Gedenkband, München 1968, S. 31–42, und erweitert um die originalen lateinischen und griechischen Texte, in: *Technikgeschichte* **36**, 1969, S. 1–11.

Ivo Schneider, Rezension des 2011 in zwei Bänden erschienenen Werks *The Archimedes Palimpsest*, hrsg. von Netz, Noel, Tchernetska und Wilson. In: *Historia Mathematica* **40**, 2013, S. 84–89.

Nathan Sidoli, Research on ancient Greek mathematical sciences, 1998–2012. In: N. Sidoli und G. Van Brummelen (Hrsg.), *From Alexandria through Baghdad: Surveys and studies in the ancient Greek and medieval islamic mathematical sciences in honor of J.L. Berggren*, Springer-Verlag Berlin/Heidelberg 2014, S. 25–50.

Sabetai Unguru, On the need to rewrite the history of Greek mathematics. In: *Archive for history of exact sciences* **15**, 1975, S. 67–114.

Sabetai Unguru, History of ancient mathematics: some reflections on the state of art. In: *Isis* **70**, 1979, S. 555–564.

Ivo Schneider   München, 18. April 2015

Vorwort zur I. Auflage

Der Plan, die Archimedes-Forschung nach Heiberg unter besonderer Berücksichtigung der letzten Jahrzehnte im Rahmen der 'Erträge der Forschung' zusammenzufassen, liegt schon einige Zeit zurück. Ein Motiv dafür war sicherlich, dass die Wissenschaftliche Buchgesellschaft bereits 1963 eine Ausgabe der Werke von Archimedes in deutscher Sprache herausbrachte. Joseph Ehrenfried Hofmann, der 1973 an den Folgen eines Unfalls verstarb, war als Autor für diesen Band vorgesehen. Die Suche nach einem neuen Bearbeiter fiel in eine Zeit neuen lebhaften Forschungsinteresses an Archimedes.

Die Aktualität von Archimedes zeigt sich nicht nur in der Neuherausgabe der Werke in Deutschland und Griechenland, die im wesentlichen über den Heiberg-Text hinaus Ergänzungen aus dem arabischen Traditionsstrom aufweist, der umfangreichen Edition von Archimedes-Texten aus dem Mittelalter durch Clagett, sondern in zahlreichen Artikeln, Rundfunk- und Fernsehsendungen der jüngsten Zeit.

Gerade dieses erstaunliche Interesse an einem antiken Mathematiker, Ingenieur und Naturwissenschaftler bringt aber Schwierigkeiten mit sich. Eine davon ist, dass bei dem notwendigen zeitlichen Abstand zwischen Manuskriptabgabe und Veröffentlichung allerletzte Publikationen nur schwer berücksichtigt werden können. Eine vollständige Darstellung der Archimedes-Forschung würde auch den Rahmen der Reihe sprengen. Deshalb war ich bemüht, im Literaturverzeichnis die mir zugängliche wissenschaftliche Archimedes-Literatur zusammenzustellen, um dem über die Darstellung hinaus interessierten Leser die Möglichkeit zu weiterer Information zu bieten. Populäre Darstellungen und Tertiärliteratur blieben dabei unberücksichtigt. Weniger problematisch als der Umstand, dass bei einer heroischen Gestalt der Wissenschaftsgeschichte wie Archimedes mit Veröffentlichungen in den entlegensten Zeitschriften zu rechnen ist, von denen man nur durch Zufall oder gar nicht erfährt, ist bei dem verhältnismäßig geringen tatsächlichen Wissen über Person, Hintergrund und sehr oft auch Inhalt des Werkes von Archimedes der große Interpretationsspielraum. Dieser wurde und wird in der Archimedes-Forschung voll genutzt, was mich gelegentlich als den um eine lesbare zusammenhängende Darstellung bemühten Autor vor nur schwer lösbare Probleme stellte.

Ich war darauf bedacht, dieser Meinungsvielfalt gerecht zu werden und nach einer persönlichen Gewichtung der Argumente einen Zusammenhang herzustellen. Ein Teil der Forschung musste aus diesem und anderen Gründen vom Autor selbst eingebracht werden. Ich habe mich bemüht, die 5 jeweils einen Schwerpunkt behandelnden Kapitel in einen Zusammenhang zu stellen, dabei aber darauf geachtet, dass jedes auch für sich gelesen werden kann. Es wird auffallen, dass der Mathematik zwar das umfangreichste Kapitel gewidmet ist, dass aber der Anteil der Mathematik am heute bekannten Gesamtwerk von Archimedes wesentlich größer ist. Das bedeutet, dass die mathematischen Leistungen von Archimedes nur in einer den gegenwärtigen Forschungsinteressen entsprechenden Auswahl berücksichtigt sind. Der Grund dafür ist, dass das mathematische Werk von Archimedes in sehr umfangreichen Monographien und zahlreichen Artikeln gewürdigt ist, und dass sich die Forschung der letzten beiden Jahrzehnte besonders mit dem Techniker, Physiker und Astronomen Archimedes beschäftigte.

Hilfreich bei der zum Teil recht mühseligen Literaturbeschaffungen waren cand. math. Ursula Neubauer und für Artikel aus entlegenen englischsprachigen Zeitschriften Professor Timothy Lenoir. Ferner danke ich für ihre Mitarbeit Fräulein Gabriele Brauneis, Herrn Achim Zaidenstadt und ganz besonders Herrn Georg Raffelt. In die zum Teil recht mühevolle Schreibarbeit teilten sich Frau Maria Schneider und Frau Lisa Apffelstaedt. Bedanken möchte ich mich auch besonders bei den Herren Professoren Friedrich Klemm und Helmuth Gericke für die Durchsicht der Kapitel 3 bzw. 4 sowie dem Verlag für Betreuung und Ausstattung des Werks.

München, den 16. Mai 1978   I.S.

Inhaltsverzeichnis

Archimedes von Syrakus hat von jeher die Neugier von Historikern und Naturwissenschaftlern gereizt. Er ist als Astronom, Mathematiker, Physiker, Kriegsbauingenieur, Techniker und Architekt bezeichnet worden. Die uns heute bekannten Werke lassen ihn zunächst und vor allen Dingen als Mathematiker erscheinen. Man hat deshalb Archimedes verschiedentlich als den größten Mathematiker der Antike bezeichnet. Zweifellos steht sein Werk ebenbürtig neben dem des sicherlich etwas jüngeren Apollonios, wobei Archimedes wie Apollonios mit der Alexandrinischen mathematischen Schule in Verbindung stehen.[1]

Im Vergleich zu Euklid und Apollonios, den beiden anderen, die das Triumvirat der relativ kurzen Hochblüte einer griechischen Mathematik bilden, erscheint unser Wissen über Einzelheiten aus dem Leben des Archimedes geradezu üppig. Dass wir von Euklid und Apollonios fast nichts wissen, ist nicht so sehr erstaunlich. Als Vertreter einer hochentwickelten Mathematik, die nur von wenigen verstanden und wegen ihrer scheinbaren Beziehungslosigkeit zu den tatsächlichen Erfordernissen der Zeit als bloßer Luxus eingestuft wurde, fanden sie neben den politischen Führern, den Schlachtenlenkern, den Exponenten der großen philosophischen Schulen und schließlich den Vertretern von Kunst und Dichtung wenig Interesse. Dass Archimedes, dessen mathematische Werke noch anspruchsvoller abgefasst sind und noch im 17. Jh. von Galilei als dunkel, schwierig und für das praktische Leben bedeutungslos bezeichnet wurden, zum Mittelpunkt von Anekdoten und Legenden werden konnte, erklärt sich aus seinen besonderen Lebensumständen.

In einer Welt, die noch fasziniert von den Tagen des großen Alexander auf seine als Könige auftretende Nachfolger blickte, und in der sich im westlichen Mittelmeer die kommende Großmacht Rom mit Karthago auseinander setzte, hatte Archimedes mehr als einmal Gelegenheit zu sozusagen international beachteten Auftritten. Der spektakulärste

---

[1] Die Sicherheit der chronologischen Folge Euklid – Archimedes – Apollonios und die mutmaßlichen Abhängigkeiten sind z. B. in den einschlägigen Artikeln des „Dictionary of Scientific Biography" (Bd. 1–4, New York 1970–71) diskutiert.

© Springer-Verlag Berlin Heidelberg 2016

I. Schneider, *Archimedes*, Mathematik im Kontext, DOI 10.1007/978-3-662-47130-2_1

war gleichzeitig sein letzter. Seine Rolle bei der Verteidigung von Syrakus während der Belagerung durch den römischen Feldherrn Marcellus spielte Archimedes sozusagen im Rampenlicht der großen Geschichte. Am Ende des Zweiten Punischen Krieges, zu dem ja die Ereignisse um Syrakus gehören, hatte Rom die Nachfolge Karthagos angetreten und damit die Weichen für den späteren Aufstieg zu einer Weltmacht gestellt. Dass deshalb die Punischen Kriege und insbesondere der zweite zu einem Lieblingsgegenstand der römischen Geschichtsschreibung wurden, ist ganz natürlich. Hatten doch in diesem Krieg die römischen Heere schließlich gegen den gefährlichsten Gegner, dem sie je gegenüberstanden, gesiegt. Von 218 bis 216 v. Chr. hatten sich karthagische Truppen unter der Führung Hannibals in Italien durchgesetzt und Rom in seiner Existenz bedroht. 215 war es dem damaligen Prätor Marcellus zum ersten Mal gelungen, Hannibal zurückzuschlagen. Marcellus, der Sieger über Roms Todfeind Hannibal, brauchte dann nahezu zwei Jahre, um die wie viele andere von Rom abgefallene reiche, aber politisch zu dieser Zeit bereits bedeutungslose Stadt Syrakus einzunehmen. Die römische Geschichtsschreibung hat für diese unverhältnismäßig lange Belagerungszeit ein Alibi gesucht und es in der Person des greisen Archimedes gefunden. Die technische Phantasie dieses einen Syrakusaners wurde verantwortlich gemacht für die von den Eingeschlossenen eingesetzten Abwehrwaffen, denen die überlegenen Römer hilflos gegenüberstanden. Bei der Einnahme der Stadt 212 v. Chr. wurde Archimedes getötet. Es gibt verschiedene Versionen über das Ende von Archimedes, die z. T. miteinander in Widerspruch stehend, als zuverlässige Information nur eines gemeinsam haben, nämlich das genaue Todesjahr 212 v. Chr. Eine konkrete Altersangabe von Archimedes zu diesem Zeitpunkt bietet als einziger der byzantinische Historiograph Johannes Tzetzes (1110 bis 1185), der von den Ereignissen zu Archimedes' Lebenszeit etwa so weit entfernt ist wie wir heute von denjenigen der Völkerwanderung. Tzetzes lässt Archimedes als 75jährigen Greis sterben. Die relativ runde Zahl sowie in Byzanz beobachtbare Standardisierungstendenzen der Art wie: sehr alter Mann = mindestens 75 Jahre alt, schränken die Zuverlässigkeit dieser Aussage ein. Darüberhinaus stand der Vielleser und Vielwisser Tzetzes, der über keine eigene Bibliothek verfügte und fast alles aus dem Gedächtnis zitierte, unter dem Eindruck des vor allem von Plutarch betonten Kontrastes zwischen dem gutausgerüsteten großen Heer kräftiger junger römischer Soldaten und dem alten, gebrechlichen Mann, der dieses Heer praktisch allein in Schach hielt. Tzetzes ist auch einer der späteren Gewährsleute für die Behauptung, dass Archimedes bei der Verteidigung von Syrakus als wirkungsvollste Geheimwaffe eine Brennspiegelkonstruktion einsetzte, mit der er die römische Flotte auf größere Entfernung in Brand setzen konnte. Für diese Behauptung, die heute als eine etwa drei Jahrhunderte nach Archimedes' Tod entstandene Legende entlarvt ist,[2] entwickelte Tzetzes eine phantastische Abstandstheorie, in die er auch eine von ihm unverstandene Spiegelkonstruktion des Anthemius von Tralleis (gest. 534) einbaute.

Schwächt all dies die Zuverlässigkeit von Tzetzes' Altersangabe und damit des sich daraus ergebenden Geburtsjahres 287 v. Chr. ab, so haben wir andererseits bis jetzt nur

---

[2] Siehe dazu Ivo Schneider (1) und (2).

zwei weitere Stellen, aus denen sich das Geburtsjahr ungefähr ermitteln lässt. Proklos schreibt in seinem Kommentar zum ersten Buch der *Elemente* Euklids, dass Archimedes nach dem ersten Ptolemaios lebte und ungefähr gleichaltrig (σύγχρονος) mit Eratosthenes war.[3]

Da Ptolemaios I. 285 v. Chr. abdankte und etwa zwei Jahre später starb, könnte man daraus ein nach 283 liegendes Geburtsjahr für Archimedes folgern. Dies würde auch zu der Annahme im Suda passen, wonach Eratosthenes 276 v. Chr. geboren ist. Leider ist aber diese Angabe ebenso umstritten wie die Interpretation der sicherlich etwas verderbten Proklosstelle. Auch die zweite, von Heron stammende und damit wesentlich ältere Feststellung, dass Eratosthenes und Archimedes Zeitgenossen waren, hilft hier nicht weiter.[4]

Das genaue Geburtsjahr von Archimedes lässt sich also nicht angeben; einerseits ist es nicht vollkommen ausgeschlossen, dass Tzetzes' Schätzung doch zutrifft, andererseits legt die von mir angenommene Interpretation der Proklosstelle eine Geburt um 280 v. Chr. nahe.

Wir würden uns natürlich sehr viel leichter tun, wenn uns die von dem Archimedeskommentator Eutokios (um 480) erwähnte Biographie des Archimedes noch zur Verfügung stünde. Der Verfasser dieser Biographie ist ein gewisser Herakleides, der mit dem von Archimedes zu Beginn der *Spiralenabhandlung* erwähnten Überbringer einer Schrift des Archimedes identisch sein könnte, aber natürlich nicht sein muss. Da andererseits Quellen- und Interessenlage die Abfassung einer Biographie in größerem zeitlichem Abstand weniger wahrscheinlich machen, darf man in dem Biographen einen mit Archimedes persönlich Bekannten, vielleicht sogar einen Schüler vermuten. Inwieweit anekdotische Details, die sich nicht in den einschlägigen Berichten über den Zweiten Punischen Krieg befinden, auf diese Lebensbeschreibung des Herakleides zurückgehen, ist heute nicht mehr entscheidbar. Sicher ist aber auch, dass ein Teil dieser Informationen nicht den historischen Archimedes beschreibt, sondern einem Archimedesbild angepasst ist, das von den Geschichtsschreibern, hier vor allem von Plutarch, erst geschaffen wurde.

Lebensumstände, Möglichkeiten und Hintergründe des Schaffens von Archimedes können allerdings ein wenig erhellt werden aufgrund seiner Verbindung zu König Hieron II. von Syrakus und dessen Sohn Gelon.[5]

Von der Herkunft des Archimedes wissen wir wenig. Er selbst erwähnt im *Sandrechner* nach einer längst anerkannten Verbesserung dieser Stelle als seinen Vater den Astronomen

---

[3] Proclus. In primum Euclidis (hrsg. von G. Friedlein), Leipzig 1873, S. 68. Ich habe mich hier der Heibergschen Interpretation dieser Stelle angeschlossen. Eine andere Deutung stammt von Peter Fraser, der daraus eine teilweise Überdeckung der Lebenszeiten von Euklid und Archimedes entnimmt; siehe dazu Bulmer-Thomas S. 432 Anmerkung 8.

[4] Heron Alexandrinus, Opera IV (Hrsg. J.L. Heiberg), Leipzig 1912, S. 108 Z. 25.

[5] Ein ernsthafter Versuch, Arbeits- und Forschungsmöglichkeiten des Archimedes mit der allgemeinen politischen Situation in Syrakus in Verbindung zu setzen, ist bisher nicht unternommen worden. Da vor allem die Herrschaftszeit von Hieron II. gut untersucht ist, erschien mir eine entsprechende Ergänzung sinnvoll. Dass es sich dabei mehr um Neuland als um gut gesicherte Forschungsergebnisse handelt, ist selbstverständlich.

Phidias im Rahmen einer Diskussion des Verhältnisses von Sonnen- zu Monddurchmesser[6].

Obwohl wir über die Lebensumstände der beiden anderen neben Phidias erwähnten Astronomen, Eudoxos von Knidos und Aristarch von Samos, wenig oder besser nichts wissen, ist anzunehmen, dass die Beschäftigung mit astronomischen Fragen einen gewissen sozialen Status voraussetzte. Die Aussage des Silius Italicus (26–101), dass Archimedes vermögenslos, *nudus opum*, gewesen sei, bezieht sich auf die Zeit der Belagerung und Eroberung von Syrakus und stellt schon deshalb keinen Widerspruch zu der Annahme dar, dass Archimedes nicht aus armen Verhältnissen stammte. Außerdem ist die Darstellung des Zweiten Punischen Krieges durch Silius Italicus etwa so objektiv wie moderne Kriegsberichterstattung.[7]

Von ganz anderem Gewicht ist die Aussage des Plutarch, dass Archimedes συγγενὴς καὶ φίλος, also wörtlich Verwandter und Freund, des Königs Hieron war[8].

Eine nahe Verwandtschaft zwischen Hieron und Archimedes ist mit Sicherheit auszuschließen, da Archimedes andernfalls die 214 v. Chr. vom Volk beschlossene und durchgeführte Ausrottung der königlichen Familie nicht überlebt hätte. Plutarch musste also mit συγγενὴς καὶ φίλος etwas anderes gemeint haben.[9]

Mit diesem Terminus wurden in den hellenistischen Königreichen und auch bei Hieron entsprechend östlichem – vor allem persischem – Vorbild die im Staats- und Verwaltungsapparat dem König am nächsten stehenden Würdenträger, seine unmittelbaren Berater, gekennzeichnet. Aus der umfangreicheren Gruppe der φίλοι rekrutierten sich dabei die συγγενεῖς, wobei hier wohl im Sinne der ursprünglichen Wortbedeutung von Verwandtschaft an Ebenbürtigkeit durch Leistung und Herkunft gedacht war.[10]

Der Beruf seines Vaters wie die spätere Aufnahme in die Gruppe der συγγενεῖς legen für Archimedes eine Abstammung aus angesehener Familie nahe; denn verschiedene Anzeichen sprechen dafür, dass Hieron selbst trotz der gegenteiligen Behauptungen von Polybios und Zonaras einer angesehenen, nicht unvermögenden Syrakusaner Familie entstammte.[11]

Geht man davon aus, dass Hieron um 307/6 v. Chr. geboren ist, so dürfte Phidias, der Vater von Archimedes, derselben Generation wie Hieron angehören. Die Entwicklung Hierons vom Mitkämpfer König Pyrrhos' gegen die Punier zum Tyrannen, später

---

[6] AO II, S. 220 Z. 21.

[7] Silius Italicus, Punica XIV 343.

[8] Plutarch, Vitae parallelae, Marcellus XIV 7.

[9] Dem Einwand, dass diese Termini bei dem Archimedes zeitlich am nächsten stehenden Historiker Polybios nicht nachweisbar sind, muss der Exzerptcharakter der Archimedes betreffenden Stellen der *Historien* entgegengehalten werden. Die gute sachliche Übereinstimmung zwischen den Archimedes betreffenden Auszügen bei Polybios und dem Text des Plutarch macht eher eine entsprechende Formulierung im uns nicht mehr erhaltenen Originaltext der *Historien* wahrscheinlich.

[10] Vgl. dazu Helmut Berve, S. 57. Diese Arbeit ist auch die Grundlage für die nachfolgenden Überlegungen zu Archimedes' Entwicklung während des Königtums von Hieron II.

[11] Berve, S. 7.

zum gewählten *Strategos autokrator* und schließlich zum βασιλεύς, zum König des von Syrakus und seinen Verbündeten kontrollierten Gebietes, fällt in die Kindheit bzw. Jugend des Archimedes. Dieser etwa 269 v. Chr. abgeschlossenen Entwicklung folgte nach erneuten Auseinandersetzungen mit den Mamertinern der Krieg mit Rom: dieser endete nach der Niederlage Hierons mit dem Friedensschluss von 263/2 v. Chr. und machte den König zum „Freund und Bundesgenossen" von Rom. Nach den in diesem Frieden ausgehandelten Gebietsabtretungen und Reparationszahlungen an Rom hatte Hieron wohl eingesehen, dass sich sein ursprünglicher Plan von einem großsizilischen Reich unter Syrakusanischer Führung angesichts der militärischen Überlegenheit Karthagos und erst recht Roms nicht verwirklichen ließ. Hierons romfreundliche und -treue Politik, die gelegentliche Unterstützung der Karthager in schlechten Zeiten mit dem Ziel der Wahrung des Gleichgewichts nicht ausschloss, sicherte Syrakus nach außen einen nahezu 50jährigen Frieden und damit eine vor allem wirtschaftliche Blüte. Innenpolitisch stützte sich Hieron, der seine Virtuosität auf der Klaviatur der Macht schon früh bewiesen hatte, auf eine Oligarchie, d. h. das reiche Bürgertum von Syrakus und der nach dem Frieden mit Rom in seinem Einflussbereich verbliebenen Städte. Dabei fand die romfreundliche Politik Hierons die volle Unterstützung dieser privilegierten Minderheit, die weitgehend die Organe der formal selbständigen Städte kontrollierte. Der Gegensatz zwischen dem gut bewacht und abgeschirmt in einem Burgpalast residierenden König und dem einfachen Volk, das entsprechend der *lex Hieronica* fast ausschließlich die Steuerlast des Zehnten zu tragen hatte, muss beträchtlich gewesen sein und gelegentlich ganz bedrohliche Formen angenommen haben im Widerspruch zu der in dieser Hinsicht tendenziösen und beschönigenden Darstellung in der römischen Geschichtsschreibung.[12]

Es kann deshalb kein Zweifel darüber bestehen, dass Archimedes nach seiner Aufnahme in die Gruppe der συγγενεῖς καὶ φίλοι der beim Volk weitgehend verhassten privilegierten Schicht angehörte. Mutmaßlich war Archimedes aufgrund seiner herausragenden naturwissenschaftlich-technischen Begabung in diese Stellung aufgerückt, die er vielleicht in solcher Atmosphäre elitären, leistungsbezogenen Denkens bewusst angestrebt hatte. Sicher hat aber der Verfasser der Archimedischen Werke nicht nur eine gründliche mathematische Ausbildung genossen, sondern auch die damals modernste Mathematik gekannt. Nach allem, was wir heute über den Werdegang außerordentlicher mathematischer Begabungen wissen, sollte Archimedes bereits in sehr jungen Jahren mit damals aktuellen mathematischen Fragen in Berührung gekommen sein. Als Möglichkeiten bieten sich einmal private Unterweisung, vielleicht durch seinen Vater Phidias in Syrakus, oder eventuell kombiniert mit dieser Möglichkeit ein Studium an dem damaligen Weltzentrum für mathematische Forschung, dem Museion in Alexandria, an. Da ein mindestens einmaliger Aufenthalt von Archimedes in Ägypten durch Diodorus bestätigt ist,[13] Archimedes selbst einen Teil der uns erhaltenen Werke aus der Alexandrinischen Schule stammenden

---

[12] Berve, S. 64–67.
[13] Diodorus, Bibliotheca historica I 34 und V 37.

Naturwissenschaftlern und Mathematikern geschickt hat und überdies gute Beziehungen zwischen Hieron und den Ptolemaiern nachweisbar sind, erhält ein Studium von Archimedes in Alexandria um 260 v. Chr. einige Wahrscheinlichkeit, ist aber keineswegs sicher.[14]

Völlig ungeklärt ist, wie Archimedes in den Gesichtskreis von Hieron trat. Ob der König durch den Vater Phidias auf das sicherlich früh entdeckte Talent von Archimedes aufmerksam gemacht wurde und dann vielleicht sogar den Studienaufenthalt von Archimedes in Alexandria finanzierte, oder ob Archimedes später in irgendeiner Weise auf sich aufmerksam zu machen verstand, wofür die von Vitruv berichtete Überführung eines betrügerischen Goldschmiedes ein Beispiel bieten könnte,[15] wissen wir nicht. Aufgrund verschiedener Anzeichen lässt sich aber mit einiger Sicherheit folgern, dass König Hieron kein oder höchstens ein sehr geringes Interesse an den rein mathematischen Untersuchungen von Archimedes hatte. Die militärische Laufbahn Hierons, seine wirtschaftlichen Ziele nach der Etablierung des Königtums, die sich u. a. in einem Werk zur Verbesserung der landwirtschaftlichen Erträge äußern,[16] Hierons Wirklichkeitssinn und seine Nüchternheit, sowie vor allem die aus der Antike überlieferten Anekdoten zum Verhältnis zwischen Hieron und Archimedes deuten darauf hin, dass der König von Archimedes vor allem die Bewältigung praktischer Probleme erwartete. Der einzige Grund für Hieron, die ihm unverständlichen mathematischen Untersuchungen seines mutmaßlich bezahlten, zumindest aber ausreichend versorgten Hofgenies zu dulden, dürfte in seinem nahezu maßlosen Geltungsbedürfnis liegen. Hieron hat während der langen Zeit seiner Königsherrschaft immer wieder z. T. groteske Anstrengungen unternommen, um vor den Augen der Welt als ein den hellenistischen Königen ebenbürtiger Herrscher dazustehen. In diesem Sinn konnte der auf großes Ansehen bedachte König dem Museion der Ptolemaier das Einmanninstitut des Archimedes entgegensetzen. Dafür spricht auch, dass Archimedes seine sämtlichen Abhandlungen vielleicht sogar aufgrund einer vom König empfohlenen Propagandamaßnahme im sizilisch-dorischen Dialekt abfasste. Ein in Alexandria ausgebildeter Mann hat sicherlich die *Koinē* (Κοινή) beherrscht. Eine andere Interpretation dieser sprachlichen Eigenheit wäre allerdings, dass Archimedes, dessen Aufenthalt in Ägypten nur einmal in der Literatur bezeugt ist, nie in Alexandria studiert hat und somit auch der *Koinē* nicht mächtig war. Seine Kontakte mit der Schule in Alexandria nahestehenden Mathematikern und Naturwissenschaftlern lassen sich auch ohne ein Studium am Museion erklären. So ist die Bekanntschaft und Freundschaft zwischen Archimedes und dem vielgereisten Astronomen Konon vielleicht auf einen Aufenthalt Konons in Syrakus zurückzuführen.[17]

Für die hier eingehende Annahme, dass Archimedes – von Hilfspersonal abgesehen – in Syrakus weitgehend isoliert arbeitete und vor allem keine mathematische Schule zu begründen vermochte, spricht einmal das Bemühen von Archimedes selbst, seine Werke den Alexandrinischen Gelehrten zugänglich zu machen, zum anderen die zumindest für

---

[14] Für einen von dem hier wahrscheinlich gemachten Werdegang des Archimedes abweichenden siehe vor allem Abschnitt 2.4.

[15] Abschnitt 3.4.

[16] Berve, S. 69.

[17] A. Rehm, Sp. 1338.

die Dichtkunst nachweisbare Musenfeindlichkeit am Syrakusanischen Hof.[18] Das soll hei-ßen, dass Archimedes nicht nur aus dem natürlichen Bedürfnis, von anderen gelesen zu werden, sondern weil in seiner Umgebung niemand war, der seine Leistung zu würdigen vermochte, seine Werke an in Alexandria lebende oder dort ausgebildete Gelehrte schick-te. War Archimedes' Ruf und Ruhm als Mathematiker somit weitgehend von auswärtigen Urteilen abhängig, so verdankte er seine hohe soziale Stellung in der Nähe des Königs der Fähigkeit, seine Ergebnisse als praktisch nutzbar erscheinen zu lassen, und der Lösung konkreter technischer Probleme. Dass die Überlieferung gerade in diesem letzten Punkt besonders dünn ist, verwundert nicht angesichts der durchgehend spürbaren Tendenz, Ar-chimedes nur mit besonders spektakulären und z. T. irreal phantastischen Leistungen in Verbindung zu bringen. Aufgrund der Berichte um die Belagerung von Syrakus durch Marcellus steht allerdings unzweifelhaft fest, dass Archimedes zu dieser Zeit die techni-sche Verantwortung für die Verteidigung der Stadt mit allen ihren Befestigungsanlagen und ihrem Geschützpark hatte. Es ist ebenso unbestritten, dass er die Römer, die zu dieser Zeit zumindest zu Lande über die damals modernste Kriegstechnik verfügten, insbeson-dere mit seinen Geschützen in Schach zu halten vermochte. Die Erfahrungen auf diesem Gebiet hatte Archimedes während seiner Dienstzeit für Hieron gesammelt. Der König hat-te in Hinblick auf mögliche Auseinandersetzungen mit Karthago schon in Friedenszeiten die von dem Tyrannen Dionysios I. stammende Befestigung der Stadt erneuern und mit von Archimedes entworfenen Geschützen bestücken lassen. Auch die den Rhodiern nach einem Erdbeben um 227 v. Chr. von Hieron als zusätzliche Wiederaufbauhilfe gesandten 50 Geschütze dürften unter der Aufsicht von Archimedes gebaut worden sein.[19]

Plutarch berichtet aus der Zeit der Belagerung von Syrakus, dass Archimedes die als Skorpion bezeichneten Wurfmaschinen durch Variation der Federspannung auf verschie-dene Entfernung einzustellen wusste.[20]

Es darf angenommen werden, dass dies nicht die einzige Form technischer Beratungs-tätigkeit von Archimedes für den König war. Dass solche anderen Tätigkeiten nicht oder nur wenig in den uns bekannten Berichten erwähnt werden, ist angesichts des einsei-tigen Interesses der römischen Geschichtsschreibung am Festungsbauer und Kriegsma-schinenkonstrukteur Archimedes nicht erstaunlich. Vermutlich hat Archimedes, der eine rein mathematisch-theoretische Abhandlung ‚Schwimmende Körper' hinterließ, auch auf das Syrakusanische Schiffbauwesen und vielleicht auch auf Bewässerungssysteme in der Landwirtschaft Einfluss genommen. So berichtet der ägyptische Historiker al-Quiftī (1172/73–1248) über Archimedes in einer Sammelbiographie

> Ich erreichte die erfahrensten Scheichs von den Berühmtheiten meines Landes, und sie waren darüber einig, dass der, welcher den größten Teil der Ländereien Ägyptens verschloss und der den Grund zu den Dämmen legte, durch die eine Verbindung von einem Ort zu einem anderen zur Zeit des Nils (d. h. wenn derselbe steigt) hergestellt ist, Archimedes war. Er hat dies für

---

[18] Berve, S. 83 f.
[19] Berve, S. 80.
[20] Plutarch, Marcellus, 15.

einen von Ägyptens Königen ausgeführt. Die Ursache dafür war, dass die Einwohner der Mehrzahl der Orte in Ägypten, wenn der Nil kam, sie verließen und auf die anstoßenden Berge stiegen und dort aus Furcht vor dem Ertrinken blieben, bis der Nil sich verlief. Wenn der Nil zu sinken begann, so stieg jede Gemeinde zu ihren Ländereien herab und begann zu sähen. Die tiefgelegenen Stellen des Landes hinderten sie aber dadurch, dass das Wasser sich darin verfangen hatte, zu den hochgelegenen zu gelangen, bis sie trocken geworden waren. So konnten sie nicht besäht werden, und es entging ihnen ein großer Ernteertrag. Als dies Archimedes zu seiner Zeit erfuhr, vermaß er die Ländereien der meisten Orte aufgrund des höchsten Standes, den der Nil erreichte, und verschloss sie mit Mauern und baute auf ihnen die Orte; zwischen den Orten baute er die Dämme und in der Mitte der Dämme Brücken, durch die das Wasser von dem Lande eines Ortes zu dem anderen gelangte. So sähet ein jeder von ihnen die Saat zu seiner Zeit ohne Verlust. Von jedem Landgut setzte er ein bestimmtes Stück Land fest, dessen Ertrag in jedem Jahre zur Erhaltung der Dämme verwendet wird.[21]

Angesichts der Abhängigkeit arabischer Historiker von spätgriechischen bzw. byzantinischen Quellen, die bereits nachweislich unrichtige Angaben über Archimedes enthalten, erscheint allerdings die Vertrauenswürdigkeit auch sonst sehr seriöser arabischer Gewährsleute von vorneherein stark eingeschränkt. Dies gilt erst recht für spätere westliche Berichte, denen zufolge Archimedes nach seiner Rückkehr aus Ägypten auch andere Länder bereist habe. Insbesondere erwähnt Leonardo da Vinci, dass Archimedes in Spanien einem König für ein Seegefecht gegen Engländer mit einer an die Feuerspritzen für das griechische Feuer erinnernden Erfindung zu Hilfe kam.[22]

Immerhin wird mehrfach berichtet, dass sich Archimedes mit dem Schiffsbau und besonders mit der Ausrüstung von Kriegsschiffen beschäftigt habe.

Der Schiffsbau hatte für Hieron die doppelte Funktion, den Karthagern auf See begegnen zu können und sich eine monopolähnliche Position für den Getreidetransport im östlichen Mittelmeer zu sichern. Die führende Rolle des syrakusanischen Schiffsbaus wird dabei indirekt durch erfolgreiche Gefechte gegen die bekannt kampfstarken karthagischen Seestreitkräfte sowie den Bau des als Weltsensation bestaunten größten Schiffes der Antike, der Συρακοσία bestätigt. Tatsächlich wird Archimedes mit dem Bau dieses Riesenschiffes, das gleichzeitig die Funktion eines Getreidefrachters, einer Luxusjacht und eines Kriegsschiffes in sich vereinigte, in Verbindung gebracht. In der von Athenaios überlieferten, auf den Arzt Moschion, vielleicht noch einen Zeitgenossen Hierons, zurückgehenden seitenlangen Beschreibung von Bau und Ausstattung des Schiffs wird Archimedes sogar mit der Oberaufsicht über den Bau betraut.[23]

Der Materialbedarf für dieses Schiff, der dem von 60 gewöhnlichen Dreiruderern gleichkam, wurde aus den verschiedensten Ländern gedeckt. Archimedes übernahm zusätzlich bei den von Hieron teilweise selbst überwachten Arbeiten die Ausrüstung zu einem Kriegsschiff, wobei zu Bestückung die damals wohl wirkungsvollsten Wurfmaschinen zählten, darunter ein Geschütz für drei Talente (ca. 80 kp) schwere Projektile mit

---

[21] Eilhard Wiedemann (2), S. 247 f.
[22] Antonio Favaro (2), S. 19 f.
[23] Athenaios, Dipnosophistae V 40–44.

einer Reichweite von 180 m. Darüber hinaus steuerte Archimedes die Erfindung einer Pumpe bei, die es einem einzigen Mann erlaubte, den Schiffsboden leerzupumpen. Die aufsehenerregendste Leistung ist der von Archimedes allein mit Hilfe einer mechanischen Vorrichtung vollzogene Stapellauf des Schiffes. Bedenkt man, dass der Bau dieses Schiffes eine der gigantischen Anstrengungen Hierons darstellt, die Welt zu beeindrucken, dass der mindestens 3000 t fassende Riesenfrachter für jeden antiken Hafen außer dem von Alexandria zu groß war und deshalb später, in Ἀλεξάνδρεια umbenannt, von Hieron dem Ptolemaios III. Euergetes verehrt wurde, so erkennt man, dass dieser von Archimedes ganz allein vollzogene Stapellauf, an dem vorher die vereinigten Kräfte einiger hundert Männer gescheitert waren, als großer Auftritt eines Stars inszeniert ist. Natürlich kann Moschion bei dieser von dem späteren Verteidiger von Syrakus allein bestrittenen Szene ein wenig übertrieben haben.[24]

Dieser Archimedes fand bei Gelon, Hierons Sohn, der nach 240 v. Chr. zum Mitkönig eingesetzt wurde, anscheinend mehr Verständnis für seine mathematischen Untersuchungen. Es ist zumal bei seiner Neigung, das Vorbild der hellenistischen, insbesondere der Ptolemaier-Könige zu kopieren, selbstverständlich, dass Hieron seinem Sohn eine angemessene, auch wissenschaftliche Ausbildung zuteil werden ließ, vielleicht sogar zeitweilig durch Archimedes selbst. Der ‚Sandrechner‘ war König Gelon zugeeignet, dem offenbar Archimedes auch ein Verständnis des Inhalts zutraute.

Inwieweit Archimedes, der in militärischen Fragen zumindest eine Beratungsfunktion innegehabt haben muss, angesichts seiner Vertrauensstellung sowohl bei Hieron wie Gelon, später in Schwierigkeiten oder zumindest in einen Gewissenskonflikt geriet, als Gelon sich gegen seinen Vater wandte, wissen wir nicht. Klar ist, dass insbesondere die letzten vier Lebensjahre für den greisen Mathematiker unruhig verliefen, ihn vielleicht verschiedentlich persönlich gefährdeten. Sie brachten u. a. den durch Hannibal verursachten scheinbaren Niedergang Roms, den aus dieser Situation erwachsenen Aufstand Gelons, Gelons mutmaßlich von Hieron veranlassten Tod, das Ableben von Hieron selbst, die Ablösung einer romfreundlichen durch eine romfeindliche Politik unter dem Enkel Hierons, Hieronymos, die Ermordung von Hieronymos und aller übrigen in Sizilien verbliebenen Mitglieder der königlichen Familie und schließlich den Krieg mit Rom, der Belagerung und Einnahme von Syrakus miteinschloss. Archimedes überstand jedenfalls alle diese kurzfristig aufeinanderfolgenden politischen Wechsel, vielleicht aufgrund seiner Unentbehrlichkeit als militärischer Fachmann oder seiner menschlichen Integrität. Freiwillige oder erzwungene politische Abstinenz – Archimedes wird niemals, auch nicht während des Schreckensregiments von Hieronymos als an politischen Entscheidungen be-

---

[24] Dijksterhuis hält es aus physikalischen Gründen für extrem unwahrscheinlich, dass der historische Archimedes die *Syrakosia* oder ein anderes größeres Schiff allein ins Wasser gezogen hat, weshalb sich der Bericht eher auf die von den Historikern geschaffene Fiktion des Übermenschen Archimedes beziehen müsste. Andererseits ist als tatsächliche Leistung des Archimedes eine erhebliche Reduzierung der für den Stapellauf erforderlichen Mannschaft nicht nur denkbar, sondern sehr wahrscheinlich. Vgl. E. J. Dijksterhuis, Archimedes (Literaturverzeichnis 1.2.2.), S. 14 f. Dagegen siehe Drachmann (2) und Abschnitt 3.3.

teilig erwähnt – spielte dabei sicherlich auch eine Rolle. Problemlos kann der Übergang von einem in nächster Nähe Hierons, des autoritären Vertreters einer prorömischen Politik, jahrzehntelang arbeitenden Vertrauten zu dem dem *Demos*, der sämtliche Nachkommen Hierons ausgelöscht hatte, verantwortlichen Kopf für die Verteidigung von Syrakus gegen die Römer nicht gewesen sein.

Auch die zweijährige Belagerungszeit von Syrakus dürfte Archimedes kaum in idyllischer Abgeschiedenheit mit mathematischen Forschungen beschäftigt zugebracht haben. Sein Erfolg, einen der tüchtigsten römischen Feldherrn etwa zwei Jahre an der Einnahme der Stadt zu hindern, ließ ihn in den Augen der mit Polybios einsetzenden romzentrischen Geschichtsschreibung zu dem alleinigen Verteidiger der Stadt anwachsen, dessen technische Genialität der römischen Übermacht das Gleichgewicht hielt. Spätestens bei Plutarch hat dieser Glorifizierungsprozess von Archimedes einen kaum zu steigernden Grad erreicht. Bestätigt wird dies nicht nur durch den Umstand, dass Plutarch sechs der insgesamt 30 Abschnitte, aus denen die Biographie des Marcellus besteht, Archimedes widmete.[25]

Wörtlich schreibt Plutarch, dass alle Syrakusaner zusammen nur den Körper der in der Stadt zur Verteidigung getroffenen Vorkehrungen bildeten, während als eigentlicher Motor, als Seele des ganzen allein Archimedes wirkte.[26]

Die eindrucksvolle Schilderung, wie Archimedes sämtliche Bemühungen von Marcellus, die Mauern der Stadt von der Land- oder Seeseite zu ersteigen, zunichte machte, stimmt sachlich weitgehend mit den Schilderungen von Polybios und Livius überein. Danach war die auf einer Schiffsbrücke von acht Schiffen montierte riesige Sambykenkonstruktion der Römer von den halbtonnenschweren Felsbrocken aus Archimedes' riesigen Wurfmaschinen zermalmt worden, und hatten die kranähnlichen Vorrichtungen voll besetzte römische Boote ganz oder teilweise aus dem Wasser gehoben, um die Mannschaft herauszuschleudern und dann die Boote zu versenken oder an den Felsen zerschellen zu lassen. Die für die Zeit unerhörte Leistungsfähigkeit der von Archimedes eingesetzten Geräte veranlasste Plutarch zu der Frage nach von Archimedes stammenden Beschreibungen oder Plänen für seine Konstruktionen. Die nach heutigem Forschungsstand zwar nicht richtige, aber mit der Quellenlage zur Zeit Plutarchs übereinstimmende Antwort, dass Archimedes für seine mechanisch-technischen Erfindungen keine Schrift hinterlassen hat, forderte von dem Essayisten Plutarch, für den die Tätigkeit von Archimedes als Kriegsbauingenieur unumstößliche Tatsache war, eine Erklärung. Diese Erklärung hat die gesamte Wirkungsgeschichte von Archimedes mit beeinflusst und ist z. T. mit verantwortlich für die in der modernen Archimedesforschung entstandene Kluft zwischen dem aus den Schriften ersichtlichen Theoretiker und Mathematiker einerseits und dem praktisch tätigen Techniker andererseits.

Plutarchs auf Archimedes projizierte Überlegungen enthalten keinerlei Verweis auf andere Quellen, auch nicht in unbestimmter Form; man kann sie also weitgehend als von

---

[25] Plutarch, Vitae parallelae, Marcellus XIV-XIX.
[26] Plutarch, Marcellus XVII.

Plutarch selbst zurechtgelegt betrachten. Damit entfällt aber die Notwendigkeit, diese Stelle als verbindlich für die Meinung vor Plutarch liegender Autoren oder gar als authentisch für Archimedes anzusehen.

Nach Plutarch betrachtete Archimedes die Beschäftigung mit mechanisch-technischen Dingen und allgemein Fertigkeiten, die ausschließlich der Befriedigung von praktischen Bedürfnissen dienen, als niedrige handwerkliche Tätigkeit. Deswegen habe Archimedes sich nur um rein zweckfreie Erkenntnisse bemüht, die er im Bereich der Geometrie, d. h. der reinen Mathematik, fand.[27]

Das Motiv für diese ad-hoc-Erklärung des rein mathematisch-theoretischen Charakters der Schriften des Archimedes bietet Plutarch selbst. Bei der ersten Erwähnung von Archimedes hatte Plutarch dessen Kriegsmaschinen „als Nebenprodukte einer sich spielerisch betätigenden Mathematik" bezeichnet; dabei hätten erst die eindringlichen Ermahnungen Hierons an Archimedes, seine Theorien einer praktischen Anwendung zugänglich zu machen, zu diesen Nebenprodukten geführt. Unmittelbar anschließend erwähnt nun Plutarch Eudoxos und Archytas als Vorgänger von Archimedes in der Behandlung von technischen Anwendungsproblemen der Mathematik; diese angewandte Mathematik forderte nach Plutarch die Kritik von Platon heraus, der entsprechend der von ihm vorgenommenen strengen Trennung zwischen der sinnlich wahrnehmbaren, materiellen Welt und der Welt der Ideen eine solche von Mechanik und Mathematik durchsetzte. Von philosophischer Seite wurde deshalb die Mechanik für lange Zeit missachtet. Nur im Rahmen des Kriegswesens behielt die Mechanik ihre Bedeutung.[28]

In diesem Licht erscheint die von Plutarch geschilderte Abneigung des Archimedes, über technische Anwendungen zu schreiben, als eine nahezu notwendige Folge Platonischen Einflusses. Tatsächlich lassen sich aber in Platons Werk neben seiner Bezeichnung des Schöpfergottes als Demiurg, was gewöhnlich Arbeiter, Handwerker, auch Bildhauer heißt, weitere Stellen finden, die mit einer Geringschätzung des technisch-handwerklichen Bereichs, der manuelle Arbeit voraussetzt, durch Platon nicht vereinbar sind.[29]

Die von Plutarch erwähnte Geringschätzung des mechanisch-technischen Bereichs durch die Philosophie erscheint deshalb als nachplatonisch. Sie kennzeichnet den den Neuplatonismus vorbereitenden Mittelplatonismus, der den mathematischen Disziplinen innerhalb der Wissenschaftshierarchie wieder eine führende Rolle zuwies, und über den wir hauptsächlich durch die Werke Plutarchs wissen.

In der Antike führte diese Begründung Plutarchs zusammen mit dem Archimedes für seine technischen Leistungen zugestandenen „nicht mehr menschlichen, sondern göttlichen Leistungsvermögen" einmal zu einem an Wunder grenzenden Zutrauen in die technischen Fähigkeiten von Archimedes. Andererseits veranlasste die angebliche Abneigung des Archimedes, über die praktischen Anwendungen seiner „reinen Theorien" zu schreiben, Versuche, die Archimedes zugeschriebenen „theoretischen" Werke nach der schein-

---

[27] Plutarch, Marcellus XVII.
[28] Plutarch, Marcellus XIV.
[29] Vgl. Fritz Krafft (6), S. 732.

bar fehlenden praktischen Seite zu ergänzen. Ein Beispiel für einen solchen Versuch stellt die Behauptung dar, Archimedes habe während der Verteidigung von Syrakus Brennspiegel zur Vernichtung römischer Schiffe eingesetzt. Eine Grundlage dafür bot die seit dem 2. nachchristlichen Jh. nachweisbare Überzeugung, dass Archimedes ein Buch über Katoptrik geschrieben habe.[30]

In den meisten modernen Darstellungen hat Plutarchs Schilderung im Einklang mit dem Euklid vergleichbaren streng axiomatisch-deduktiven Aufbau der Werke des Archimedes zu einer Überbetonung des Mathematikers Archimedes geführt, dem die ausschließlich seine Rolle als geschichtliche Figur in der Antike begründenden technischen Leistungen kaum noch zugetraut werden.[31] Dabei sollte bei den so grundverschiedenen Reaktionen auf Plutarchs Archimedesbild nicht vergessen werden, dass gegen Plutarchs Voraussetzungen über die Lösung technischer, vor allem kriegstechnischer Probleme nicht allzuviel einzuwenden ist. Unter der Voraussetzung einer Genealogie Platon-Eudoxos-Alexandrinische Mathematiker und der weiteren, dass Archimedes, selbst wenn er nicht in Alexandria studiert hat, so doch zumindest mit der dortigen Schule in Verbindung stand, wird eine Vertrautheit mit der Platonischen Auffassung von Mathematik fast unumgänglich. Dass Archimedes' Neigung lebenslang gerade der Mathematik galt, stellt ebenso wenig wie die aus König Hierons Anwendungsinteressen erwachsene Beschäftigung mit sehr konkreten technischen Problemen einen Widerspruch zu Plutarch dar. Nur Plutarchs Schlussfolgerung auf Archimedes' Abneigung, über seine technischen und besonders seine kriegstechnischen Erfindungen zu schreiben, erscheint zu einfach und den Gegebenheiten nicht angepasst. Vielmehr liegt der Schluss nahe, dass Archimedes, gerade weil er den Modellcharakter der reinen Mathematik für den Wissenschaftsbegriff der Zeit übernommen hatte und weil er in seiner Haupttätigkeit als technischer Berater von König Hieron an einer wissenschaftlichen Aufwertung der Mechanik interessiert war, die Grundlagen der von ihm bearbeiteten technischen Bereiche in der von Platon und Aristoteles geforderten axiomatisch-deduktiven Form darstellte. In diesem Sinn wurden z. B. Archimedes' Untersuchungen über die Bestimmung des Schwerpunkts oder über stabile Gleichgewichtslagen von in Flüssigkeiten getauchten Körpern zu einem Bestandteil der Mathematik. Dass andererseits die Veröffentlichung von Detailkonstruktionen Archimedischer Geschütze in Form von Mitteilungen an einzelne Wissenschaftler oder wissenschaftliche Institutionen den Erfolg der Maßnahmen von Archimedes bei der Verteidigung von Syrakus weitgehend in Frage gestellt hätte, ist unmittelbar klar. Warum hätte, um einen anderen Bereich zu nennen, Archimedes durch eine Veröffentlichung einen für Syrakus erzielten technischen Vorsprung im Schiffsbau gefährden sollen? Neben diesen von militärischen und wirtschaftlichen Interessen diktierten Gründen für das Fehlen schriftlicher Aufzeichnun-

---

[30] Ivo Schneider (1), S. 5.
[31] So stellen die bis heute vor allem in der englischsprachigen Literatur maßgeblichen Darstellungen von Heath und Dijksterhuis im wesentlichen nur mathematische Paraphrasierungen der archimedischen Werke dar, während andere Tätigkeitsbereiche von Archimedes, insbesondere der der Technik, nur in den bekannten Anekdoten im Rahmen einer verhältnismäßig kurzen Lebensbeschreibung gestreift werden.

gen von Archimedes im technischen Bereich bietet sich noch der weitere, dass zumindest ein Teil der Untersuchungen über den Zustand bloßer Versuche nicht hinausgediehen war und damit gar nicht in der für Archimedes allein annehmbaren mathematisierten Form dargestellt werden konnte. Ein Beispiel dafür könnte die Erneuerung des Kastells Euryalos bieten, mit der Archimedes verschiedentlich in Verbindung gebracht wird.[32]

Die Argumente dafür, dass gerade Archimedes die Festungsbauarbeiten an diesem strategisch so bedeutsamen Kastell geleitet hat, sind indirekt und beschränken sich auf den Nachweis einer Bauzeit zwischen 250 und 212 v. Chr. aufgrund von Baustil und Entwicklungsstand des Festungsbaus. Für den letzten Punkt wird vor allem eine weitgehende Entsprechung mit den Anweisungen aus dem Handbuch des Philon von Byzanz, einem Zeitgenossen des Archimedes, geltend gemacht. Dabei mussten die Abstände der zur Sicherung des Vorfeldes gezogenen Gräben von der Mauer nach der Reichweite der eigenen Geschütze bemessen werden. Da eine für die Praxis brauchbare theoretische Bestimmung dieser Reichweite für die Antike nicht möglich war – auch bei den Pulvergeschützen der Neuzeit gelang dies erst im ausgehenden 18. Jh. – konnte der Abstand des äußeren Grabens erst nach Fertigstellung der Mauer und der Plattform für die Geschütze sowie einer Reihe von Probeschüssen festgelegt werden.[33]

Das über Pappos erhaltene Zeugnis des Karpos von Antiocheia, wonach Archimedes ein Werk über den Bau mechanischer Planetarien, eine σφαιροποιία hinterlassen hat, widerspricht diesem Gesichtspunkt für das Fehlen technischer Beschreibungen nicht, da es sich hier um die Darstellung eines über bloßes Probieren weit hinaus gediehenen Gebietes handelte.[34]

Mutmaßlich handelt es sich hier um die Beschreibung von kugelförmigen Planetarien. Man darf annehmen, dass diese heute verlorene Schrift des Archimedes neben der zugrunde liegenden astronomischen Theorie für das Planetarium auch detaillierte Konstruktionshinweise zur Herstellung des Instruments enthielt.[35]

Interessant ist an dieser Stelle auch, dass Karpos dieses Werk als das einzige bezeichnet, das Archimedes aus dem Spektrum seiner technisch-mechanischen Untersuchungen für publikationswürdig hielt. Wenn man in diesem Bereich eine praktisch-konstruktive von einer mathematisch-theoretisch-physikalischen Seite unterscheidet, so trifft diese Aussage von Karpos, wie wir heute nach der Rekonstruktion einer „theoretischen" Mechanik des Archimedes wissen, nur für die erste Seite zu.

Dass Archimedes verschiedene solcher Planetarien herstellte bzw. herstellen ließ, ist in der Antike mehrfach bestätigt worden.[36] Zwei solcher Archimedischer Planetarien hat

---

[32] Siehe z. B. A. W. Lawrence.
[33] Die Grundlage für diese Theorie bietet die Tatsache, dass die heute noch erhaltenen Reste der Anlage die Fertigstellung von Mauer und Plattformen bezeugen, während der äußere Graben nur provisorisch festgelegt zu sein scheint.
[34] Pappos von Alexandria, Collectio VIII 3.
[35] Siehe Abschnitt 3.6.
[36] Für die einschlägigen Quellen siehe Friedrich Hultsch (1), Bd. 3, S. 1027, Anm. 4 und E. J. Dijksterhuis, Archimedes, S. 24 f.

Marcellus nach der Einnahme von Syrakus nach Rom mitgebracht, wo diese Stücke zusammen mit anderen aus Syrakus geraubten Kunstwerken den Ausgangspunkt eines sich dann sehr rasch entwickelnden römischen Interesses an griechischer Kunst darstellten.

Es ist einigermaßen selbstverständlich, dass Archimedes in Syrakus zumindest eine vollständige Sammlung seiner eigenen Werke aufbewahrte. Welches Verständnis für diese Schriften von seiten der plündernden römischen Soldaten zu erwarten war, lässt sich angesichts des Schicksals ihres Autors leicht ausmalen. Dieser Umstand sowie das wechselvolle Schicksal antiker Großbibliotheken sind der Grund dafür, dass ein Überblick über das Gesamtschaffen von Archimedes schon in der Antike einige Probleme aufwarf.

Die spürbar sorgfältige Planung von Archimedes bei der Abfassung seiner Schriften auch in Hinblick auf eine aufbauende Reihenfolge, die relativ zahlreichen Querverweise auf eigene Schriften in den erhaltenen, sowie Hinweise aus der uns heute bekannten antiken, byzantinischen und arabischen Literatur machen es einigermaßen wahrscheinlich, dass wir die Arbeitsgebiete von Archimedes vollständig und die von ihm verfassten Werke zumindest ihrem Titel oder Gegenstand nach nahezu vollständig kennen. Aus diesem Material lässt sich erschließen, dass heute über griechische, lateinische oder arabische Überlieferung ein wesentlicher Teil der Archimedischen Schriften inhaltlich bekannt ist.[37]

Unter dieser Voraussetzung könnte das Gesamtwerk des Archimedes, gemessen an dem allgemein bestätigten hohen Alter, das Archimedes offenbar in vollkommener geistiger Frische erreichte, an der durch König Hieron garantierten fast 50jährigen Friedenszeit, den damit anzunehmenden guten Arbeitsbedingungen und gemessen an der Intensität, mit der Archimedes sich nach antiken Berichten seinen Untersuchungen widmete, umfangmäßig zumindest bescheiden erscheinen. Eine mögliche Erklärung für eine solche Diskrepanz wäre, dass Archimedes ähnlich wie die Mathematiker François Viète und Pierre de Fermat, die beide hauptberuflich als Juristen tätig waren, sozusagen nur in seiner Freizeit mathematischen Untersuchungen nachkommen konnte. Man könnte deshalb auch für Archimedes eine den Großteil seiner Arbeitszeit beanspruchende Beschäftigung z. B. mit praktischen Versuchen oder mit einer im Rahmen der leitenden Hofbeamten üblichen Verwaltungstätigkeit annehmen. Diese Vermutung wäre durchaus in Einklang mit Archimedes' offizieller Stellung in unmittelbarer Nähe des Königs, die durch die Kennzeichnung von Archimedes als Ratgeber, Schreiber und vielseitiger Maschinenbauer noch erhöht wird.[38]

Auch die in den an Dositheos gerichteten Einleitungen von ‚Über Kugel und Zylinder' (Buch II) und ‚Über Konoide und Sphäroide' enthaltenen Stellen, wonach Archimedes

---

[37] Für eine Gegenüberstellung der uns bekannten und der mutmaßlich verlorenen Werke von Archimedes s. E. S. Stamatis, Archimedes' Gesammelte Werke (Literaturverzeichnis 1.1.), Band III, S. XLI f.

[38] Johannes Tzetzes, Chil. V. Hist. 32. Tzetzes ist zwar bezüglich technischer Details aufgrund eigener Deutungen von ihm unverstandener Konstruktionen alles andere als zuverlässig, scheint sich aber hier aus dem Rückverweis auf Chil. II, Hist. 35 ersichtlich auf Diodorus und Dion abzustützen.

Die Bezeichnung „Schreiber" im Zusammenhang mit „Ratgeber" ist hier sicherlich im Sinn der einflussreichen Stellung ägyptischer Schreiber zu verstehen.

Schwierigkeiten bei der Ausarbeitung seiner Beweise hatte, seine Korrespondenten deshalb gelegentlich Jahre darauf warten mussten, würden ganz gut in dieses Bild passen. In einer solchen Erklärung würde allerdings die von der langen, bis in unser Jahrhundert reichenden Reihe der Archimedesbewunderer betonte Qualität seiner Arbeiten nicht berücksichtigt werden. Gerade diese auch für die Überlieferung wesentliche Qualität der Archimedischen Schriften, die sich u. a. in der ungewöhnlich großen Anzahl von neuen Ergebnissen in sehr verschiedenen Bereichen äußert, setzte z. T. sehr lange Vorarbeiten voraus. Dabei ist an das ganze Spektrum von praktischen und heuristischen Versuchen zu denken, die sich etwa im Fall der Arbeit ‚Über schwimmende Körper' über viele Jahre hingezogen haben dürften.[39] Deutet man diese praktischen Vorarbeiten zumindest als einen Teil seiner Tätigkeit bei König Hieron, so bleibt auch eine Berücksichtigung des Qualitativen im Einklang mit der Stellung von Archimedes am Hof zu Syrakus.

Bevor ich auf die Abfassungs- und Ausgabefolge der uns bekannten Schriften des Archimedes zu sprechen komme, die ihrerseits wiederum für die wissenschaftliche Entwicklung dieses Mannes aussagefähig sind, möchte ich zum Schluss dieses Kapitels noch zwei rein biographische Details bringen.

Das schon am Umfang der Legendenbildung ersichtliche Interesse an historischen Persönlichkeiten ist sehr oft gekoppelt mit der Frage nach authentischen Abbildungen. Es verwundert daher nicht, dass die Entdeckung eines Mosaiks, das die Tötung von Archimedes darstellt, einiges Aufsehen erregte.[40]

Zur Zeit seiner Entdeckung wurde dieses Mosaik als aus Herkulaneum stammende Kopie eines unmittelbar nach dem Tod des Archimedes entstandenen, vielleicht von Marcellus selbst in Auftrag gegebenen Gemäldes angesehen. Aber ganz unabhängig davon, ob es sich bei diesem Mosaik um eine Schöpfung aus der Antike oder, wie heute überwiegend angenommen, aus der Renaissance handelt, ist die Information über die Gesichtszüge des Archimedes aufgrund der Verwendung relativ großer Steine zumindest eingeschränkt.

Immerhin spricht einiges dafür, dass der Kopf auf einer sizilianischen Münze unbekannten Datums (Abb. 1.1) der des Archimedes ist.[41]

---

[39] Auf diesen Gesichtspunkt hat mich I. Szabo in einer Diskussion hingewiesen.

[40] Siehe Franz Winter.

[41] Davon ist zumindest Paul Ver Eecke überzeugt, der in der von ihm besorgten französischen Übersetzung der Werke des Archimedes auf das numismatische Werk von Paruta, La Sicilia descritta con medaglie, Palermo 1612, hinweist. Dieses Werk enthält die Abbildungen von zwei Münzen, die Archimedes darstellen sollen. Während die eine das Bildnis eines bartlosen Mannes mit Helm und rohen Gesichtszügen zeigt, und nach Ver Eeckes Meinung kaum eine authentische Darstellung von Archimedes sein dürfte, zeigt die andere das Profil eines bärtigen Mannes mit gelocktem Haar und auf der Rückseite eine auf einem Untergestell ruhende Sphäre – wahrscheinlich ein grobes Abbild eines der von Archimedes geschaffenen Planetarien – sowie die Buchstaben ARMD, die das Monogramm des Archimedes bilden. S. dazu: Oeuvres complètes d'Archimède, (hrsg. v. Ver Eecke), S. XXX f. Offenbar handelt es sich um die Abbildung einer heute nicht mehr vorhandenen Münze. Das in lateinischen Buchstaben ausgeführte Monogramm lässt auf eine römische Prägung schließen. Ein Motiv für eine solche ungewöhnliche Prägung wäre immerhin Marcellus zuzutrauen gewesen, der ja nach antiken Berichten als einzige Kriegsbeute zwei Sphären des Archimedes nach Rom brachte.

Abb. 1.1 Sizilianische Münze
unbekannten Datums

Antike Berichte stimmen weitgehend darin überein, dass Marcellus die Tötung seines phantasiereichen Gegners Archimedes bei der Einnahme der Stadt zutiefst bedauerte und u. a. für eine der Bedeutung des Toten angemessene Grabstätte Sorge tragen ließ. Nach Plutarch soll Archimedes selbst den Wunsch geäußert haben, dass sein Grabstein einen einer Kugel umbeschriebenen Zylinder zusammen mit dem Volumenverhältnis der beiden Körper zeigen sollte.[42]

Fast anderthalb Jahrhunderte später hat dann Cicero in der Nähe des Tores zu dem Stadtteil Achradina ein verwahrlostes Grab mit einer Säule, die einen einer Kugel umbeschriebenen Zylinder aufwies, wiedergefunden.[43]

Wegen dieser Vernachlässigung hatte Cicero in seinem Bericht nicht mit Kritik an den Syrakusanern seiner Zeit gespart. Für einen gewissen Ausgleich sorgten 1965 die Bemühungen eines späten Nachfahren jener Syrakusaner, die dazu führten, dass man seither zwei Gräber in der von Cicero beschriebenen Gegend beim Stadttor von Achradina als wahre letzte Ruhestätte des Archimedes zur Auswahl hat.[44]

Wichtiger als die Frage, ob eine der beiden Alternativen, von denen die 1965 hinzugekommene ein Grabmal für eine sicherlich hochgestellte Persönlichkeit aus der Zeit Hierons II. darstellt, der Aufbewahrungsort für die sterblichen Überreste des von Römern erschlagenen Archimedes ist, scheint mir die nach dem nun schon über weit mehr als 2000 Jahre lebendigen Werk des Mathematikers, Naturwissenschaftlers und Ingenieurs Archimedes.

---

[42] Plutarch, Marcellus XVII 7.
[43] Cicero, Tusculanae disputationes V 23.
[44] Siehe Salvatore Ciancio.

Die Abfolge der Schriften: Verwirklichung eines Programms?

Archimedes hatte, gemessen an seiner mathematischen Potenz, in der Antike nur einen einzigen Nachfolger: Apollonios. Nach Apollonios' Tod beobachtet man nicht nur ein Absinken des allgemeinen Leistungsstandes in der Mathematik, sondern auch des Interesses an der Mathematik. Obwohl dieses Interesse nie allgemein war und sich auf die wenigen an den Zentren antiker Wissenschaft Arbeitenden bzw. mit diesen Zentren Verbundenen beschränkte, reichte es für die kurze nach Apollonios endende Hochblüte aus, da die Mathematik durch die ihr von Platon zugestandene Rolle als Leitwissenschaft in der Lage war, sich für diesen Zeitraum einer Elite aus diesem Kreis zu versichern. Nach dem 3. vorchristlichen Jh. hat die Mathematik und haben die von ihr im griechischen Verständnis miterfassten exakten Naturwissenschaften diese Funktion verloren. Ein Grund dafür ist sicherlich im Aufkommen neuer philosophischer Schulen zu suchen, wobei hier z. B. auf die mittlere Stoa und den Skeptizismus der Neuen Akademie verwiesen sei. Im Rahmen der Entwicklung dieser philosophischen Schulen und der damit verbundenen Ausbildungs- und Forschungszentren, der alten und neuen Hochschulen, wurde bis in das mittelalterliche Byzanz der Stellenwert der Mathematik immer wieder neu festgelegt. Ein auch von politischen und wirtschaftlichen Faktoren abhängiges Anwachsen des Interesses an einer mathematischen Ausbildung und die gleichzeitig erhobene Forderung nach entsprechender Berücksichtigung der mathematischen Literatur in den großen Lehr- und Forschungsbibliotheken führte schließlich in Byzanz zu einer Archimedes-Renaissance. So wurden im 6. Jh. die ‚Kreismessung' sowie die beiden Bücher ‚Über Kugel und Zylinder' von Archimedes, zusammen mit den Kommentaren des Eutokios von Askalon (geb. um 480), von Isidoros von Milet (um 534), einem der beiden Architekten der Hagia Sophia, herausgegeben. In der zweiten Hälfte des 9. Jh. ließ Leon (geb. um 800), der Rektor der 863 neu gegründeten Universität am Magnaura-Palast, systematisch alle damals noch erreichbaren Archimedischen Arbeiten sammeln und textkritisch edieren. Aus dieser Arbeit entstand die berühmte Stammhandschrift Archimedischer Werke, die auf abenteuerlichen Wegen nach Italien kam und bis zu ihrem endgültigen Verlust im 16. Jh. als wichtigste Grundlage der frühneuzeitlichen Archimedesausgaben

© Springer-Verlag Berlin Heidelberg 2016

I. Schneider, *Archimedes*, Mathematik im Kontext, DOI 10.1007/978-3-662-47130-2_2

diente.[1] Diese beiden relativ späten Fälle von Bemühungen um Archimedesausgaben sind mit Sicherheit nicht die einzigen. Es ist im Verlauf der Antike und im mittelalterlichen Byzanz mit einer Reihe von Abschriften, Überarbeitungen und Kommentaren zu rechnen. Insbesondere diese Überarbeitungen überdeckten das weite Feld von der Übertragung eines Teils der ursprünglich im dorischen Dialekt abgefassten Schriften in die *Koinē* bis zu Textveränderungen im Sinne von Kürzungen, Einschüben, Zusammenfassungen und Neuanordnungen von als Block zusammengehörigen Schriften. Allerdings ließ die logisch strenge, axiomatisch-deduktive Darstellungsweise des Archimedes, bei der die Anordnung der Hilfs- und Zwischensätze dem ökonomischen Prinzip des kürzesten Weges zwischen Voraussetzungen und zu beweisendem Ergebnis bzw. Ergebnissen folgt, dem mathematisch vorgebildeten Bearbeiter für Veränderungen im Detail nur einen sehr kleinen Spielraum. Anders verhält es sich mit mathematisch unbedarften Abschreibern, deren Abschreibefehler oder vermeintliche Verbesserungen später zu Interpolationen und Rechtfertigungsversuchen im Sinn einer Archimedes von jeher zugebilligten mathematischen Unfehlbarkeit führten.

Die bis in die Neuzeit, etwa bei Galilei, beklagte anspruchsvolle und auch schwer zu lesende Darstellungsweise des Archimedes bildete einen Grund für die Entstehung von Kommentaren und damit indirekt ein Kriterium für die auf uns gekommene Auswahl aus dem Gesamtwerk. So wird geltend gemacht, dass ein relativ niedriges Ausbildungsniveau in Byzanz die Eutokios-Kommentare für die damals zugänglichen mathematischen Schriften notwendig machte, während eine solche Kommentierung für die mechanischen Schriften des Archimedes aufgrund ihrer Integration in die „Mechanik" von Heron überflüssig erschien.[2]

Die kommentierten Schriften des Archimedes gingen in Byzanz jedenfalls in den Traditionsstrom ein, während die mechanischen Schriften davon ausgeschlossen blieben. Welche Rolle allerdings, speziell bei den mechanischen Schriften, Auffassungsänderungen etwa in Richtung einer allmählichen Höherbewertung der praktisch-konstruktiven Seite sowie allgemein der Leistungen von Heron und von seinen Nachfolgern spielten, bleibt in diesem Argument unberücksichtigt.

All dies zeigt, dass eine Rekonstruktion der ursprünglichen Form des Archimedischen Werks Stückwerk bleiben muss. Einen bescheidenen Teil dieser ursprünglichen Form, gleichzeitig ein Stück der wissenschaftlichen Biographie, stellt die von Archimedes beobachtete Reihenfolge bei der Herausgabe seiner verschiedenen Schriften dar, die von der Aufeinanderfolge seiner wissenschaftlichen Ergebnisse zu unterscheiden ist.

Auch hier wäre es erforderlich, über nahezu alle Schriften des Archimedes verfügen zu können und darüber hinaus diese Schriften in der ursprünglichen Archimedischen Form vorliegen zu haben. Unter diesen Voraussetzungen könnte man mit Hilfe von Kriterien wie einer von Archimedes beobachteten logischen Aufeinanderfolge und von ihm gegebenen

---

[1] Für die byzantinischen Bemühungen um eine Sammlung der Archimedischen Werke siehe Kurt Vogel (2), S. 117 f. u. 120 f.
[2] Dieses Argument wird von Fritz Krafft (6), S. 731, vorgebracht.

Querverweisen zumindest für einen Teil der Schriften eine relative Reihenfolge festlegen. Dem steht die bereits erwähnte Schwierigkeit gegenüber, dass weder die Liste der uns heute bekannten Schriften noch sämtliche in dieser Liste enthaltenen Schriften für sich selbst vollständig sind. Außerdem können bei den von späteren Bearbeitern vorgenommenen Veränderungen Rekonstruktionsversuche gerade eben der relativen Chronologie nicht ausgeschlossen werden. Angesichts dieser Situation ist ein Interpretationsspielraum zur Lösung des Problems der Reihenfolge gegeben, und es ist kaum zu erwarten, dass sich eine Ordnung für sämtliche uns heute bekannten Schriften herstellen lässt.

Immerhin konnte mit Hilfe der in den Einleitungen von Archimedes selbst gegebenen Informationen, der im Text enthaltenen Querverweise und der Verwendung von Ergebnissen aus offenbar bereits früher herausgegebenen Schriften bereits im 19. Jh. durch Heiberg und Hultsch eine Ausgabefolge der bekannten Werke festgelegt werden, die von den in unserem Jahrhundert meist zitierten Archimedesforschern Heath und Dijksterhuis praktisch unverändert übernommen wurde. Die einzige Ergänzung ergab sich lediglich durch die von Heiberg erst 1906 entdeckte Methodenschrift. Das allem Anschein nach so stabile und unangefochtene Ergebnis der Bemühungen um eine relative Chronologie der Archimedischen Schriften sieht wie folgt aus:

1. ‚Über das Gleichgewicht bzw. den Schwerpunkt ebener Flächen‘, Buch I,
2. ‚Die Quadratur der Parabel‘,
3. ‚Über das Gleichgewicht ebener Flächen‘, Buch II,
4. ‚Die Methodenlehre von den mechanischen Lehrsätzen‘,
5. ‚Über Kugel und Zylinder‘, Buch I und II,
6. ‚Über Spiralen‘,
7. ‚Über Konoide und Sphäroide‘,
8. ‚Über schwimmende Körper‘,
9. ‚Die Kreismessung‘,
10. ‚Die Sandzahl‘, auch ‚Sandrechner‘ genannt.

Hinzu kommen drei kleinere Werke, die Archimedes zugeschrieben werden. Aufgrund ihrer unvollständigen oder gegenüber der ursprünglichen veränderten Fassung sowie des vollständigen Mangels an geeigneten Hinweisen im Text können diese drei Arbeiten nicht in die obige Liste eingeordnet werden:

1. das ‚Stomachion‘, die Beschreibung eines Zusammensetzspiels bestehend aus durch geradlinige Schnitte aus einem Rechteck entstandenen Stücken,
2. die ‚Lemmata‘, eine uns nur in arabischer Fassung überlieferte Zusammenstellung planimetrischer Sätze,
3. das ‚Rinderproblem‘, das auf die Lösung eines homogenen Gleichungssystems aus 7 Gleichungen für 8 Unbekannte hinausläuft, wobei noch zusätzlich zwei zahlentheoretische Bedingungen die Lösungsmenge einschränken.[3]

---

[3] Diesen Stand einer relativen Chronologie repräsentiert z. B. Dijksterhuis, Archimedes, S. 46 f.

Die hier wiedergegebene Reihenfolge blieb allerdings nicht unwidersprochen. Ein bislang unbeachtetes Kriterium, nämlich die Entwicklung einer Fachterminologie bei Archimedes im Rahmen der Lehre von den Kegelschnitten, bot Ansätze zu einer neuen Reihenfolge der Archimedischen Werke, die allerdings in der Literatur kaum Beachtung fanden.[4]

Die 1963 erfolgte Rekonstruktion von mechanischen Schriften des Archimedes aus den entsprechenden Herons führte ebenfalls zu neuen Überlegungen, hier insbesondere des Verhältnisses der mechanischen zu den rein mathematischen Abhandlungen.[5]

Diese die bisherige Reihenfolge in Frage stellenden Untersuchungen sollen im folgenden gewürdigt werden:

2.1 Die Ergebnisse einer fachterminologischen Untersuchung

Vor der Anwendung einer solchen philologischen Methode sollte man fragen, wie sinnvoll bzw. aussichtsreich sie ist. Es steht fest, dass die Schriften des Archimedes Gegenstand mannigfacher sprachlicher und auch inhaltlicher Überarbeitungen waren. Läge es nicht nahe, entsprechend der Angleichung des ursprünglich Dorischen an die *Koinē* eine Anpassung der Archimedischen Terminologie an die des Apollonios, speziell bei den hier bearbeiteten Kegelschnittproblemen zu erwarten? Dem kann man entgegenhalten, dass eine terminologische Überarbeitung der Archimedischen Schriften jedenfalls weitgehend unterblieben ist, sieht man von Einzelheiten, wie der Neufassung des Titels der Parabelquadratur ab.[6]

Geht man weiter davon aus, dass der Sprung in der Terminologie bei der Lehre von den Kegelschnitten zwischen Aristaios und Apollonios zu groß ist, als dass er ohne eine dazwischenliegende Entwicklung erklärt werden könnte, und billigt man Archimedes diese Vermittlerrolle zu, so gewinnt eine terminologische Untersuchung seiner Schriften erhebliche Bedeutung. Dem Einwand, dass diese Vermittlerrolle z. B. auch von dem von Apollonios ausdrücklich im IV. Buch seiner „Kegelschnitte" erwähnten und mit Archimedes eng befreundeten Konon von Samos gespielt worden sein könnte, kann man entgegenhalten, dass Konon noch vor Herausgabe der meisten uns erhaltenen Archimedischen Schriften starb und Archimedes allenfalls beeinflusst haben könnte.

Die Betrachtung der speziellen Termini „Achse" und „Scheitel" in den Werken des Archimedes zeigt dann tatsächlich eine Dynamik, die von einer anfänglich umgangssprachlichen Gebrauchsweise bis zu einem Bedeutungsumfang reicht, an den Apollonios unmittelbar anschließen konnte. Diese Entwicklung lässt sich ihrerseits für die Zwecke einer relativen Chronologie der Archimedischen Schriften verwenden.

Man kann wohl davon ausgehen, dass Archimedes die von ihm nicht definierten Termini (soweit wir überhaupt wissen, was Archimedes definiert hat) von seinen Vorgängern

---

[4] Es handelt sich hier um die Arbeiten von T. Kierboe und F. Arendt.

[5] Ausgelöst wurde diese Entwicklung durch die Arbeiten von A. G. Drachmann (3).

[6] Archimedes verwendete statt der von Apollonios geschaffenen Bezeichnung „Parabel" den Ausdruck „Schnitt des rechtwinkligen Kegels".

übernommen hat. So war es üblich, die heute sogenannten Achsen der Kegelschnitte als Durchmesser zu bezeichnen. Als Archimedes dazu überging, nicht nur gerade Parabelsegmente, bei denen die zugehörige Sehne auf der Parabelachse senkrecht steht, sondern auch schiefe Segmente zu betrachten, die seinen Methoden ebenso zugänglich waren, stand er vor der Schwierigkeit, die zum schiefen Segment gehörigen Durchmesser geeignet zu benennen. In der ersten Phase, die durch die ‚Parabelquadratur‘ gegeben ist (Satz 17), begnügte er sich damit, den Endpunkt dieses Durchmessers als „Scheitel" des Segments zu bezeichnen. Dabei führte er auch die Begriffe „Basis" und „Höhe" des Segments ein. Der Umstand, dass Archimedes in diesem Satz 17 der Schrift eine Eigenschaft des Scheitels benutzt, die erst im folgenden Satz bewiesen wird, und dass Archimedes die neuen Ausdrücke erst nach ihrer Benutzung erklärt, spricht für eine Einführung jener Ausdrücke erst während der Ausarbeitung der Schrift.[7]

Ein weiterer Entwicklungsschritt besteht darin, dass Archimedes die in der ‚Parabelquadratur‘ eingeführten Begriffe „Basis", „Höhe" und „Scheitel" nun auf Körper ausdehnt. In den beiden Büchern ‚Über Kugel und Zylinder‘ werden diese analog erweiterten Begriffe ohne Definition benutzt. In der ebenfalls an Dositheos gerichteten ‚Spiralenabhandlung‘, die zwei an den inzwischen verstorbenen Konon gesandte Sätze über das Rotationsparaboloid enthält, werden „Basis" und „Scheitel" des Paraboloidsegments definiert. Archimedes verwendet den Terminus „Basis" im ersten der beiden früher an Konon geschickten Sätze, während er im zweiten statt „Basis" die Umschreibung „schneidende Ebene" verwendet. Man kann daraus schließen, dass Archimedes nur den ersten der beiden an Konon geschickten Sätze der inzwischen entwickelten Terminologie anpasste. Dafür spricht auch, dass Archimedes in der Schrift ‚Über Konoide und Sphäroide‘ die beiden Sätze ohne weitere Erklärung in der neuen Terminologie formuliert.

Sieht man einmal von dem Problem ab, warum Archimedes in ‚Über Kugel und Zylinder‘ die auf Körper ausgedehnten Begriffe „Basis", „Höhe" und „Scheitel" undefiniert verwendet, während er sie in der darauffolgenden ‚Spiralenabhandlung‘ für das Paraboloidsegment definiert, so erkennt man aus dem Vorhergehenden bereits eine Entwicklung, die sich in der Schrift ‚Über Konoide und Sphäroide‘ in Form weiterer Vereinfachungen fortsetzt. Die singuläre Verwendung des Begriffes „Durchmesser" bei der Parabel praktisch im heutigen Sinn in dieser Schrift und ihre selbstverständliche Verwendung in der Abhandlung ‚Über das Gleichgewicht ebener Flächen II‘ führt dann zur ersten Abweichung von der bisherigen Reihenfolge der Schriften: Unter der Voraussetzung des selbständigen Charakters von ‚Über das Gleichgewicht ebener Flächen II‘ muss diese Arbeit jetzt als nach ‚Über Konoide und Sphäroide‘ herausgegeben angesehen werden.

Ein neuer Platz musste aufgrund des terminologischen Vergleichs auch der ‚Methodenschrift‘ zugewiesen werden. Man hatte die ‚Methodenschrift‘, weil sie den heuristischen Weg zur Bestimmung des Kugelvolumens angibt, älter als ‚Über Kugel und Zylinder‘ eingestuft. An dieser höchstwahrscheinlich die der ursprünglichen Entdeckung wiedergebenden Reihenfolge hatte man festgehalten, obwohl in der ‚Methodenschrift‘ bereits Sätze

---

[7] Kierboe, S. 34.

aus der Arbeit ‚Über Konoide und Sphäroide' vorausgesetzt werden, die ihrerseits jünger als die beiden Bücher ‚Über Kugel und Zylinder' ist. Einen Ausweg suchte man durch die Annahme einer älteren, die Schrift ‚Über Konoide und Sphäroide' vorbereitenden, für die sich allerdings nirgends ein Hinweis finden lässt. Stützt man sich auf die terminologische Entwicklung bei Archimedes, so muss die ‚Methodenschrift' als nach ‚Über Konoide und Sphäroide' entstanden eingestuft werden, wobei ihr die beiden Bücher ‚Über schwimmende Körper' als jüngste uns erhaltene Archimedesschriften nachfolgen.[8]

Für diese von der herkömmlichen Auffassung soweit abweichende Einordnung der ‚Methodenschrift'[9] lassen sich noch eine Reihe weiterer Gründe anführen:

1. Aus den an Dositheos gerichteten Einleitungen der Schriften ‚Über die Spirale' und ‚Über Konoide und Sphäroide' ergibt sich eindeutig, dass in der letztgenannten zum ersten Mal Sätze über Rotationshyperboloide und -ellipsoide veröffentlicht wurden. Da diese Sätze auch in der ‚Methodenschrift' erwähnt werden, kann die ‚Methodenschrift' nicht älter als die ‚Über Konoide und Sphäroide' sein.

2. Archimedes benutzt bei den in der ‚Methodenschrift' enthaltenen Sätzen mit Ausnahme von zweien, für die allein auch ein streng geometrischer Beweis angegeben wird, den Fachausdruck für wirklich bewiesene Lehrsätze, nicht aber den für heuristisch gefundene, vorläufig aber noch nicht streng bewiesene.

3. Die beiden einzigen streng bewiesenen Sätze in der ‚Methodenschrift' wären gleichzeitig die einzigen, die nach der neuen Reihenfolge noch nicht in früheren Schriften bewiesen worden waren.

4. Die ‚Methodenschrift' enthält einen – allerdings nicht eindeutigen – Hinweis auf ‚Über Konoide und Sphäroide'.[10]

5. Ein Vergleich entsprechender Stellen über die Entdeckung des Verhältnisses der Volumina von Kegel und Zylinder bzw. Pyramide und Prisma in ‚Über Kugel und Zylinder' bzw. ‚Die Methode' zeigt, dass Archimedes in der ersten Schrift behauptet, vor Eudoxos habe niemand diese Sätze gekannt, während er in der zweiten Demokrit, dem allerdings noch ein Beweis fehlte, diese Kenntnis zuschrieb. Eine Erklärung für diesen Widerspruch ergibt sich, wenn man annimmt, dass Archimedes erst nach der Herausgabe der Bücher ‚Über Kugel und Zylinder' und vielleicht aufgrund der in dieser Veröffentlichung enthaltenen Behauptung auf Demokrit aufmerksam gemacht wurde, dem er dann in der ‚Methodenschrift' gerecht zu werden versuchte.

6. Der Begriff „Achse" *axōn*, wird in der Arbeit über die mechanische Methode zum ersten Mal auf das Prisma angewandt.[11]

---

[8] Kierboe, S. 38–40.

[9] Immerhin hielt sie bereits Zeuthen in seinem Kommentar zur Erstveröffentlichung der deutschen Übersetzung für eine alle historischen Schwierigkeiten vermeidende Alternative: Siehe Heiberg (4), S. 363.

[10] AO II, S. 434, 3.

[11] Für diese zusätzlichen Argumente der neuen Einordnung der ‚Methodenschrift' siehe Arendt, S. 289–296.

Das Gewicht der hier vorgetragenen Argumente für die Einordnung der ‚Methodenschrift' muss tatsächlich sehr viel höher eingeschätzt werden als ein mehr oder minder vages Gefühl dafür, dass Archimedes bei der Herausgabe seiner Schriften in der Reihenfolge seiner Entdeckungen vorging. Diese Annahme steht im übrigen auch im Widerspruch zu der bereits besprochenen Darstellungsweise des Archimedes für die Beweise einzelner Sätze.

Geht man vom Entwicklungsstand der Archimedischen Terminologie in den nach dieser neuen Reihenfolge letzten Schriften aus, so stellt sich die Bezeichnungsweise des Apollonios als eine Übernahme bzw. konsequente Weiterentwicklung der Archimedischen dar. Dieses Ergebnis gilt als eines der wichtigsten Argumente für eine zeitliche Aufeinanderfolge Archimedes – Apollonios.

Das Ergebnis der bisherigen Überlegungen ergibt eine neue Reihenfolge der Archimedischen Schriften:

1. ‚Über das Gleichgewicht ebener Flächen', Buch I,
2. ‚Die Quadratur der Parabel',
3. ‚Über Kugel und Zylinder', Buch I und II,
4. ‚Über Spiralen',
5. ‚Über Konoide und Sphäroide',
6. ‚Über das Gleichgewicht ebener Flächen', Buch II,
7. ‚Die mechanische Methode',
8. ‚Über schwimmende Körper', Buch I und II.

Keinen Platz erhalten zumindest vorläufig in dieser Ordnung die ‚Kreismessung' und der ‚Sandrechner', weil auf sie die auf der Kegelschnittterminologie beruhende Methode nicht anwendbar ist. Da der erste Satz der ‚Kreismessung' auf Satz 6 von ‚Über Kugel und Zylinder' aufbaut, muss die ‚Kreismessung' nach der Veröffentlichung von ‚Über Kugel und Zylinder I' herausgegeben worden sein.[12]

Dabei hat sich Archimedes mit der ‚Kreismessung' vermutlich erst nach der Veröffentlichung der ‚Parabelquadratur' beschäftigt. Dafür spricht die in der Einleitung zur ‚Parabelquadratur' enthaltene Bemerkung, dass von früheren Mathematikern die Konstruktionsmöglichkeit einer einem gegebenen Kreis oder Kreissegment inhaltsgleichen, geradlinig begrenzten Fläche zu zeigen versucht worden war, wobei jeder Hinweis auf eine eigene Behandlung des Problems fehlt.[13]

Außerdem ist die ‚Kreismessung', wenn man davon ausgeht, dass die ‚Methodenschrift' mit Ausnahme der beiden Sätze über den Zylinderhuf nur bereits früher veröffentlichte Sätze enthält, älter als die ‚Methodenschrift'. Aufgrund der engen Beziehungen ihrer Sätze zu denjenigen der Schrift ‚Über Kugel und Zylinder' ist eine Abfassung noch vor Buch II von ‚Über Kugel und Zylinder' nicht auszuschließen.[14]

---

[12] Hultsch (2), Sp. 522.
[13] AO II, S. 263, 13–16.
[14] Arendt, S. 302.

Der Umstand, dass die ‚Kreismessung' in ihrer heutigen Form nur ein Teilstück der ursprünglichen Abhandlung wiedergibt, die überdies aufgrund ihrer besonderen Stellung unter den Archimedischen Schriften stärker als andere durch Abschreibefehler entstellt wurde, erschwert natürlich die Einordnung dieser Schrift ganz beträchtlich. Es besteht kaum ein Zweifel daran, dass die Ergebnisse der ‚Kreismessung' zu den ältesten der von Archimedes gefundenen zählen. Neueste Untersuchungen lassen auch die Schrift selbst als eine Frühschrift im Sinne der obigen Vermutung erscheinen.[15]

Für die Datierung des ‚Sandrechners' gibt es nur zwei Anhaltspunkte, die aber keine Beziehung zu anderen Schriften herstellen. Die Schrift wendet sich an den ältesten Sohn Hierons II., Gelon, der mit dem Titel König angesprochen wird. Die Schrift muss also nach der um 240 v. Chr. anzusetzenden Erhebung Gelons zum Mitregenten[16] und vor Gelons Ableben im Jahr 216 v. Chr. verfasst worden sein.

Im ‚Sandrechner' wird auch zweimal auf eine einem nicht näher bekannten Zeuxippos gesandte Schrift verwiesen, deren Titel in der Literatur als ‚Grundzüge' und als ‚Benennung der Zahlen' wiedergegeben wird.[17]

Jedenfalls handelt es sich hier um eine heute verlorene, dem ‚Sandrechner' vorausgehende und mit ihm zumindest teilweise inhaltlich verwandte Schrift. Je nach dem zeitlichen Abstand zwischen dieser Schrift und der ‚Sandzahl' wäre die letztere der mittleren bzw. späten Periode des Archimedes zuzurechnen. Beide Eingrenzungen erscheinen allerdings, gemessen an dem noch zu besprechenden Ergebnis, dass der Hauptteil der uns bekannten Archimedischen Schriften nach 240 v. Chr. herausgegeben wurde, verhältnismäßig wertlos.

Die so ermittelte Teilordnung der Archimedischen Schriften lässt sich noch ergänzen durch den Versuch einer absoluten Chronologie.

2.2 Versuch einer Datierung

Ein Ansatzpunkt für einen solchen Versuch bietet die Möglichkeit, die Abfassungszeit der ‚Parabelquadratur' zumindest ungefähr festzulegen. In der Einleitung zu dieser Schrift wird der offenbar erst kurz zurückliegende Tod Konons bedauert. Die gut bestätigte Benennung eines von Konon entdeckten Sternbildes nach der Locke der Berenike, der Gattin von Ptolemaios III., lässt den Schluss zu, dass Konon mutmaßlich das Jahr 241 v. Chr. noch erlebt hat. Ptolemaios III. war nämlich in diesem Jahr vom syrischen Krieg (246 bis 241 v. Chr.) zurückgekehrt. Für die glückliche Heimkehr hatte die Königin ihr Haupthaar der Aphrodite geweiht, das den Berichten zufolge nach einiger Zeit aus dem Tempel ver-

---

[15] Wilbur R. Knorr (2), S. 121. Herr Knorr teilte mir brieflich mit, dass er die Kreismessung für die älteste Schrift von Archimedes halte.
[16] Berve, S. 61.
[17] Für diesen Unterschied in der Interpretation siehe Hultsch (2), Sp. 511 f.

schwunden war. Konon hat dann – dies auch ein Ausdruck der Galanterie eines von der Gunst des Hofes abhängigen Mannes in Alexandria – das verschwundene Haar der Königin am Himmel wiederentdeckt. Gestützt auf das aus den Bemerkungen des Archimedes ersichtliche, überraschend frühe Ableben Konons kann man dieses um 240 v. Chr. ansetzen. Dies legt eine Abfassungszeit der ‚Parabelquadratur‘ um oder bald nach 240 v. Chr. nahe.

Versucht man die Bemerkung des Archimedes in der ‚Spiralenabhandlung‘, dass seit Konons Tod viele Jahre vergangen seien, zu quantifizieren, so lässt sich für sie eine Abfassungszeit um 230 v. Chr. folgern. Die umfangreichen zwischen der ‚Spiralenabhandlung‘ und der ‚Methodenschrift‘ liegenden Arbeiten dürften vor allem auch in Hinblick auf die sonstige Tätigkeit des Archimedes längere Zeit beansprucht haben, so dass die ‚Methodenschrift‘ als erst gegen Ende der zwanziger Jahre verfasst erscheint.

Die als noch jünger angesetzte Schrift ‚Über schwimmende Körper‘ müsste dann in den letzten acht Lebensjahren von Archimedes verfasst worden sein, wahrscheinlich aber vor 216 v. Chr., weil danach aufgrund der Kriegsereignisse die Möglichkeiten, diese Schrift an andere Mathematiker zu schicken, stark eingeschränkt erscheint.[18]

Kombiniert man das Ergebnis einer relativen mit dem Versuch einer absoluten Chronologie, so ergibt sich, dass der Großteil der uns bekannten Schriften auf die Zeit nach 240 v. Chr. fällt.

Sicherlich kann man diesen Schluss, der auf einem mit einer Reihe von Unsicherheitsfaktoren belasteten Vermutung beruht, nicht als Ausgangspunkt für eine Schätzung des Geburtsjahres von Archimedes benutzen. Eine solche Schätzung müsste sich auf die ebenfalls vage Voraussetzung stützen, dass im Bereich der Mathematik und der exakten Naturwissenschaften große Begabungen, erst recht Ausnahmeerscheinungen wie Archimedes, mit spätestens 25 Jahren zu veröffentlichen beginnen. Immerhin stellt Archimedes in den an Dositheos gerichteten Briefen fest, dass er seine Entdeckungen in unbewiesener Form Konon und über diesen auch anderen mitgeteilt habe. Wir können also vor den um oder erst nach Konons Tod einsetzenden Abhandlungen mit strengen Beweisen eine erste Schaffensperiode ansetzen. In ihr hat Archimedes den ihn mutmaßlich stark stimulierenden Wettbewerb mit anderen Mathematikern gesucht, denen er seine Ergebnisse in unbewiesener Form mitteilte. Es darf dabei angenommen werden – wenn die Geburtszeit um 280 v. Chr. richtig ist – dass Archimedes die Hauptideen für seine später veröffentlichten Schriften, nicht aber alle darin enthaltenen Ergebnisse, zwischen 260 und 250 v. Chr. entwickelt hatte. Die Diskussion darüber, in welchem Verhältnis dabei seine technisch-mechanischen Untersuchungen zu seinen mathematischen standen, hat durch die Rekonstruktion eines Teils seiner mechanischen Schriften neue Nahrung erhalten.

---

[18] Die Hauptgedanken dieses Versuchs einer Datierung der Archimedischen Schriften stammen von Arendt, S. 302 f.

2.3 Das Verhältnis der mechanischen zu den mathematischen Schriften

Die Beantwortung der Frage nach diesem Verhältnis hat eine entscheidende Bedeutung für die Klärung der Beziehungen zwischen dem Techniker und Ingenieur Archimedes einerseits und dem Mathematiker Archimedes andererseits. Die Frage berührt auch die weitere: Wie fand Archimedes z. B. die in der ‚Methodenschrift' enthaltenen mathematischen Sätze? Gleichzeitig ist damit die Gewichtung der eigentlichen auf heuristischem Weg erfolgten Entdeckerleistung gegenüber der des nachträglich gefundenen strengen geometrischen Beweises durch Archimedes angesprochen. Von den bisher erwähnten Schriften beschäftigen sich ‚Über das Gleichgewicht bzw. den Schwerpunkt ebener Flächen' und ‚Über schwimmende Körper' mit mechanischen Problemen bzw. stehen in engem Zusammenhang damit. ‚Über schwimmende Körper' kann als in der Ausgabefolge der uns bekannten Arbeiten letzte hier außer Betracht bleiben, weil sie nur das Endergebnis einer vorhergehenden Entwicklung darstellt, nicht aber als Ausgangspunkt einer sich anschließenden dienen kann.

Beziehungen bestehen zwischen der Schrift ‚Über das Gleichgewicht ebener Flächen' und der ‚Parabelquadratur' sowie der ‚Methodenschrift'. Diese Beziehung wird hergestellt durch die in der ‚Parabelquadratur' erwähnte, den Findungsweg wiedergebende mechanische Methode, die dem eigentlichen Beweis vorangeht. Die Leistungsfähigkeit dieser mechanischen Methode bei der Lösung von Inhaltsbestimmungsproblemen ist dann Gegenstand der ‚Methodenschrift'. Die Frage, welche Schriften die hinter dieser „mechanischen Methode" stehende Mechanik konstituieren, und welchen Anteil die beiden Bücher ‚Über das Gleichgewicht ebener Flächen' daran haben, hat die Archimedesforschung seit nunmehr einem Jahrhundert beschäftigt. Eine restlose Klärung dieser Fragen nach Inhalt, Zielsetzung und gegenseitiger Abhängigkeit der in dieser Archimedischen Mechanik enthaltenen Arbeiten ist auch heute nach der Wiederherstellung eines Teils dieser mechanischen Schriften nicht gelungen.

Ausgangspunkt jedes Beantwortungsversuchs der obigen Fragen waren die in den uns bekannten Archimedischen Werken gegebenen Hinweise auf mechanische Schriften. Die bekannten Erwähnungen sind der Reihe nach:

1. Im Verlauf des Beweises von Satz 6 der ‚Parabelquadratur' wird die Aussage benutzt, dass der Schwerpunkt eines rechtwinkligen Dreiecks der Mittelpunkt der Strecke ist, deren Endpunkte die Schnittpunkte einer Parallelen zu einer Kathete im Abstand von 1/3 der anderen Kathete mit dieser anderen Kathete und der Hypotenuse sind. Für den Beweis dieser Aussage verweist Archimedes auf die Mechanik, τὰ Μηχανικά.[19] Der Hinweis auf den Titel eines Werks wird hier auch durch Großschreibung unterstrichen, die in anderem Zusammenhang, etwa wenn der Gegensatz zwischen Mechanik und Geometrie, zwischen mechanischer Methode und mathematischem Beweis betont werden soll, unterbleibt.

---

[19] AO II, S. 274, 5–9.

2. Im Satz 10 der ‚Parabelquadratur' wird eine Konstruktion für den Schwerpunkt eines Trapezes mit zwei rechten Winkeln angegeben, für deren Beweis wiederum in der gleichen Weise auf die Mechanik verwiesen wird.[20]

3. Im Satz 2 von ‚Über schwimmende Körper II' wird für den Beweis der angegebenen Lage des Schwerpunkts einer Größe, die durch Wegnahme einer Größe, deren Schwerpunkt mit dem des ursprünglichen Ganzen nicht zusammenfiel, auf die ‚Elemente der Mechanik', Στοιχεῖα τῶν Μηχανικῶν, hingewiesen.[21]
Der Beweis dieser Aussage findet sich im Satz 8 von ‚Über das Gleichgewicht ebener Flächen I'.

Die Titel der beiden Bücher ‚Über das Gleichgewicht ebener Flächen' lauten in Griechisch:Ἐπιπέδων ἰσορροπιῶν ἤ κέντρα βαρῶν ἐπιπέδων α′ und Ἰσορροπιῶν β′. Auf Schriften mit dem Titel Ἰσορροπικά bzw. Ἰσορροπίαι wird auch noch für die Beweise von zwei weiteren Schwerpunktbestimmungen verwiesen. Im ersten Satz der ‚Methodenschrift' handelt es sich um die Aussage, dass der Schwerpunkt eines Dreiecks auf der Seitenhalbierenden liegt und diese vom Mittelpunkt der zugehörigen Seite aus gesehen im Verhältnis 1 : 2 teilt.[22]

Bei dem zweiten Verweis handelt es sich um die Aussage in Satz 2 von ‚Über schwimmende Körper II', dass der Schwerpunkt eines Paraboloidsegments auf dessen Achse liegt und diese im Verhältnis 2 : 1 teilt.[23]

Dies sind alle Stellen, an denen ausdrücklich unter Hinweis auf einen Titel auf mechanische Schriften verwiesen wird. Zwei weitere Stellen, an denen ein solcher Titel ergänzt werden müsste, beziehen sich ebenfalls auf eine Aussage über Schwerpunkte, können aber im folgenden unberücksichtigt bleiben. Die aufgeführten Stellen zeigen jedenfalls, dass es Archimedische Werke mit dem Titel ‚Mechanik' bzw. ‚Elemente der Mechanik' und ‚Über Gleichgewichtslagen' gab. Die letztgenannte Schrift steht natürlich in Beziehung mit den beiden Büchern ‚Über das Gleichgewicht ebener Flächen'. In der nun ein Jahrhundert andauernden Diskussion wurden nahezu sämtliche möglichen Kombinationsmöglichkeiten durchgespielt: Die einfachste und weithin akzeptierte Möglichkeit ist, ‚Über das Gleichgewicht ebener Flächen I' als identisch mit oder als Teilstück der von Archimedes zitierten ‚Mechanik' anzusehen.

Drei von dieser Möglichkeit abweichende und den Entwicklungsgang der Archimedischen Untersuchungen berücksichtigende Thesen sollen hier hervorgehoben werden:

1. Rund 50 Jahre vor der Rekonstruktion eines Teils der mechanischen Schriften äußerte Arendt[24]:

---

[20] AO II, S. 280, 15–17.
[21] AO II, S. 350, 21 f.
[22] AO II, S. 436, 30–438, 2.
[23] AO II, S. 350, 14 u. 21.
[24] Arendt, S. 300.

Archimedes ging in der bedeutsamsten und für uns am besten kenntlichen Reihe seiner Untersuchungen von der Mechanik aus: Definition des Begriffes Schwerpunkt, Schwerpunktsbestimmung einfacher Flächen (und Körper) – Μηχανικά oder Στοιχεῖα τῶν Μηχανικῶν.
Dabei entdeckte er seine infinitesimal-mechanische Methode; diese verhalf ihm alsbald (noch
vor Veröffentlichung der Parabelquadratur) zu einer Reihe wichtiger geometrischer Entdeckungen, für die er nun in langer Arbeit die exakten Beweise feststellte und veröffentlichte –
Τετραγωνισμὸς παραβολῆς, Περὶ σφαίρας καὶ κυλίνδρου I, II, Περὶ κωνοειδέων καὶ σφαι-
ροειδέων.
Nunmehr wandte er sich zur theoretischen Mechanik zurück und bestimmte die Schwerpunkte
für alle genannten Flächen und Körper – Ἰσορροπίαι. Damit war diese Reihe von Untersuchungen in der Tat abgeschlossen und es blieb nun noch die Bekanntmachung der Methode –
Ἔφοδος.

Den Vorzug dieser Deutung, die mechanischen und Inhaltsbestimmungen betreffenden
mathematischen Schriften in einen Sinnzusammenhang gestellt zu haben, d. h. ein Archi-
medisches Arbeitsprogramm deutlich gemacht zu haben, kann auch die von Drachmann
beanspruchen. Drachmann ist der vorläufig letzte in einer eindrucksvollen, mit Heiberg
beginnenden Reihe von dänischen Archimedesforschern; ihm gelang es, einen Teil der
mechanischen Schriften von Archimedes aus der Heronischen ‚Mechanik‘ wieder herzustellen. Im einzelnen handelt es sich um Teilstücke von vier verschiedenen Schriften des
Archimedes:

1. ‚Über den Schwerpunkt von Körpern‘, in der gezeigt wird, dass jeder Körper einen
   eindeutig bestimmten Schwerpunkt besitzt und, in diesem Schwerpunkt unterstützt,
   sich im Gleichgewicht befindet.
2. ‚Über den Schwerpunkt ebener Figuren‘, von der man nur weiß, dass sie den Übergang
   von Schwerpunktbestimmungen für Körper zu solchen von Flächen und allgemein
   mathematischen Größen enthalten haben muss.
3. ‚Über Säulen‘, wobei hier die Statik von Balken, die von senkrecht stehenden Pfosten
   getragen werden, behandelt wird.
4. ‚Über Waagen‘.

Aus diesen Schriften ergibt sich, dass Archimedes mehr Sätze über das Gleichgewicht
ebener geradlinig begrenzter Figuren gefunden hatte, als in ‚Über das Gleichgewicht ebe-
ner Flächen I‘ enthalten sind. Aus diesem Grund und aus der allgemein angenommenen
Zwischenstellung der ‚Parabelquadratur‘ zwischen den beiden Büchern von ‚Über das
Gleichgewicht ebener Flächen‘ schließt Drachmann, dass die vier Schriften ‚Über den
Schwerpunkt in Körpern‘, ‚Über den Schwerpunkt ebener Figuren‘, ‚Über das Gleichgewicht ebener Figuren‘ (identisch mit ‚Über das Gleichgewicht ebener Figuren I‘) und die
‚Parabelquadratur‘ ein einziges zusammenhängendes Werk bilden. Die der eigentlichen
‚Parabelquadratur‘, dem letzten Teil dieses Werks, vorausgehenden drei Teile wären danach von Archimedes als vorbereitender Block mit dem Titel ‚Die Mechanik‘ versehen
und auch so in der ‚Parabelquadratur‘ zitiert worden.
    Als weiterer Grund für diese Interpretation wird die Erwähnung Demokrits in der ‚Me-
thodenschrift‘ gewertet. Die darin enthaltene Aussage, dass Demokrit das Volumenver-

hältnis von Pyramide und Prisma bzw. Kegel und Zylinder gefunden habe, ohne allerdings das gefundene Verhältnis zu beweisen, kann als Hinweis auf eine der mechanischen Methode des Archimedes verwandte des Demokrit gedeutet werden. Da Demokrit die erst von Archimedes entwickelten Schwerpunktsbestimmungsmethoden nicht zur Verfügung standen, liegt für Demokrit der Gedanke an einen einfachen Wägevergleich von aus einem homogenen Material wie Holz oder Ton geformten Kegel und Zylinder nahe. Natürlich lässt sich nicht entscheiden, ob Demokrit tatsächlich so vorgegangen ist. Wahrscheinlich jedenfalls wandte er ein dem babylonischen ähnliches Volumenbestimmungsverfahren an. Für diese Verfahren haben wir bis heute nur verschiedene Hypothesen, die einen Wägevergleich durchaus miteinschließen. Inwieweit allerdings Demokrit sein Verfahren im Rahmen seines Atomismus und einer damit verträglichen „atomistischen" Geometrie von Indivisibeln mathematisch abzusichern, d. h. zu beweisen versuchte, ist völlig dunkel. Sicher hätte jedenfalls ein solcher Versuch den philosophisch problematischen Begriff infinitesimaler Elemente mit umfasst, den die sogenannte Eudoxische Exhaustionsmethode durch die Vermeidung des Unendlichen, sei es als unendlich Kleines oder als unendlich Großes, aus der griechischen Mathematik verbannte. Es ist übrigens sehr gut denkbar, dass die mechanische Methode des Archimedes, die ja implizit mit aus Schnitten entstandenen infinitesimalen Größen operiert, letztlich durch einen solchen Versuch des Demokrit nahe gelegt wurde. Dabei wäre es nicht erforderlich, dass Archimedes die Arbeit von Demokrit selbst kannte. Die inoffizielle Tradition einer „atomistischen" Geometrie hätte dazu ausgereicht. Es ist jedenfalls speziell für die Inhaltsbestimmung eines Parabelsegments gut möglich, dass Archimedes hier rein experimentell mit Wägeversuchen von aus planen Metallplatten ausgeschnittenen Flächenstücken begann.[25]

Typisch für Archimedes scheint es jedenfalls zu sein, dass er dieses sicherlich bald verfeinerte experimentelle Verfahren, das ihn zu ersten Vermutungen geführt hatte, zu mathematisieren versucht hatte, um diese zunächst „materielle" Geometrie in ein mathematisch befriedigendes konstruktives Verfahren zur Ermittlung neuer Sätze zu verwandeln. Dafür spricht auch eine bei Archimedes nachweisbare Entwicklungsreihe, die den Übergang zu mathematischen Größen erlaubt: Körper, durch senkrechte Schnitte aus planparallelen Platten entstandene Körper, ebene Flächen und schließlich Geraden. Für solche allgemeinen Größen konnte dann Archimedes einen Satz wie den folgenden formulieren:

> Der Schwerpunkt einer Größe, die aus zwei Größen zusammengesetzt ist, liegt auf der Verbindungsgeraden der Schwerpunkte dieser beiden Größen, genau in dem Punkt, für den die Abstände der Schwerpunkte dieser beiden Größen umgekehrt proportional zu den Gewichten dieser Größen sind.[26]

Die in der ‚Mechanik' Herons nachweisbaren Spuren Archimedischer mechanischer Schriften deutet Drachmann als die Weiterentwicklung der für die ‚Parabelquadratur'

---

[25] Auch van der Waerden (1), S. 5, hält dies in seiner interessanten Analyse der Tätigkeit des schöpferischen Mathematikers für wahrscheinlich.

[26] Drachmann (5), S. 7.

notwendigen mechanischen Voraussetzungen bis zur Grenze des für Archimedes Erreichbaren.[27]

Ob man daraus eine Ehrenrettung für Plutarch ableiten kann, indem man ihn als Mathematik missverstehen lässt, was Archimedes in dem Bemühen veröffentlicht hatte, seiner
Zeit auch die Ergebnisse seiner anwendungsbezogenen Untersuchungen wie z. B. der Wägeversuche in der für ihn allein annehmbaren mathematischen Form mitzuteilen, ist auch
eine Frage des antiken Verständnisses von Mathematik.[28]

Drachmanns Darstellung bemüht sich ebenfalls darum, die von ihm wieder entdeckten
mechanischen Schriften des Archimedes in einen von ihm rekonstruierten Entstehungs-
prozess der Archimedischen Entdeckungen einzufügen. Sie würde allerdings den Ausbau
der zur ‚Parabelquadratur‘ gehörigen mechanischen Schriften zu der erst von Archimedes
geschaffenen theoretischen Mechanik auf die Zeit nach Veröffentlichung der ‚Parabelquadratur‘ verlegen. Zu dieser endgültigen Mechanik würden nach Drachmann die in
der ‚Mechanik‘ nicht enthaltenen Schriften ‚Über Stützen‘ und ‚Über Waagen‘ zu rechnen sein. Sie werden nach Drachmann als Abfallprodukte der mechanischen Methode
aufgrund der Möglichkeit ihrer Mathematisierung erst später von Archimedes ausgearbei-
tet.[29]

Diese letzte Erklärung lässt hinsichtlich der allgemein vorausgesetzten logischen Aufeinanderfolge Fragen offen.

Ein sich an die Wiederherstellung mechanischer Schriften durch Drachmann anschlie-
ßender Deutungsversuch von Krafft betrachtet ‚Elemente der Mechanik‘ bzw. ‚Mechanik‘
nicht als eine auf die speziellen Bedürfnisse der ‚Parabelquadratur‘ zugeschnittene aufstei-
gende Reihe. Für ihn stellt sich die ‚Mechanik‘ als die am Modell der Elemente Euklids
orientierte theoretische Zusammenstellung der Ergebnisse von Archimedes' konkreten
mechanischen Versuchen dar. Zu den ersten dieser aufeinander aufbauenden Schriften-
reihe gehören drei Bücher: ‚Über den Schwerpunkt‘, ‚Über Stützen‘ und ‚Über Waagen‘.

Das erste behandelt den Schwerpunkt allgemein und enthält Sätze mit den dazugehörigen Beweisen, die bisher als von Archimedes stillschweigend angenommen angesehen
wurden. ‚Über Stützen‘ enthielt u. a. die Ableitung des Hebelgesetzes und die von Drachmann aufgezeigte Entwicklungsreihe, die die Möglichkeit der Schwerpunktsbestimmung
von allgemeinen geometrischen Größen vorbereitete. Die theoretische Behandlung des
Flaschenzugs wird ebenfalls in dieser Reihe vermutet. Das dritte Buch ‚Über Waagen‘
beschäftigt sich dann mit allen möglichen Arten von gleich- und ungleicharmigen Waagen. Außerdem wird die Behandlung weiterer einfacher Maschinen wie Rolle, Keil und
Schraube als in dieser Reihe enthalten angenommen. Nicht zu den ‚Elemente der Mechanik‘ gehört nach Krafft ‚Über das Gleichgewicht ebener Flächen I‘. Die in der ‚Parabelquadratur‘ enthaltenen Hinweise auf die ‚Mechanik‘ beziehen sich demnach nicht auf
‚Über das Gleichgewicht ebener Flächen I‘, sondern auf die jetzt teilweise wieder rekon-

---

[27] Drachmann (5), S. 8 f.
[28] Für Drachmanns Ehrenrettungsversuch von Plutarch siehe Drachmann (5), S. 10.
[29] Drachmann (3), S. 144.

struierte unter dem Titel ‚Mechanik' zusammengefasste Reihe mechanischer Schriften. ‚Über das Gleichgewicht ebener Flächen I' wird jetzt als eine nach der ‚Parabelquadratur' entstandene und der darin enthaltenen „mechanischen" Methode angepasste Auswahl aus den Sätzen der ‚Mechanik' gedeutet; dieses Buch I dient als Voraussetzung für die in dem uns erhaltenen ‚Über das Gleichgewicht ebener Flächen II' enthaltenen Sätze.[30]

Die in dieser Deutung fehlende Erklärung von Sinn und Zweck der beiden uns erhaltenen Bücher ‚Über das Gleichgewicht ebener Flächen' lässt sich unter der von Arendt gemachten Voraussetzung ergänzen, dass diesen Büchern eine heute verlorene Schrift ‚Über das Gleichgewicht bzw. den Schwerpunkt von Körpern' entsprochen haben muss.[31]

Eine solche aus der ursprünglichen Mechanik abstrahierte, Schwerpunktsbestimmungen von Flächen und Körpern umfassende mathematische Schrift ‚Über das Gleichgewicht bzw. den Schwerpunkt' würde die in der Ausgabefolge letzten Werke des Archimedes, ‚Methodenschrift' und ‚Über schwimmende Körper', gut vorbereiten. Mit diesem Zusatz erhält die Deutung von Krafft die Vorzüge derjenigen von Arendt auf der Grundlage der Ergebnisse von Drachmann. Damit ergibt sich unter Berücksichtigung der wiederhergestellten ‚Elemente der Mechanik' als endgültige Abfolge:

1. ‚Die Elemente der Mechanik' = Reihe aufeinander aufbauender mechanischer Schriften, u. a. enthaltend: a) ‚Über den Schwerpunkt', b) ‚Über Stützen' und c) ‚Über Waagen',
2. ‚Parabelquadratur',
3. ‚Über Kugel und Zylinder', Buch I,
4. ‚Die Kreismessung',
5. ‚Über Kugel und Zylinder', Buch II,
6. ‚Über Spiralen',
7. ‚Über Konoide und Sphäroide',
8. ‚Über das Gleichgewicht bzw. den Schwerpunkt', daraus nur noch erhalten: ‚Über das Gleichgewicht ebener Flächen', Buch I und II,
9. ‚Die mechanische Methode',
10. ‚Über schwimmende Körper', Buch I und II.[32]

Gemeinsam ist den drei das Verhältnis von mechanischen und mathematischen Schriften des Archimedes berücksichtigenden Deutungen die Überzeugung, dass den Entdeckungen des größten Mathematikers der Antike zunächst sehr einfache mechanische Experimente

---

[30] Fritz Krafft (6), S. 736 f. Nach Berggren ist dabei im Gegensatz zu Buch II bei ‚Über das Gleichgewicht ebener Flächen I' mit erheblichen Überarbeitungen in nacharchimedischer Zeit zu rechnen. Siehe auch Abschnitt 3.1.

[31] Drei der in der ‚Methodenschrift' vorausgesetzten Sätze scheinen der verlorenen Schrift ‚Über das Gleichgewicht bzw. den Schwerpunkt von Körpern' entnommen zu sein. Siehe auch Abschnitt 3.1.

[32] Für die Einordnung der anderen bekannten Schriften des Archimedes, insbes. der ‚Sandzahl', fehlen ausreichende Anhaltspunkte.

vorausgingen. Dieses Ergebnis führt im Zusammenhang mit dem vorher dargelegten absoluten Datierungsversuch und anderen Tatsachen zu einem völlig neuen Gesichtspunkt für den Werdegang von Archimedes.

2.4   Archimedes auf dem Weg zum strengen geometrischen Beweis

Die erhaltenen Briefe des Archimedes an Dositheos, die gleichzeitig die Einleitungen der in dieser zeitlichen Abfolge herausgegebenen Schriften ‚Parabelquadratur‘, ‚Über Kugel und Zylinder I‘, ‚Über Kugel und Zylinder II‘, ‚Über Spiralen‘ und ‚Über Konoide und Sphäroide‘ sind, berichten von der zielstrebigen, sich über viele Jahre hin erstreckenden Verwirklichung eines von Archimedes aufgestellten Programms. Bezüglich dieses Programms erscheinen diese Briefe vollständig; es ist also durchaus möglich, dass Archimedes nicht mehr Briefe an Dositheos gerichtet hat. Die Gegenstücke von Dositheos an Archimedes sind verloren; aus den knappen Andeutungen von Archimedes lässt sich entnehmen, dass es sich im wesentlichen um Eingangsbestätigungen und vor allem Anfragen handelte, kaum aber um Mitteilung neuer, für Archimedes interessanter Ergebnisse aus dem Bereich der Inhaltsbestimmungen.

Der Beginn des Briefwechsels, eingeleitet durch die Übersendung der ‚Parabelquadratur‘, ist nach den vorhergehenden Überlegungen nicht vor 240 v. Chr. anzusetzen. Zu dieser Zeit war Archimedes ungefähr 40, mindestens aber 35 Jahre alt.[33]

In diesem Alter hatte Archimedes noch keine der uns bekannten mathematischen Abhandlungen veröffentlicht. Als abgeschlossen und bereits veröffentlicht können zu diesem Zeitpunkt nur die mechanischen Schriften angesehen werden. Über diese Veröffentlichung hinaus war Archimedes den Mathematikern seiner Zeit, wenn überhaupt, nur durch die Formulierung einer ganzen Reihe von Inhaltsbestimmungsproblemen und damit zusammenhängender Sätze aufgefallen. Mit diesen Problemen und Sätzen hatte Archimedes die zeitgenössischen Mathematiker herauszufordern und gleichzeitig auf sein damaliges mathematisches Arbeitsgebiet aufmerksam zu machen versucht. Adressat dieser Probleme, deren vollständige Liste Archimedes dem Dositheos in dem zur ‚Spiralenabhandlung‘ gehörenden Brief mitgeteilt hatte, war Konon, dessen Freundschaft und vor allem Schaffenskraft und Einfallsreichtum als Mathematiker Archimedes in den Briefen an Dositheos immer wieder erwähnt. Man darf annehmen, dass Konon zur Zeit dieser Korrespondenz in Alexandria wirkte in einer Stellung, die ihn zumindest in Archimedes' Augen als die geeignete Kontaktperson für die alexandrinischen Mathematiker erscheinen ließ. Dositheos scheint diese Funktion nach Konons Tod übernommen zu haben, jedenfalls wird Dositheos im zweiten Brief der Korrespondenz, der Einleitung zu ‚Über Kugel und Zylinder I‘, indi-

---

[33] Wäre Archimedes 240 v. Chr. erst 35 Jahre alt gewesen, müsste man die in den ältesten Berichten enthaltenen Kennzeichnungen des Verteidigers von Syrakus als γέρων bzw. πρεσβύτης also entsprechend dem lat. *senex* als mindestens 60 Jahre alt, im Sinne der unteren Grenze auslegen und die zusätzlichen Überlegungen des Kapitels 1 außer acht lassen. Veselovski (russ. Werkausg.) glaubt hingegen, dass Archimedes seine mathematischen Studien erst im Alter von 50 Jahren aufnahm.

rekt aufgefordert, die in dieser Sendung enthaltenen Beweise den Mathematikern zur Beurteilung vorzulegen. Die Reaktion auf Archimedes' frühere an Konon geschickte Herausforderung war enttäuschend gewesen. Noch viele Jahre nach Konons Tod war Archimedes kein einziger Lösungsversuch für die von ihm gestellten Probleme bekannt geworden und Konon, von dem Archimedes mit Sicherheit eine Lösung erwartet hatte, war offenbar verhältnismäßig bald nach Erhalt des die Probleme enthaltenen Briefes gestorben. Dennoch ist es unwahrscheinlich, dass Archimedes zunächst gar keine Antwort erhalten hat. Die Meinungen der alexandrinischen Mathematiker dürften auseinander gegangen sein. Ein Teil von ihnen, darunter Konon selbst, was wir von Apollonios wissen, war mit dem Hauptgegenstand mathematischer Forschung dieser Zeit, den Kegelschnitten, beschäftigt.[34]

Für diese Gruppe lagen Probleme über Volumen- und Oberfläche von Kugel und Kugelsegmenten zu weit ab von ihrem eigenen Interesse. Eine zweite Gruppe wird die Lösbarkeit dieser Probleme wegen des Aristotelischen Dogmas der Unvergleichbarkeit von krumm und gerade oder, weil die bisher bekannte Mathematik keinerlei Hilfsmittel für irgendwelche Lösungsansätze enthielt, angezweifelt haben. Diese Zweifel konnten nur beseitigt werden, indem der Herausforderer selbst die zur Lösung der gestellten Probleme erforderlichen Sätze bekanntgab. Auf Anerkennung durften diese Sätze bei den alexandrinischen Mathematikern allerdings nur dann rechnen, wenn sie entsprechend der von Plato geforderten und von den durch ihn beeinflussten Mathematikern geschaffenen Methode aus allgemein anerkannten Annahmen streng logisch abgeleitet werden konnten. Der Briefwechsel mit Dositheos zeigt deutlich, dass Archimedes zur Zeit der Problemstellung dieser Forderung noch nicht gewachsen war. So schreibt Archimedes in der Einleitung zu ‚Über Kugel und Zylinder I‘, dass er den Beweis von für die Lösung der Probleme erforderlichen Sätzen wie dem, dass die Oberfläche der Kugel viermal so groß wie die Fläche eines Großkreises ist, erst nach der Veröffentlichung der ‚Parabelquadratur‘ gefunden hat.[35]

Andererseits ist es kaum denkbar, dass Archimedes das an Konon gerichtete erste Problem, eine ebene Fläche zu finden, deren Inhalt der Oberfläche einer gegebenen Kugel gleich ist, in Unkenntnis dieses Satzes gestellt hat. Welche Sicherheit für die Gültigkeit dieses Satzes hatte aber Archimedes, wenn ihm ein für die Alexandriner annehmbarer strenger Beweis noch abging? Es liegt nahe, darauf zu antworten: Die mechanische Methode.[36]

---

[34] Apollonios, Kegelschnitte, Einl. zu Buch IV.

[35] AO I, S. 2, 6–8.

[36] Frajese meint allerdings, dass entsprechend seiner Dreiphasentheorie für die mathematische Entwicklung von Archimedes, der mechanischen Methode eine durch Intuition gewonnene Annahme vorausging, wonach im speziellen Fall der Kugel, dem Volumen einer Halbkugel das arithmetische Mittel der Volumina eines Kegels und eines Zylinders gleicher Grundfläche und Höhe zukommt, wobei sich also die Volumina von Kegel, Halbkugel und Zylinder verhalten wie 1:2:3. Aus dieser intuitiv gewonnenen Annahme ließe sich dann unmittelbar die für die Bestimmung der Kugeloberfläche notwendige Beziehung zwischen Kugel und Kegel ablesen. Siehe Frajese (3), S. 288 f. Demgegenüber halte ich es vor allem auch angesichts des Erstaunens von Archimedes über das Ergebnis für wahrscheinlich, dass er von konkreten Wägeversuchen ausgehend solche ganzzahligen

Das aus seiner praktischen experimentellen Tätigkeit und mutmaßlich aus der ihm bekannt gewordenen Tradition einer „atomistischen" Geometrie entstandene heuristische Verfahren der später sogenannten mechanischen Methode hatte zunächst zur Volumen- und Oberflächenbestimmung von Kugel und Kugelsegment geführt und sich als auf andere Inhaltsbestimmungen übertragbar erwiesen. In seiner ersten, noch für Konon gedachten, aber nach dessen Tod an Dositheos geschickten Abhandlung hatte Archimedes darauf hingewiesen, dass er im Besitz eines heuristischen, von ihm als „mechanisch" bezeichneten Verfahrens ist. Er hatte dieses Verfahren aber nicht auf den in den Problemen angesprochenen Bereich, sondern auf den Konons und der alexandrinischen Mathematiker Interessen näherstehenden der Kegelschnitte, hier speziell auf das bisher nicht untersuchte Problem der Inhaltsbestimmungen von Parabelsegmenten angewandt. Für das aufsehenerregende, dem Dogma der Unvergleichbarkeit von Geradem und Krummem widersprechende Ergebnis, dass der Inhalt eines Parabelsegments 4/3 des Inhalts eines Dreiecks derselben Basis und Höhe ist, hatte Archimedes einen im Sinn von Plato strengen Beweis zu geben versucht. Dabei war sich Archimedes dieses Beweises insofern nicht sicher, als die Anerkennung einer von ihm benutzten Voraussetzung noch ausstand. Diese später nach Archimedes benannte Voraussetzung bzw. dieses Axiom lautet in der für Dositheos gewählten Formulierung:

> Es ist möglich, den Überschuss der größeren über die kleinere von zwei ungleichen Größen durch Zusammensetzung mit sich selbst jede vorgegebene endliche Größe derselben Art übertreffen zu lassen.

Das bedeutet die Forderung nach der Existenz eines endlichen Vielfachen der Differenz zweier Größen, das größer ist als jede vorgegebene endliche Größe gleicher Art.

Im Brief an Dositheos beeilt sich Archimedes hinzuzufügen, dass von früheren Mathematikern unter derselben Voraussetzung Sätze bewiesen worden waren wie die Proportionalität von Kreisfläche und Quadrat des Durchmessers, von Kugelvolumen und dritter Potenz des Durchmessers, oder dass das Volumen der Pyramide bzw. des Kegels ein Drittel des Prismas bzw. Zylinders mit derselben Grundfläche und Höhe ist. Tatsächlich ist, so fährt Archimedes fort, jeder dieser genannten Sätze um nichts weniger vertrauenswürdig als solche, die ohne dieses Axiom bewiesen wurden. Es genüge ihm deshalb, die von ihm herausgegebenen Sätze mit einem den vorher genannten vergleichbaren Grad von Sicherheit zu beweisen.

Vergleicht man diesen Abschnitt des Briefes mit einer vorhergehenden Stelle im selben Brief, an der Archimedes von früheren Versuchen anderer Mathematiker berichtet, den Inhalt von Ellipsensegmenten gestützt auf nicht allgemein zugestandene Voraussetzungen zu bestimmen, wobei die meisten diese Inhaltsbestimmungen als nicht geglückt ansahen, so erkennt man ein sehr stark subjektives Element bei der Bewertung der Richtigkeit von Beweisen abhängig von den gemachten Voraussetzungen. Offenbar bestand unter den Ma-

---

Verhältnisse vermutete, wobei seine Intuition vor allen Dingen bei der Auswahl geeigneter Vergleichskörper wirksam wurde. Siehe auch Abschnitt 4.1.

thematikern keine uneingeschränkte Einigkeit darüber, welche Voraussetzungen in Form von Axiomen als annehmbar gelten sollten. Deshalb hält es Archimedes für notwendig, das von ihm bei seinen Inhaltsbestimmungen benutzte Axiom zu rechtfertigen. Er tut dies durch den Hinweis auf andere Mathematiker, die eine Reihe von Sätzen mit Hilfe desselben oder eines ähnlichen Axioms bewiesen. Alle vier als Beispiel aufgeführten Sätze finden sich im XII. Buch der ‚Elemente‘ Euklids. Ihre Beweise stützen sich allerdings nicht auf das Archimedische Axiom, sondern auf einen Satz (Euklid X, 1). Der Beweis dieses Satzes in den ‚Elementen‘ stützt sich seinerseits wesentlich auf eine Definition (Euklid V, 4), die dem Archimedischen Axiom ähnlich ist. Diese Definition lautet: „Dass sie ein Verhältnis zueinander haben, sagt man von Größen, die vervielfältigt einander übertreffen können.“

Hier fallen zwei Dinge auf: Es ist nach der Formulierung von Archimedes ziemlich ausgeschlossen, dass er die vier Sätze in der Form des XII. Buches der ‚Elemente‘ Euklids kennengelernt hat. Hätte Archimedes sonst auf frühere Mathematiker – er dachte wohl an Hippokrates von Chios und Eudoxos – verwiesen, wenn ihm Buch XII vorgelegen hätte, in dem diese Sätze ohne jeden namentlichen Bezug stehen?

Dass Archimedes, hätte ihm Buch XII der ‚Elemente‘ Euklids in der uns bekannten Form, d. h. als ein zumindest für die Lehrmeinung der alexandrinischen Mathematiker verbindliches Werk vorgelegen, keinerlei Grund gehabt hätte, den Gebrauch eines in diesem Werk enthaltenen Satzes vor Dositheos und den mit ihm in Verbindung stehenden alexandrinischen Mathematikern zu rechtfertigen, ist einleuchtend. Außerdem sagt Archimedes, dass die für die ersten drei dieser vier Sätze zuständigen früheren Mathematiker genau dasselbe Lemma, Axiom, wie er selbst benutzten. Für den Beweis des vierten Satzes sei aber nicht dasselbe, sondern ein ähnliches Lemma benutzt worden. In den ‚Elementen‘ liegt dem Beweis der vier Sätze aber Satz X, 1 zugrunde. Dieser Satz lautet:

> Nimmt man bei Vorliegen zweier ungleicher (gleichartiger) Größen von der größeren ein Stück größer als die Hälfte weg, und vom Rest ein Stück größer als die Hälfte und wiederholt dies immer, dann muss einmal eine Größe übrig bleiben, die kleiner als die kleinere Ausgangsgröße ist.

Dieser Satz ist zwar dem Archimedischen Axiom äquivalent, aber in seiner Formulierung so verschieden davon, dass er unmöglich von Archimedes als „dasselbe Lemma“ angesehen werden konnte. Außerdem formuliert Archimedes in der ‚Parabelquadratur‘ den Satz Euklid X, 1 als Korollar und beweist die darin ausgesagte Konvergenz des Verfahrens durch den Hinweis auf die Konvergenz einer majoranten Folge:

> Denn wenn man von einer gegebenen Größe fortgesetzt mehr als die Hälfte fortnimmt, so ist klar, dass die Reihe der Reste in stärkerem Maße abnimmt, als durch die fortgesetzte Halbierung, dass also schließlich der Rest kleiner werden muss als jede beliebige Größe.[37]

Hätte Archimedes dieses Korollar als „dasselbe Lemma“ wie sein Axiom angesehen, wäre eine Begründung dieses Satzes in der vorliegenden Form völlig überflüssig.

---

[37] AO II, S. 304, 19–25.

Man kann aus alledem schließen, dass Archimedes weder Buch XII noch Satz X, 1 noch damit wohl das ganze Buch X der ‚Elemente' Euklids kannte; denn andernfalls wäre Archimedes' Rechtfertigungsversuch für sein Axiom sinnlos.[38]

Unter diesen Voraussetzungen wird jeder Versuch überflüssig, das Archimedische Axiom vor dem Hintergrund der Euklidischen ‚Elemente' zu deuten. Die uns erhaltenen Briefe des Archimedes zeigen allerdings, auf welchen mathematischen Vorkenntnissen Archimedes aufbaute. In den sechs Briefen des Archimedes und in der an König Gelon gerichteten ‚Sandzahl' wird Eudoxos dreimal erwähnt und erhält dadurch auch unter den ganz wenigen, die Archimedes namentlich aufführt, ein besonderes Gewicht. Die Arbeiten von Eudoxos sind mutmaßlich in der von seinen Schülern redigierten Form die Grundlage zumindest der Bücher V und XII von Euklids ‚Elementen'.

Auf Eudoxos gehen zumindest inhaltlich die 18 von Euklid Definitionen genannten Festlegungen zurück, die die Basis für das Operieren mit den von Archimedes durchgehend verwendeten Proportionen bilden. Auf die Voraussetzung dafür, wann zwei Größen in einer Proportion verglichen werden können, spielt wohl Archimedes an, wenn er Dositheos bedeutet, dass die früheren Geometer dasselbe Lemma wie er selbst verwendet haben. Diese Voraussetzung, dass es für zwei Größen a und b, wobei a kleiner als b ist, ein Vielfaches n geben muss, so dass na größer als b ist, ist nicht vollkommen identisch mit der Archimedischen Formulierung. Während Eudoxos nur die Existenz von Vielfachen einer Größe fordert, die die anderen übertreffen, möchte Archimedes die Existenz eines Vielfachen des *Unterschieds* zwischen zwei ungleichen Größen gesichert wissen, das größer ist als die größere von beiden. Der Unterschied zwischen Eudoxos und Archimedes liegt also im Unterschied, falls nicht Eudoxos in seiner Darstellung der hier relevanten Teile von Buch XII der ‚Elemente' das Lemma genau in der Archimedischen Form verwendet hat. Archimedes' eigene Ausdrucksweise würde gerade diese letztge-

---

[38] Folgerungen aus diesem Ergebnis zu ziehen, ist Aufgabe einer künftigen Euklidforschung.

Die einzige Erwähnung von Euklid in den Werken von Archimedes findet sich zusammen mit einem Hinweis auf einen Satz aus Buch I der ‚Elemente' in der Schrift ‚Über Kugel und Zylinder' (AO I, S. 12, 3). Johannes Hjelmslev hat diese Stelle als spätere Einfügung gedeutet und dafür Gründe angegeben, die aus der nachfolgenden Archimedes-Literatur ersichtlich das Vertrauen in die Echtheit dieses für die Darstellungsweise von Archimedes zumindest ungewöhnlichen Hinweises zu erschüttern vermochten. Von drei im selben Jahr zu diesem Gegenstand veröffentlichten Arbeiten in dänischer, englischer und deutscher Sprache sei hier stellvertretend auf Hjelmslev (1), bes. S. 7, verwiesen. Unabhängig davon, ob man die Authentizität dieser Euklidwähnung bei Archimedes in Frage stellt oder nicht, bleibt hier eine Erklärungslücke. Eine naheliegende, aber doch zu einfache Lösung wäre, dass Archimedes aufgrund von Beschaffungsschwierigkeiten nur über das erste oder die ersten Bücher der ‚Elemente' verfügte. Sicher gab es für den in Syrakus verhältnismäßig abgeschieden wirkenden Archimedes ein Kommunikationsproblem, das auch gelegentlich in Briefen an Dositheos anklingt; dies traf jedoch bestimmt nicht für die Verbindung mit den alexandrinischen Mathematikern zu. All dies legt es nahe, die bis heute sehr unsichere Eukliddatierung neu zu überdenken. Aufgrund der vorher genannten Gründe ist es immerhin vorstellbar, dass die an Dositheos gesandte ‚Parabelquadratur' noch die Redaktion zumindest von Teilen der ‚Elemente', die ähnlich wie die Archimedischen Arbeiten stückweise herausgegeben wurden, beeinflusst hat.

nannte Möglichkeit stützen. Eine weitere Deutung wäre, dass Archimedes, ähnlich wie der Verfasser des V. Buchs der ‚Elemente', wie aus Satz V, 8 ersichtlich, das Archimedische Lemma als triviale Folgerung des Eudoxischen Axioms angesehen hat. Dagegen spricht allerdings, dass Archimedes diese den Unterschied zweier ungleicher Größen betonende Form seines Lemmas nach dem ersten Brief an Dositheos als fünfte durch ein Beispiel erläuterte Annahme zu Beginn von ‚Über Kugel und Zylinder I' und nochmals in dem zur ‚Spiralenabhandlung' gehörigen Brief an Dositheos wörtlich, unter Hinweis auf die frühere Verwendung wiederholt.[39]

Nach alledem erscheint weniger die Frage nach dem möglicherweise gar nicht vorhandenen Unterschied zwischen einem Eudoxischen Axiom und einem Archimedischen Lemma, sondern die, warum Archimedes für das von ihm als Axiom im heutigen Sinne verwendete Lemma diese besondere Formulierung wählte, sinnvoll. Auf diese Frage wurden in der Literatur zwei Antworten geboten[40], die zusammen mit der auf eine bislang übersehene Frage zu einer völlig neuen Deutungsmöglichkeit führt.

Diese neue Frage, deren Beantwortung ich noch zurückstellen will, lautet: Was ist verantwortlich dafür, dass Archimedes im ersten Brief an Dositheos die Annehmbarkeit seines Lemmas in einer an die Aristotelische erinnernden Ausdrucksweise des nur Wahrscheinlichen kleidet? Oder, wenn man die Frage in Bezug auf die Gruppe, an deren Zustimmung Archimedes liegt, formuliert: Welche Kritiker hatte Archimedes zu fürchten?

Kommen wir jedoch zunächst auf die beiden Deutungen der speziellen Formulierung des Archimedischen Lemmas:

1. Dijksterhuis gibt den sehr interessanten Hinweis, dass in der griechischen Mathematik neben der strengen, aber indirekten Eudoxischen Exhaustionsmethode eine weniger strenge, dafür aber konstruktiv fruchtbare „Indivisibelnmethode" existierte, zu der auch die „mechanische Methode" von Archimedes zu rechnen ist. Diese Indivisibelnmethode betrachtet im Sinne des sogenannten Cavalierischen Prinzips einen Körper als die Summe von ebenen Schnitten, eine Oberfläche als die Summe von in ihr liegenden Linienelementen und eine Kurve als Summe ihrer Punkte. Eine solche Betrachtungsweise ließe zumindest zu, dass die Differenz zweier Größen derselben Art eine Größe einer um eins verminderten Dimension, also einer anderen Art ergäbe. Genau um dies auszuschließen, habe Archimedes darauf Wert gelegt, dass der Unterschied zweier ungleicher Größen eine Größe derselben Art ergibt, also entsprechend vervielfacht die größere von beiden zu übertreffen vermag. Dem ist entgegen zuhalten, dass Archimedes, hätte er dies wirklich beabsichtigt, kaum in der die gesamte Reihe seiner Veröffentlichungen über Inhaltsbestimmungen abschließenden ‚Methodenschrift', auch wenn es sich hier um die Darstellung der

---

[39] AO I, S. 8, 23–27 und AO II, S. 12, 6–11.
[40] Ich stütze mich bei diesen beiden Antworten auf Hjelmslev (1) und Dijksterhuis, Archimedes, S. 146–149. Dabei setzt allerdings Dijksterhuis bei Archimedes eine Kenntnis von Buch V der ‚Elemente' voraus, während Hjelmslev, der dies nicht tut, besonders V 4 als für die Eudoxische Formulierung repräsentativ ansieht.

heuristischen „mechanischen" Methode handelte, geschrieben hätte, dass ein Dreieck bzw. ein Parabelsegment aus den durch Parallelschnitte entstandenen Geraden besteht.[41]

Andererseits hat Dijksterhuis damit einen Schlüssel zur Deutung angegeben.

2. Hjelmslev sieht als Motiv für die Formulierung des Archimedischen Lemmas das Problem, ob das Verhältnis zweier allgemeiner Größen immer als das Verhältnis zweier Strecken dargestellt werden kann. Hjelmslev kann nachweisen, dass Archimedes dieses Problem als keinesfalls trivial ansah, dass er im Gegenteil die positive Feststellung der Darstellbarkeit jedes Verhältnisses als Verhältnis zweier Strecken durchgehend in seiner Größenlehre zu vermeiden wusste. Die einer solchen Feststellung inhaltlich am nächsten kommende Aussage stellt Satz 2 des ersten Buches ,Über Kugel und Zylinder' dar. Dieser Satz lautet:

> Wenn zwei ungleiche Größen gegeben sind, so ist es möglich, zwei ungleiche Strecken so zu finden, dass das Verhältnis der größeren zur kleineren Strecke kleiner ist als das Verhältnis der größeren zur kleineren der gegebenen Größen.

Beim Beweis dieses Satzes, der ganz überflüssig wäre, hätte er die Darstellbarkeit eines beliebigen Größenverhältnisses durch ein Streckenverhältnis angenommen, stützt sich Archimedes ganz wesentlich auf sein als fünfte Grundannahme oder Axiom formuliertes Lemma. Um welche allgemeinen Größen handelt es sich hier, dass es so problematisch erscheint, ihr Verhältnis einem Streckenverhältnis gleichzusetzen? Es geht hier, wie schon von Archimedes im einleitenden Brief zur ,Parabelquadratur' betont, um eine Vergleichsmöglichkeit von geraden und krummlinigen Linienelementen, von geradlinig und krummlinig begrenzten ebenen Flächen und später von ebenen Flächenstücken mit gekrümmten Flächenstücken, von Körpern mit ausschließlich aus ebenen Flächenstücken zusammengesetzter Oberfläche mit Körpern, deren Oberfläche teilweise oder ganz aus gekrümmten Flächen zusammengesetzt ist. Offenbar musste Archimedes bei Verhältnissen von solchen Größen, die ja ihre Vergleichbarkeit voraussetzen, mit Einwänden rechnen. Diese waren ja zumindest – dafür spricht nicht nur Aristoteles' Kritik an den Quadraturen des Hippokrates von Chios[42], sondern seine endgültige Feststellung der Unvergleichbarkeit von Krummem und Geradem in der Physik[43] – aus der peripatetischen Schule zu erwarten. Die grundsätzliche Unvereinbarkeit von Krummem und Geradem, die von Aristoteles ausdrücklich als die Unmöglichkeit formuliert wurde, dass ein gekrümmtes Linienstück einer Strecke gleich, größer oder kleiner sein könnte, war durch die mit Hilfe der mechanischen Methode gefundenen Ergebnisse von Archimedes in Frage gestellt worden. Für den strengen, geometrischen Beweis, dessen Struktur Aristoteles als erster in ,Analytica II' allgemein angegeben hatte,[44] benötigte Archimedes sein Lemma. Allerdings

---

[41] AO II, S. 436, 23–26.
[42] Aristoteles 171b 15.
[43] Aristoteles 248b 5 f.
[44] Aristoteles 76a 30–77a 2.

besteht auch hier noch ein Problem: Im Archimedischen Lemma wird bereits vorausgesetzt, dass die beiden ungleichen Größen miteinander im Sinne einer Ordnungsrelation
vergleichbar sind, da Archimedes zwischen einer größeren und einer kleineren unterscheidet. Dies bleibt unproblematisch in der ‚Parabelquadratur‘, wo man an der entscheidenden
Stelle des Vergleichs einer krummlinig begrenzten Fläche mit einer geradlinig begrenzten Fläche – der einzigen, an der Archimedes für seinen Beweis das Lemma benötigt
– unmittelbar einsieht, dass ein von zwei parallelen Geraden aus einem Parabelsegment
ausgeschnittener Streifen eine kleinere bzw. größere Fläche besitzt als ein Trapez, das
den Parabelsegmentstreifen ganz enthält bzw. ganz in ihm enthalten ist. In der Schrift
‚Über Kugel und Zylinder‘, in der nun Fragen der Rektifikation des Kreises bzw. der Inhaltsbestimmung von gekrümmten Oberflächen berührt bzw. behandelt werden, ist die
Vergleichbarkeit von Krummem und Geradem nicht mehr so trivial. Darauf könnte Archimedes auch in einem zwischen der Übersendung von ‚Parabelquadratur‘ und ‚Kugel und
Zylinder I‘ liegenden Antwortbrief des Dositheos hingewiesen worden sein. Schließlich
hatte ja Archimedes zumindest mittelbar um eine Stellungnahme bezüglich der Annehmbarkeit seines Lemmas gebeten. Archimedes muss deshalb in den ersten vier Axiomen erst
diese Vergleichbarkeit sichern, die dann die Unterscheidung der Größeren von der Kleineren bei zwei ungleichen Größen ermöglichte. Erst danach wird das Archimedische Lemma
sinnvoll, mit dem ein Vielfaches der Differenz der beiden Größen gefordert wird, das größer ist als eine der beiden Größen, oder gleichwertig damit ein endlicher Teil einer der
beiden Größen, der kleiner ist als ihre Differenz. Unter dieser Voraussetzung konnte Archimedes tatsächlich das Programm verwirklichen, sämtliche mit Hilfe der mechanischen
Methode bereits entdeckten oder im Verlauf der späteren Jahre gefundenen Ergebnisse
streng zu beweisen.[45]

Die Anerkennung dieser Beweise bedeutete aber gleichzeitig die Anerkennung des Archimedischen Lemmas, d. h. das Zugeständnis, dass man bei den von Archimedes neu
betrachteten Größen eine Differenz bilden kann, die eine Größe derselben Art ist. Unter
dieser zusätzlichen Voraussetzung ist das Archimedische Lemma mit dem sogenannten
Eudoxischen Axiom äquivalent, wonach es zu jeder vorgegebenen Größe ein endliches
Vielfaches gibt, das größer ist als eine beliebig große vorgegebene Größe.

Vergleicht man diese Forderung mit den einschlägigen Äußerungen von Aristoteles,
so stellt man fest, dass Archimedes weniger um die Zustimmung zum sogenannten Eudoxischen Axiom, sondern um die zu der Ausdehnung dieses Axioms auf den von ihm

---

[45] Dijksterhuis widerspricht dieser von mir erweiterten Deutung Hjelmslevs unter der nach dem
Vorausgehenden ziemlich sicher nicht gegebenen Voraussetzung, dass Archimedes die Eudoxische
Proportionslehre in der Form des V. Buchs Euklids zur Verfügung stand. Die darin behandelten Größen weisen nach Dijksterhuis keinerlei Einschränkungen auf, die z. B. gekrümmte Linien
ausschließen würden. Dem ist entgegen zuhalten, dass Archimedes in diesem Fall keinerlei Veran-
lassung gehabt hätte, erst mit seinem in ‚Über Kugel und Zylinder I‘ angegebenen Axiomen die von
ihm benötigte Ordnungsrelation für Größen zu schaffen.

neu betrachteten Bereich von Größen zu fürchten brauchte. In der ,Physik' setzt nämlich Aristoteles auseinander,

> dass es ein Unendlich durch Hinzufügen nicht zu geben scheint in der Weise, dass es jede gegebene Größe überschritte, dass es dagegen in der Teilung möglich ist.[46]

Die stetigen und ins Unendliche teilbaren Größen, die nach oben nicht bis ins Unendliche wachsen können, stehen im Gegensatz zu den natürlichen Zahlen, die jeden gegebenen Wert überschreiten können. Als Grund dafür gibt Aristoteles an, dass bei den Größen Möglichkeit und Wirklichkeit zusammenfallen.

> Weil es aber keine unendliche wahrnehmbare Größe gibt, kann es auch kein Überschreiten jeder beliebigen Größe geben, da sie größer sein müsste als der Himmel.[47]

Die Möglichkeit, dass der Himmel, d. h. der Kosmos, unendlich ausgedehnt sein könne, hatte aber Aristoteles schon vorher ausgeschlossen. Im Anschluss daran meinte Aristoteles, dass eine zunächst auf physikalische Größen beschränkte Argumentation den Mathematikern nichts wegnimmt, soweit sie die Annahme eines wirklich existenten Unendlichen, das durch Vermehrung, d. h. durch Hinzufügen erreicht werden könnte, aufgeben. Die folgende Bemerkung, dass die Mathematiker das Unendliche ohnehin nicht brauchen und benutzen, sondern nur beliebig große begrenzte Strecken als gegeben fordern, deren beliebige Teilbarkeit, wie die von jeder anderen Strecke gewährleistet ist, sollte wohl diesen Verzicht etwas erleichtern.[48]

Man könnte also aus dieser Diskussion des Unendlichen in der ,Physik' des Aristoteles folgern, dass sich seine Forderung gegen das Axiom von Eudoxos gerichtet habe.[49]

Tatsächlich aber leisteten die Mathematiker den von Aristoteles geforderten Verzicht; denn die Formulierungen von Eudoxos und der nachfolgenden Mathematiker einschließlich Archimedes sowie die Anwendungen des Eudoxischen Axioms, bestätigen eine das Unendliche vermeidende Mathematik. Archimedes verwendet das Wort Unendlich nur einmal, zu Beginn der ,Sandzahl', um sich von Leuten zu distanzieren, die einem Sprichwort zufolge die Anzahl der Sandkörner der Erde als unendlich groß annehmen.

Archimedes spricht an dieser Stelle von einer zweiten Gruppe, die die Anzahl der Sandkörner auf Erden als nicht unendlich, aber also so groß ansieht, dass es keine sie übertreffende Zahl gebe. Im ,Sandrechner' selbst entwickelt Archimedes ein in Potenzen von 10^8 aufsteigendes Zahlensystem, das es ihm ohne Mühe erlaubt, Zahlen größer als die in einem beliebig großen, aber endlichen, mit Sand gefüllten Kosmos enthaltene Anzahl von Sandkörner anzugeben. Dieses Ergebnis ist durchaus in Übereinstimmung mit Aristoteles' Aussage, dass die Reihe der natürlichen Zahlen jede gegebene Anzahl überschreitet.

---

[46] Aristoteles 207a 33–35.
[47] Aristoteles 207b 17–21.
[48] Aristoteles 207b 27–32.
[49] Dies nimmt z. B Thomas L. Heath, The Thirteen Books of Euclid's Elements, Band 1, repr. New York 1956, S. 233 f. an.

Mit der ‚Sandzahl' hat Archimedes ein konkretes Verfahren angegeben, benennbare Zahlen zu konstruieren, die dieser Eigenschaft genügen.[50]

Die nach all diesen Betrachtungen nahe liegende Frage: Wieweit interessierte sich Archimedes, wie viel verstand er von der Philosophie seiner Zeit, und welcher Richtung stand er selbst nahe? ist nicht schlüssig zu beantworten. Archimedes hat in den uns erhaltenen Schriften nur ein Bemühen sehr deutlich zu erkennen gegeben: alles zu vermeiden, was Gegenstand einer kontroversen philosophischen Diskussion sein oder werden könnte. Das Problem des Unendlichen ist nur ein Beispiel dafür. Der Wahrheit am nächsten dürfte man durch ein Ausscheidungsverfahren bei den damals vorhandenen philosophischen Schulen kommen.

Dass Archimedes Aristoteliker war, ist ziemlich unwahrscheinlich. Die Unbeirrbarkeit, mit der er das Problem der Rektifikation krummer Linien bzw. der Oberflächen- und Volumenbestimmung von Körpern, die nicht ausschließlich von ebenen Flächen begrenzt sind, verfolgte, schließt dies eigentlich ebenso aus wie die Neutralität, mit der er im ‚Sandrechner' über das heliozentrische System von Aristarch berichtet. Sicherlich hat aber Archimedes die die Mathematik und Naturwissenschaften betreffenden Teile des Aristotelischen Systems gekannt. Sich den nüchternen Astronomen Archimedes als Stoiker vorzustellen, fällt bei den stark astrologischen Interessen dieser Schule sehr schwer. Natürlich kann man hier einwenden, dass eine scharfe Trennung zwischen Astronomie und Astrologie in der Antike nicht möglich ist, und dass Archimedes aufgrund seiner Tätigkeit für König Hieron, dazu als Sohn eines Astronomen, durchaus auch die Funktion eines Hofastrologen ausgefüllt haben könnte. Allerdings verträgt sich die aus allen uns bekannten Schriften des Archimedes ersichtliche nüchterne, auf Tatsachen bzw. das Risiko des Widerspruchs minimalisierende Voraussetzungen aufbauende Betrachtungsweise nicht mit den Grundsätzen einer Schule, die der Mantik und Divination so große Bedeutung zumaß. Sieht man von einer Pythagoreischen Tradition ab, bleibt zu dieser Zeit nur die Platonische Akademie und der Atomismus Epikureischer Prägung. Die Wahrscheinlichkeit, dass Archimedes im Rahmen seiner Ausbildung mit Platonischem Ideengut in Berührung kam, ist angesichts des Etablierungsgrades dieser Schule wesentlich größer als bei der Epikureischen, deren Gründer ja erst in den Jugendjahren von Archimedes starb. Man muss hier nicht unbedingt eine Entscheidung fällen; denn beiden Schulen ist gemeinsam: die unterschiedliche Struktur der sinnlich erfahrbaren Welt und des idealen, von der materiellen Welt abstrahierenden Bereichs der Geometrie bzw. der Mathematik. Für beide Schulen kann die Annahme, dass die sinnlich wahrnehmbare Welt sich aus letzten nicht weiter zerlegbaren Teilen zusammensetzt, zugrundegelegt werden. Der Versuch, diese diskrete Struktur der materiellen Welt auf die der Geometrie zu übertragen, der wohl zuletzt

---

[50] Daraus den Schluss ziehen zu wollen, dass der ‚Sandrechner' als ein „Dialog" mit der peripatetischen Auffassung des Unendlichen anzusehen ist, halte ich für verfehlt. Zu diesem Schluss kommt Delsedime (1). Er zieht hierfür noch das Archimedische Lemma heran, das ihm das Gegenstück im Rahmen dieses „Dialogs" zu sein scheint. Dabei wird allerdings die von Archimedes ausdrücklich bestätigte Funktion dieses Lemmas, die Vergleichbarkeit von Krummem und Geradem herzustellen, völlig übersehen.

von dem Akademiker Xenokrates unternommen wurde, darf wohl nach der Herausgabe der nacharistotelischen peripatetischen Schrift ‚Über unteilbare Linien'[51] als endgültig gescheitert angesehen werden.[52]

Das Dilemma, zweierlei Strukturen für die Materie und geometrische Größen annehmen zu müssen, hatte Aristoteles durch die Ablehnung des Atomismus vermieden. Aufgetreten war dieses Problem durch die Entdeckung der Existenz miteinander inkommensurabler Größen in der Geometrie, wie z. B. der Quadratseite und der Quadratdiagonale, die kein gemeinsames Maß aufweisen. Das bedeutet aber, dass das dem Euklidischen Divisionsalgorithmus bei kommensurablen Strecken vergleichbare Konstruktionsverfahren der Anthyphairesis bei inkommensurablen Strecken zu keinem Ende führt, und damit die Annahme der Existenz kleinster nicht weiter teilbarer Linien in der Geometrie sinnlos wird.[53]

Wie stellte sich nun Archimedes zu den aus dem Nachweis der Existenz inkommensurabler Strecken entstandenen Problemen? Es wäre bei der alle Risiken des Widerspruchs – hier ist nicht an den logischen Widerspruch gedacht – und der kritikvermeidenden Art von Archimedes erstaunlich, wenn er dazu direkt Stellung genommen hätte. Von den vier Möglichkeiten, die beiden Bereiche der sinnlich wahrnehmbaren Welt und der Mathematik mit einer stetigen bzw. diskreten Struktur zu belegen, kann man die beiden mit der Annahme einer „atomaren" Struktur des geometrischen Raumes verbundenen Möglichkeiten eigentlich sofort ausscheiden.

Vor der Wahl zwischen den beiden restlichen Alternativen bei stetigen Größen in der Geometrie, unbeschränkte Teilbarkeit bzw. endliche Teilbarkeit der Materie anzunehmen, scheint Archimedes mehr der letzten Möglichkeit zugeneigt zu haben. Dies ist allerdings nur eine auf einer Reihe von Anzeichen beruhende Vermutung. Einmal könnte Archimedes, dessen Achtung vor Aristoteles zumindest eingeschränkt erscheint, ein Gefühl für die Asymmetrie eines begrenzten, endlichen Kosmos ausgefüllt von einer stetig teilbaren Materie entwickelt haben. In diesem Sinn könnten die in der ‚Sandzahl' betrachteten Sand- bzw. Mohnkörner verstanden werden, deren jedes menschliche Vorstellungsvermögen überschreitende, aber in einem endlichen Kosmos endliche Anzahl natürlich ebenso wie die Sandzahl des Kosmos in dem von ihm entwickelten Zahlensystem namhaft gemacht werden kann. Inwieweit das von den Atomisten bis Epikur gegen eine stetige Teilbarkeit der Materie vorgebrachte Argument, dass aus Nichts durch Zusammensetzen nicht Etwas entstehen kann, im Archimedischen Lemma eine Entsprechung gefunden hat, ist schwer zu beurteilen. Allerdings liegt vielleicht ein solcher Gedanke für jemanden etwas näher, der wie Archimedes bei seinen Überlegungen von praktischen, den Umgang

---

[51] Für den Nachweis, dass diese Schrift nicht den Aristotelischen zuzurechnen ist, s. W. Hirsch, Die pseudo-Aristotelische Schrift De lineis insecabilibus, Diss. Heidelberg 1953.

[52] Dass Epikur seinen Atomismus nicht auf die Geometrie übertrug, wird zumindest von Gregory Vlastos behauptet.

[53] Für die Folgen der Entdeckung inkommensurabler Strecken siehe z. B. Wilbur R. Knorr (1), speziell Kap. II, Abschnitt III. Eine der interessanten Thesen von Knorr ist übrigens, dass die Reaktion der Mathematiker auf diese Entdeckung erstaunlich lange auf sich warten ließ.

mit Materie voraussetzenden Tätigkeiten ausging. Die in der Methodenschrift enthaltene
Aussage, dass ein Dreieck bzw. ein Parabelsegment sich aus geraden Linien zusammensetzt, wäre vor allem in Hinblick auf den Ursprung der in dieser Schrift besprochenen
mechanischen Methode weit eher einem Atomisten zuzutrauen als einem Peripatetiker.
Dafür spricht auch die genau in diesem Zusammenhang erfolgte Erwähnung von Demokrit, dessen Leistung als schöpferischer Mathematiker neben die des Eudoxos gestellt
wird. Dieser Vermutung über eine diskrete Struktur der Materie bei Archimedes entspricht
eine Eigenart der Archimedischen Mathematik. Es ist vorher schon ausgeschlossen worden, dass Archimedes an der stetigen Teilbarkeit geometrischer Größen zweifeln hätte
können. Bemerkenswert ist aber eine Tendenz von Archimedes, ohne die Annahme einer
solchen Stetigkeit auszukommen.[54]

In diesem Zusammenhang fällt auf, dass Archimedes mit Ausnahme von ‚Über das
Gleichgewicht ebener Flächen I‘[55] in keiner seiner Schriften das Fachwort für das Verhält-
nis inkommensurabler Strecken verwendet. Er hätte dazu zumindest in der Kreismessung
Gelegenheit gehabt, wo er u. a. $\sqrt{3}$ durch zwei nicht weiter abgeleitete Näherungswer-
te einschließt. Dem entspricht der von Hjelmslev geführte Nachweis, dass Archimedes'
Größenlehre die Voraussetzung der Stetigkeit fehlt.[56]

Auf wesentlich sichererem Grund als bei Vermutungen über den philosophischen Hintergrund von Archimedes stehen wir bei der Datierung der Entwicklung von Archimedes'
Größenlehre. Die Tatsache, dass sich der bei Abfassung der Parabelquadratur mindestens
35jährige Archimedes über die Tragfähigkeit der von ihm gemachten Voraussetzungen
noch nicht im klaren war, dass er mutmaßlich nach entsprechenden Hinweisen von Dositheos die endgültige Form seiner „krumme" Größen einschließenden Größenlehre erst mit
dem ersten Buch ‚Über Kugel und Zylinder‘ vorzustellen vermochte, spricht für eine erstaunlich späte Entwicklung dieser allen seinen Inhaltsbestimmungen zugrundeliegenden
Größenlehre. Das bedeutet, dass Archimedes ersichtlich aus der Reihenfolge seiner Werke
und der aus dem Briefwechsel mit Dositheos zumindest z. T. rekonstruierbaren Abfolge
seiner Entdeckungen erst verhältnismäßig spät zur Mathematik im engeren Sinn gekommen ist. Mit ziemlicher Sicherheit hat er also als Praktiker, als Ingenieur, für den z. B.
die in der Kreismessung enthaltenen Approximationswerte völlig ausreichten, begonnen
und als erstes Ergebnis seine mechanischen Schriften veröffentlicht, die allerdings, aus
den wiederhergestellten Teilen ersichtlich, durchaus den von Plato und Aristoteles ge-

---

[54] Gericke (2), S. 257, macht allerdings geltend, dass das in der Spiralenabhandlung angewandte
Einschiebungsverfahren ohne eine Voraussetzung wie den Zwischenwertsatz und damit ohne Stetigkeit kaum vorstellbar ist. Siehe auch Abschnitt 4.2.

[55] Hier wird das Hebelgesetz einmal für kommensurable und einmal für inkommensurable (ἀσύμ-
μετρα) Größen bewiesen. Der Umstand, dass die beiden Bücher ‚Über das Gleichgewicht ebener
Flächen‘ nur Teile einer umfangreichen Schrift über das Gleichgewicht und damit das Ergebnis einer Überarbeitung darstellen, und dass der Beweis für inkommensurable Größen unvollständig ist,
lässt zumindest die Möglichkeit einer erst nach Archimedes erfolgten Einführung dieser Unterscheidung zwischen kommensurablen und inkommensurablen Größen offen.

[56] Hjelmslev (1), S. 13.

schaffenen Normen des Aufbaus einer an der Mathematik orientierten wissenschaftlichen Disziplin genügten. Die aus diesen Untersuchungen erwachsene mechanische Methode führte Archimedes auf heuristischem Weg zu ersten mathematischen Ergebnissen, deren Mitteilung zunächst nicht das von Archimedes erwartete Erstaunen anderer Mathematiker auslöste. Archimedes musste im Gegenteil sogar erfahren, dass andere dieselben Ergebnisse gefunden haben wollten. Dafür spricht der die ‚Spiralenabhandlung‘ einleitende Brief an Dositheos. Diese Erfahrung veranlasste Archimedes, in einer nächsten Sendung an Konon seine inzwischen gefundenen bzw. vermuteten Ergebnisse hinter einer Reihe von Problemen zu verstecken, deren Lösung eben seine Ergebnisse voraussetzte. Er fügte dieser Sendung an Konon zwei Sätze an, die, wie er später Dositheos erklärte, bewusst falsch formuliert waren,

> damit die, die immer behaupten, sie fänden alle Lösungen, aber keinen Beweis zu Ende führen, als einem Wunschdenken nachhängend überführt werden, etwas Unmögliches gefunden zu haben.[57]

Die Stellung dieser zwei Sätze am Ende einer Reihe von Problemen sowie die Art der Abweichung von den zugehörigen richtigen Aussagen scheint Archimedes' Mitteilung weit eher zu bestätigen als die Annahme, er hätte zwei erst nachträglich als falsch erkannte Ergebnisse durch eine solche Schutzbehauptung vertuschen wollen.[58]

Erstaunlich bleibt dieses Vorgehen von Archimedes angesichts der gegenüber Dositheos geäußerten hohen Wertschätzung von Konon doch. Ein solches Verhalten wird nur verständlich vor dem Hintergrund des für Aufstieg und Bewährung auch in der Gesellschaft verbindlichen agonalen Prinzips, das Diskussion mathematischer Probleme mit anderen Mathematikern ausschließlich als einen Wettkampf erscheinen lässt, dessen Ausgang zwischen Gewinner und Verlierer unterscheidet. Die Spielregeln für diesen Wettkampf wurden damals (wie heute) diskutiert. Auch Archimedes musste sie erst lernen. Um die Voraussetzungen für die Beweise, die über Richtigkeit oder Falschheit eines Ergebnisses entscheiden, wurde noch gerungen. Konon selbst wurde wegen seiner Beweise in einer Abhandlung über die Anzahl der möglichen Schnittpunkte zwischen Kegelschnitten von einem gewissen Nikoteles kritisiert, der eine Gegenschrift veröffentlichte, wie Apollonios im IV. Buch seiner ‚Kegelschnitte‘ berichtet. Dabei scheinen die von Konon gefundenen Sätze zumindest z. T. richtig gewesen zu sein, so dass die von Apollonios als berechtigt anerkannte Kritik des Nikoteles sich allein gegen das Beweisverfahren gerichtet haben muss. Der Eindruck von Auseinandersetzungen dieser Art und vor allem die Forderung, seine eigenen, nur durch die heuristische mechanische Methode gestützten Ergebnisse streng beweisen zu müssen, hat Archimedes erst verhältnismäßig spät zur Auseinandersetzung vor allem mit dem bei Eudoxos vorliegenden Beweisverfahren ver-

---

[57] AO II, S. 2, 24–4, 1.

[58] Frajese neigt allerdings mehr zu dieser zweiten Möglichkeit. Er nimmt an, dass die später als falsch erkannten Sätze der auf reiner Intuition beruhenden ersten Entwicklungsphase von Archimedes zugehören. Siehe Frajese, Archimedes, S. 27. Zitiert nach Giorello, S. 128.

anlasst. Offenbar hatte das bei Archimedes zunächst zu einer Höherbewertung des formal strengen Beweisverfahrens gegenüber der konstruktiven heuristischen Methode geführt. In der die Reihe seiner Abhandlung über Inhaltsbestimmungen abschließenden ‚Methodenschrift‘, die mutmaßlich erst 20 Jahre nach der ‚Parabelquadratur‘ entstanden ist, hat dann Archimedes aber der heuristischen Methode, von der er ausgegangen war, als der eigentlichen schöpferischen Leistung des Mathematikers größere Bedeutung zugemessen. Dies bestätigt nicht nur der Vergleich zwischen Eudoxos und Demokrit in dem die Schrift einleitenden Brief an Eratostenes, der inzwischen an Dositheos’ Stelle als Korrespondent getreten war, sondern die ausdrücklich geäußerte Hoffnung, dass eine nachfolgende Generation mit Hilfe der Archimedischen Methode neue, bisher nicht gefundene Sätze zu entdecken vermag.

An der Seilwinde: Archimedes als Naturwissenschaftler und Ingenieur

3.1 ‚Über das Gleichgewicht ebener Flächen I'

Die in den beiden ersten Kapiteln enthaltenen Überlegungen über die wissenschaftliche Entwicklung von Archimedes lassen vermuten, dass der Ausgangspunkt zumindest für die den Inhaltsbestimmungen zugrundeliegende Methode in konkreten mechanischen Untersuchungen zu finden ist. Es liegt daher nahe, zunächst die Tätigkeit des „Mechanikers" Archimedes eingehender zu betrachten.

Einer der wichtigsten Gewährsleute für Archimedes' Leistungen auf diesem Gebiet ist der Alexandriner Pappos, der gut 500 Jahre nach der Eroberung von Syrakus durch die Römer lebte. Am Anfang des VIII. Buches seiner berühmten ‚Sammlung' beschäftigt sich Pappos mit der Mechanik, ihren verschiedenen Arten und Teilgebieten. Gestützt auf die Autorität Herons unterscheidet Pappos zwischen einer Theoretischen und einer Praktischen Mechanik, wobei zur Theoretischen Geometrie, Arithmetik, Astronomie sowie Physik und zur Praktischen Schmiedekunst, Baukunst, Zimmerkunst, Malerkunst, die Konstruktion von Lastenhebern, der Geschützbau, der Maschinenbau etwa von Wasserschöpfgeräten, der Bau von mit Luft oder Wasser betriebenen Geräten und schließlich die Konstruktion von Planetarien gerechnet werden. Nach dieser Aufzählung fährt Pappos fort[1]:

> Von allen diesen Künsten soll nun nach einigen der Syrakusaner Archimedes die Ursache und die Berechnung (der Wirkung) erkannt haben. Er allein nämlich hat sich, wie auch der Mathematiker Geminos in seiner Schrift ‚Über die Anordnung der mathematischen Disziplinen' sagt, in seinem hiesigen Leben auf mannigfache Weise für alle der Natur und des Nachdenkens bedient.

Diese Aussage wird im folgenden eingeschränkt durch die Aussage des Karpos von Antiocheia, wonach Archimedes nur ein einziges mechanisches Buch, nämlich über den Bau

---

[1] F. Hultsch (1) Bd. 3, S. 1026.

© Springer-Verlag Berlin Heidelberg 2016
I. Schneider, *Archimedes*, Mathematik im Kontext, DOI 10.1007/978-3-662-47130-2_3

von Sphären, verfasst habe, während er die übrigen in der vorhergehenden Aufstellung enthaltenen Gebiete der Mechanik einer zusammenfassenden Darstellung nicht für würdig hielt. Nach diesem Referat über verschiedene Meinungen zu Archimedes' Verfasserschaft mechanischer Schriften stellt Pappos fest, dass Archimedes, dessen göttlicher Ruhm sich auf seine Leistungen in der Mechanik gründet, die mathematischen Disziplinen, Geometrie und Arithmetik, deren Grundlagen er auf die kürzestmögliche Weise zusammenstellte, so liebte, dass er bei ihrer Darstellung nichts von außerhalb der Mathematik Stammendes miteinbeziehen wollte. Mit dem Bereich außerhalb der Mathematik sind hier wohl zunächst praktische Anwendungsgebiete, wie die vorher aufgezählten Teildisziplinen der Mechanik gemeint.

Die Annahme, dass Archimedes in seiner Entwicklung von praktischen Gebieten ausgehend sich mit der Schöpfung einer „theoretischen" Mechanik beschäftigt hat und sich später mit der reinen Mathematik befasste, verträgt sich also durchaus mit dieser Archimedes betreffenden Darstellung von Pappos. Auch das Urteil von Karpos ist mit der Annahme verträglich, wenn man unter „mechanischem Buch" nur der handwerklichen Praxis eines Teilgebiets der praktischen Mechanik angepasste Beschreibungen versteht. Die hier erwähnte σφαιροποιία, eine Anleitung zum Bau sphärischer Planetarien, könnte wirklich das einzige Werk dieser Art, d. h. mit genauen Anweisungen für die Herstellung durch den Instrumentenmacher, im Schaffen von Archimedes gewesen sein.

Die aber auch bei Pappos spürbare Sublimation der Fähigkeiten von Archimedes ins Übermenschliche, Göttliche hatte ihren Grund sicherlich nicht in den mathematischen Leistungen von Archimedes, die nur von sehr wenigen in der Antike verstanden wurden. Was Archimedes zu einem teilweise legendären Begriff für die gesamte Antike hatte werden lassen, waren seine der Mechanik zugerechneten technischen Leistungen. Der Übergang von einem praktischen Mechaniker zu einem reinen Mathematiker ist bei Archimedes in der Schöpfung einer theoretischen Mechanik zu sehen.

Wesentliche Grundlage für die Einschätzung dieser Mechanik war bislang das I. Buch von ‚Über das Gleichgewicht ebener Flächen'. Die Schrift beginnt mit sieben Annahmen über das Gleichgewicht bzw. Ungleichgewicht am Hebel und über die Lage von Schwerpunkten ebener Figuren. Aus diesen Annahmen werden unter anderem das Hebelgesetz in den Sätzen 6 und 7 sowie Aussagen über die Lage des Schwerpunkts zusammengesetzter Größen, über die Bestimmung des Schwerpunkts im Dreieck und im Trapez abgeleitet. Bei dieser Schrift fällt nun auf, dass bereits in den sieben Grundannahmen nebeneinander so verschiedene Begriffe wie Gewicht, Größe, ebene Figur und Figur allein, verschiedentlich auch zur Bezeichnung desselben Gegenstandes verwendet werden. Beim Beweis des Hebelgesetzes in der Form, dass zwei Größen im Gleichgewicht sind, wenn ihre Gewichte ihren Hebelarmen umgekehrt proportional sind, fällt zunächst die Fallunterscheidung zwischen kommensurablen und inkommensurablen Größen auf. Diese Fallunterscheidung fällt auf, nicht nur, weil sie die einzige dieser Art in dem uns bekannten mathematischen Werk von Archimedes ist, sondern weil es gleichzeitig auch die einzige Stelle im Archimedischen Werk ist, an der die Fachwörter für kommensurabel und inkommensurabel, nämlich σύμμετρος und ἀσύμμετρος, auftauchen. Diesem Umstand, für den sich verschiedene Deutungsmöglichkeiten anbieten, ist bislang keine Beachtung geschenkt worden. Immerhin hätte sich Archimedes auch in seinen anderen Schriften weit mehr als einmal Gelegenheit geboten, sich dieser Termini zu bedienen. Hinzu kommt, dass die beiden gemäß dieser Fallunterscheidung erforderlichen Beweise Lücken aufweisen. So hat Ernst Mach in seiner Kritik dieses Beweises festgestellt, dass die spezielle, erst abzuleitende Form der für das Gleichgewicht maßgeblichen, von den Variablen Gewicht und Abstand abhängigen Funktion von Archimedes bereits vorausgesetzt wurde.[2]

Diese Kritik führte in der Folgezeit bis heute zu einer Fülle von Veröffentlichungen. Viele der dabei beteiligten Autoren gingen bei ihren Vorschlägen davon aus, dass dem vielleicht größten Mathematiker der Antike eine solche Inkonsistenz eigentlich nicht zuzutrauen sei. Die einfachste und nach den genannten Befunden wahrscheinlichste Möglichkeit ist, dass zumindest Teile dieser Schrift nicht die Archimedische Originalfassung wiedergeben, sondern das Ergebnis späterer Überarbeitungen darstellen. Dafür spricht auch, dass dieses Buch ebenso wie ‚Über das Gleichgewicht ebener Flächen II' höchstwahrscheinlich die allein erhaltenen Bruchstücke eines größeren über das Gleichgewicht darstellen, in dem auch Schwerpunktsbestimmungen und Gleichgewichtsbedingungen für Körper behandelt wurden. Die interessante Analyse von ‚Über das Gleichgewicht ebener Flächen I' durch Berggren fügte den von mir aufgeführten Argumenten für eine spätere Überarbeitung dieser Schrift noch eine ganze Reihe weiterer hinzu. Eine textkritische Untersuchung der Quellen für die Heibergsche Edition sowie ein Vergleich der logischen Abhängigkeit von Axiomen und Sätzen von ‚Über das Gleichgewicht ebener Flächen I' und der ‚Spiralenabhandlung' bringen Berggren zu der Überzeugung, dass es sich bei dieser Schrift um eine spätere Überarbeitung durch einen „Didaktiker" handelt, der die Axiome bzw. Setzungen 2 und 3 und die Sätze 1 bis 3 sowie 11 und 12 der ursprünglich Archimedischen Fassung hinzufügte oder zumindest gegen den ursprünglichen Aufbau ersetzte. Dasselbe gilt nach Berggren wahrscheinlich auch für die zentralen, das Hebelgesetz beweisenden Sätze 6 und 7. Ein Vergleich mit der als authentisch Archimedisch angesehenen Schrift ‚Über das Gleichgewicht ebener Flächen II' lässt Berggren vermuten, dass Buch I einen Beweis des Hebelgesetzes gar nicht enthielt, vielleicht, weil Archimedes sich dabei auf einen bereits vor ihm gelieferten Beweis stützen konnte.[3]

Eine weitere Möglichkeit einer Ehrenrettung von Archimedes besteht darin, durch eine geeignete Interpretation speziell der 6. der von Archimedes zu Beginn des I. Buchs ‚Über

---

[2] Ernst Mach, S. 14 f.
[3] Für die Echtheitsüberlegungen der Axiome und Sätze von ‚Über das Gleichgewicht ebener Flächen I' siehe Berggren, S. 91–99. – Ein interessantes Detail in Berggrens Arbeit ist, dass Satz 12, eine unmittelbare Folge von Axiom 5, mehr als dreißig Zeilen für seinen Beweis benötigt, wobei auffällig durch die nahezu gleich lautende Formulierung zweimal auf Euklid VI 6 verwiesen wird. Unter der bis jetzt nicht gerade volkstümlichen Voraussetzung, dass Archimedes seine Schriften in Unkenntnis der Euklidischen Fassung der ‚Elemente' schrieb, könnte dies ein weiterer Hinweis auf die Tendenz späterer Bearbeitung Archimedischer Schriften sein, diese nachträglich zu „euklidisieren".

das Gleichgewicht ebener Flächen' gemachten Annahmen den Haupteinwand von Ernst Mach zu beseitigen.[4]

Aber auch dieser Schritt beseitigt nicht alle beim Beweis des Hebelgesetzes auftretenden Schwierigkeiten. So stimmen bei Satz 6 zu beweisende Aussage und tatsächlich bewiesene Aussage nicht miteinander überein. Behauptet wird die Gültigkeit des Hebelgesetzes für kommensurable Größen; bewiesen wird, dass der gemeinsame Schwerpunkt zweier kommensurabler Größen die Verbindungsgerade zwischen den beiden Schwerpunkten dieser Größen im umgekehrten Verhältnis dieser Größen teilt. Hier geht der Begriff des Schwerpunktes ein, der in dieser Archimedischen Schrift nirgends explizit definiert ist. Man kann nun einmal den Begriff des Schwerpunkts als implizit in dem System von 7 Annahmen enthalten ansehen oder als in einer anderen, heute verlorenen Schrift gegeben betrachten, deren Kenntnis Archimedes im I. Buch der Schrift ,Über das Gleichgewicht ebener Flächen' voraussetzte.

Den ersten Weg beschritt W. Stein, der über das hier diskutierte I. Buch der Schrift hinaus das II. Buch, die ,Parabelquadratur', die ,Methodenschrift' sowie ,Über schwimmende Körper' auf Vollständigkeit der darin enthaltenen Voraussetzungen bezüglich der abgeleiteten Sätze überprüfte. Insbesondere kam es Stein darauf an, festzustellen, „welche Aussagen über Schwerpunkte dabei explicite oder stillschweigend gemacht werden". Durch die Zusammenstellung der von Archimedes ausdrücklich formulierten Axiome und der stillschweigend gemachten Voraussetzungen wollte Stein ermitteln, „was nun eigentlich Archimedes unter Schwerpunkt verstanden hat".

In seiner Zusammenfassung stellt Stein fest, dass Archimedes in seinen Untersuchungen zum Schwerpunkt keine anderen Axiome benutzt, als die 7 dem I. Buch von ,Über das Gleichgewicht ebener Flächen' vorausgehenden Annahmen und weitere 5 in diesem Buch stillschweigend gemachte; hinzu kommen drei weitere in der ,Parabelquadratur' enthaltene, stabiles Gleichgewicht an der Waage betreffende, ebenfalls stillschweigend gemachte Annahmen. Aus diesem System von insgesamt 15 Axiomen lassen sich sämtliche in den genannten Werken von Archimedes enthaltenen Sätze lückenlos ableiten. Stein bemerkt dann noch, dass eine der drei in der ,Parabelquadratur' enthaltenen Voraussetzungen explizit in einem Lehrbuch der Mechanik des Archimedes gestanden haben muss. Zu den in ,Über das Gleichgewicht ebener Flächen I' enthaltenen stillschweigend gemachten Voraussetzungen, die er mit $S_1, \ldots, S_5$ bezeichnet, stellt Stein abschließend fest:

> In einer ähnlichen Weise lässt die Ephodos erkennen, dass S_2, S_3, S_4 in einer anderen Redaktion formuliert gewesen sein müssen. S_1, S_5, die somit allein als stillschweigend gemachte Annahmen übrig bleiben, sind genau von der Art wie die von Euklid in seiner Proportionenlehre stillschweigend übergangenen Postulate. Damit ist das Axiomensystem der Schwer-

---

[4] Diese Möglichkeit wurde von O. Toeplitz entdeckt und von dessen Schüler W. Stein (s. Literaturverzeichnis) ausgeführt. Auch Dijksterhuis hat sich in seinem ,Archimedes' dieser Deutung angeschlossen.

punktlehre des Archimedes scharf umrissen, und es ist nachgewiesen, dass es dem der Euklidischen Proportionenlehre gleichwertig an die Seite tritt.[5]

Vorgehen und vor allen Dingen Ergebnis der Arbeit von Stein ermutigte dann später zu
formalen Darstellungen, in denen unter Verwendung von modernen Begriffen wie „Menge", „Abbildung" und „Relation" aus in Anlehnung an Archimedes geeignet gewählten
Axiomensystemen die von ihm gefundenen Sätze streng abgeleitet wurden. Es zeigte sich
dabei u. a. folgendes: Die Größen, deren Gleichgewicht durch das Hebelgesetz gefordert
wird, sind ja stetige, monotone Funktionen des Gewichts G und des Abstands d vom
Drehpunkt. Die für das Hebelgesetz charakteristische Funktion $G \cdot d$ kann aber allein
aus den in ‚Über das Gleichgewicht ebener Flächen I' explizit angegebenen Axiomen
nicht abgeleitet werden, da diesen z. B. auch die Funktion $G \cdot d^2$ genügt. Es müssen also weitere Axiome, entsprechend den von Stein gefundenen stillschweigend gemachten
Voraussetzungen, hinzugenommen werden.[6]

Damit schien dieser Problemkreis erledigt zu sein, wenn auch unter der nicht unbedingt
befriedigenden Annahme, dass es etwa zur Zeit von Euklid in der griechischen Mathematik üblich war, neben ausdrücklich gemachten Voraussetzungen weitere stillschweigend
gemachte zu verwenden. Zwar hatte auch schon Stein betont, dass ein Teil dieser sogenannten stillschweigenden Annahmen in uns heute nicht mehr zugänglichen Werken des
Archimedes ausdrücklich formuliert war, also nur relativ zu dem uns bekannten Werk als
stillschweigend bezeichnet werden kann, er hatte aber speziell für den Schwerpunktsbegriff eine implizite Definition angenommen, die die Suche nach einer expliziten Definition
in einem anderen Werk überflüssig erscheinen ließ. Gegen dieses Argument wurde ein-
gewandt, dass das Verfahren der impliziten Definition in der griechischen Mathematik
weitgehend ungebräuchlich ist.[7]

Es lag daher nahe, eine ausdrückliche Definition des Schwerpunkts entweder in den
verlorenen mechanischen Schriften des Archimedes oder in der Archimedes vorausgehenden mechanischen Literatur zu vermuten. Auf der Grundlage entsprechender Hinweise in der ‚Mechanik' Herons und der ‚Sammlung' von Pappos schloss man, dass ein
Schwerpunktsbegriff bereits vor Archimedes vorhanden war, dass aber eine befriedigen-
de Methode zur Ermittlung der Lage des Schwerpunkts erst Archimedes mit Hilfe des
Hebelgesetzes gelang.[8]

Gegen die Annahme, dass ein irgendwie gearteter Schwerpunktsbegriff bereits vor Archimedes existierte, argumentiert Drachmann mit dem Fehlen eines solchen Begriffes in

---

[5] Stein, S. 98 f.

[6] Die erste solche Darstellung speziell für das Hebelgesetz brachte H. Gericke (s. Gericke [1]); Olaf
Schmidt hat dann diesen Versuch auf die Theorie des Schwerpunkts ausgedehnt in einer Arbeit, deren erster Teil weitgehend mit den Überlegungen von H. Gericke übereinstimmt. Siehe O. Schmidt.

[7] Dijksterhuis, Archimedes, S. 297 f.

[8] Diese Ansicht vertritt Dijksterhuis, Archimedes, S. 304, wobei er sich wesentlich auf die Vorarbeit
von Giovanni Vailati stützt.

den noch von Aristoteles oder in seiner Schule verfassten ‚Mechanischen Problemen‘. Das bedeutet, dass in einem einschlägigen mechanischen Werk, das bereits das Hebelgesetz enthielt und höchstens 40 Jahre vor Archimedes' Geburt verfasst war, jede Spur dieses Begriffes fehlt.[9]

Damit wären eigentlich alle Möglichkeiten ausgeschöpft; denn wenn Archimedes der erste war, der den Begriff des Schwerpunkts einführte, und gleichzeitig dieser Begriff in den uns erhaltenen Schriften ohne eine solche Einführung ganz selbstverständlich verwendet wird, scheint jede weitere Suche sinnlos.

3.2   Inhalt der rekonstruierten mechanischen Schriften

In dieser Situation versuchte nun A. G. Drachmann aufgrund der Hinweise von Vailati, Stein und Dijksterhuis, eine entsprechende Definition könne in den verlorenen mechanischen Schriften enthalten sein, einen Teil dieser Schriften des Archimedes aus der uns nur arabisch überlieferten ‚Mechanik‘ von Heron zu rekonstruieren. Ein starkes Motiv für einen derartigen Wiederherstellungsversuch war durch die Aussagen von Heron selbst gegeben, dass es sich bei den einschlägigen Kapiteln um Ergebnisse handle, die sich in den entsprechenden Schriften von Archimedes finden. Zunächst handelt es sich um Kapitel 24 des I. Buchs der ‚Mechanik‘ von Heron, das eine Definition des Schwerpunkts eines Körpers enthält, und in dem für die mit dieser Definition verbundene Bestimmung des Schwerpunkts auf Archimedes verwiesen wird. Ähnliches gilt für eine inhaltlich ähnliche Stelle bei Pappos. Aus beiden stellt Drachmann eine Folge von zwei Definitionen und zwei Annahmen her, mit deren Hilfe 5 Sätze abgeleitet werden, wobei die von Heron gegebene Reihenfolge weitgehend beibehalten ist. Im einzelnen ergibt sich dabei folgendes:
Definitionen:

1. Unter Neigung einer Last verstehen wir ihr Sich-nach-unten-senken, d. h. ihre Bewegung in Richtung auf die Erdoberfläche.

2. Unter Gleichgewicht verstehen wir den Zustand von zwei Lasten, die an einem Waagebalken aufgehängt, diesen in einer zur Ebene des Horizonts parallelen Lage halten.

Annahmen:

1. Jeder Körper kann ruhend auf zweien seiner Punkte in eine solche Lage auf einer zur Ebene des Horizonts parallele Gerade gebracht werden, dass keine Neigung auf einer

---

[9] Siehe dazu A. G. Drachmann (3), S. 95 und 105. Die Aussage, dass die ‚Mechanischen Probleme‘ höchstens 40 Jahre vor Archimedes' Geburt abgefasst wurden, stützt sich auf eine Einschätzung der Schrift als allenfalls Spätwerk von Aristoteles. Aber selbst wenn man mit F. Krafft (3) annimmt, dass es sich bei den ‚Mechanischen Problemen‘ um eine Frühschrift des Aristoteles handelt, wobei allerdings Ergänzungen und Überarbeitungen aus nacharistotelischer Zeit zu berücksichtigen sind, ändert sich an Drachmanns Argument wenig. Berggren, S. 100, wendet dagegen ein, dass mangelnde Evidenz nur eine hinreichende aber keine notwendige Voraussetzung für Drachmanns Behauptung darstellt, Archimedes habe als erster eine Schwerpunkttheorie entwickelt.

der beiden Seiten entsteht; eine zum Horizont senkrechte Ebene durch diese Gerade wird den Körper in zwei Teile teilen, die im Gleichgewicht sind bei jeder Lage des Körpers, solange die Ebene senkrecht zu der des Horizonts steht. (Diese Ebene wird die Gleichgewichtsebene genannt.)

2. Jeder Körper kann in jedem seiner Punkte so aufgehängt oder unterstützt werden, dass er sich nach keiner Seite neigt, sondern sich alle seine Teile im Gleichgewicht miteinander befinden.

Sätze:

1. Die senkrechte Ebene durch eine Gleichgewichtslinie muss durch den Körper gehen.
2. Die senkrechten Ebenen durch zwei verschiedene Gleichgewichtslinien müssen sich im Körper treffen.
3. Wenn ein Körper unterstützt oder aufgehängt in einem Punkt sich im Gleichgewicht befindet, muss eine senkrechte Gerade durch diesen Punkt durch den Körper gehen.
4. Wenn der Körper in der gleichen Weise in einem anderen Punkt unterstützt oder aufgehängt wird, muss eine senkrechte Gerade durch diesen Punkt die Senkrechte durch den ersten Punkt innerhalb des Körpers schneiden.
5. Wenn wir eine Ebene durch die beiden sich im Inneren des Körpers schneidenden vertikalen Geraden legen, so wird diese die Oberfläche des Körpers in einer Linie schneiden. Wählt man nun einen Körperpunkt außerhalb dieser Schnittlinie als Unterstützungs- bzw. Aufhängepunkt, so wird eine senkrechte Gerade durch diesen Punkt die beiden ersten Linien schneiden, und zwar in ihrem Schnittpunkt. So müssen sich alle senkrechten Geraden durch Aufhängungs- bzw. Unterstützungspunkte in einem einzigen Punkt schneiden, und dieser Punkt wird der Neigungs- oder Schwerpunkt genannt.

Hinzu kommt noch die Bemerkung, dass der im fünften Satz eindeutig bestimmte Schwerpunkt nicht notwendig im Körper liegen muss. Gegenbeispiele stellen etwa Ringe, Räder oder Hohlkörper dar.[10]

---

[10] Berggren, S. 101 f. wendet gegen diese Rekonstruktion einer Schwerpunktsdefinition von Körpern bei Archimedes ein, dass dabei 1. eine nachweislich falsche Aussage enthalten ist, und 2. eine Existenzbetrachtung für den als Schnittpunkt der Vertikalen durch verschiedene Aufhängungspunkte eines Körpers definierten Schwerpunkt fehlt. Bei der falschen Aussage handelt es sich darum, dass eine auf dem Horizont senkrecht stehende Ebene, die einen Körper in zwei sich im Gleichgewicht befindliche Teile zerlegt, diesen „in zwei Hälften teilt". Unabhängig davon, ob man hier an Gewichts- oder Volumenhälften denkt, kann diese Aussage etwa an der Schnellwaage sofort zum Widerspruch gebracht werden. Dagegen kann – auch aus dem nachfolgenden Text ersichtlich – angeführt werden, dass Hälften hier nicht zwangsläufig im Sinn von gleiche Hälften verstanden werden muss, sondern im Sinn von zwei infolge der durch den Körper gehenden Ebene entstandenen Teile interpretiert werden kann. Die von Berggren angeführten Gründe dafür, dass Archimedes in jedem Fall das Existenzproblem erkannt und zumindest zu lösen, niemals aber durch Definition zu umgehen versucht hätte, sind ausschließlich psychologischer Natur. Dass Archimedes, als

Die in diesem Satz enthaltene Definition des Schwerpunkts bezieht sich nun aber nur auf Körper. Sie ist damit auf die in den Beweisen des Hebelgesetzes eingehenden allgemeinen Größen bzw. ebenen Figuren nicht unmittelbar anwendbar. Der fehlende Übergang wird von Drachmann in einem Werk, mutmaßlich einem Teilstück der von Archimedes zitierten ‚Elemente der Mechanik', vermutet, von dem uns heute jede Spur fehlt. Dafür spricht auch die im 24. Kapitel des I. Buchs der ‚Mechanik' enthaltene Bemerkung Herons, wo es heißt:

> Dass man von Schwerkraft und Neigung in Wahrheit nur bei Körpern redet, wird niemand abweisen. Wenn wir bei geometrischen Figuren, körperlichen und ebenen, sagen, dass der Neigungs- bzw. Schwerpunkt ein gewisser Punkt sei, so hat das Archimedes zur Genüge erläutert.[11]

Wie immer Archimedes diesen Übergang vollzogen hat, das Ergebnis war jedenfalls, dass er das in die Formulierung der Voraussetzungen für ‚Über das Gleichgewicht ebener Flächen I' eingehende Gewicht proportional bzw. gleich der Fläche ebener Figuren angesetzt hat. Ein solcher Übergang bzw. ein dafür verantwortliches Werk von Archimedes würde auch das in ‚Über das Gleichgewicht ebener Flächen' beobachtbare Nebeneinander von Begriffen wie „Gewicht", „Größe", „ebene Figur" sowie „Figur" und damit die Möglichkeit, Gleichgewichtsbetrachtungen auf abstrakte mathematische Größen zu übertragen, erklären.

Hinweise darauf, wie dieser von Archimedes vollzogene Übergang möglicherweise ausgesehen haben mag, enthalten auch Teile eines weiteren von Drachmann aus der Heronischen ‚Mechanik' rekonstruierten Archimedischen Werks. Es handelt sich dabei um die Schrift ‚Über Stützen', deren ursprünglicher Titel mutmaßlich περὶ κωλῶν war.[12]

Es geht hier um ein Werk der Statik, bei dem die Gewichtsverteilung auf Säulen, die eine Mauer oder einen Balkon tragen, bestimmt werden soll. Wichtig für den Zusammenhang zwischen den in diesem Werk enthaltenen Überlegungen bzw. Ergebnissen und den in ‚Über das Gleichgewicht ebener Flächen I' gemachten Voraussetzungen ist die bereits bei der Definition des Schwerpunkts von Körpern beobachtete Gleichwertigkeit von Unterstützungs- und Aufhängungspunkt. Dies wird etwa an dem sehr praxisnahen Bei-

---

dessen Ausgangsbasis konkrete mechanische Versuche anzusehen sind, und dem an konstruktiven auf die Entdeckung neuer Sätze abzielenden mathematischen Methoden lag, nach dem Beweis der Eindeutigkeit noch ein Existenzproblem sah, ist keineswegs trivial. So wird in der von Berggren als Beispiel der mathematischen Leistungsfähigkeit von Archimedes angeführten ‚Spiralenabhandlung' nirgends untersucht, ob eine Spirale in jedem ihrer Punkte eine Tangente besitzt. Auch das zusätzliche Argument Berggrens, dass der in der Rekonstruktion mit dem Schwerpunkt identifizierte Neigungspunkt in den erhaltenen mechanischen Schriften nirgends auftaucht, ist nicht stichhaltig, wenn man den hier rekonstruierten Schwerpunktsbegriff für Körper als für den frühen Archimedes kennzeichnend annimmt und mit Drachmann einen erweiterten Schwerpunktsbegriff für allgemeine geometrische Größen in einer nicht mehr erhaltenen Schrift voraussetzt.

[11] Siehe Herons von Alexandria Mechanik und Katoptrik (= Heronis Alexandrini Opera quae supersunt omnia, Vol. II., Fasc. I) Leipzig 1900, S. 62, 64.

[12] Drachmann (3), S. 114–133.

Abb. 3.1

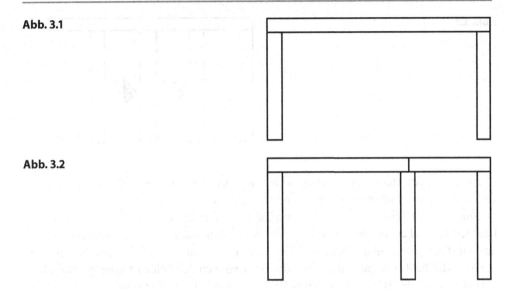

Abb. 3.2

spiel von Leuten deutlich, deren Belastung durch einen Balken bestimmt wird, wobei es keinen Unterschied macht, ob sie diesen auf den Schultern oder in einer Schlinge tragen.[13]

Grundsätzlich ist bei allen in dieser von Heron wiedergegebenen Schrift des Archimedes behandelten Problemen vorausgesetzt, dass sämtliche Auflagepunkte der Last auf einer horizontalen Gerade liegen. Der Fall einer schrägen Lastverteilung wie bei zwei Arbeitern sehr unterschiedlicher Größe bleibt außer Betracht.

Ausgangspunkt ist der einfachste Fall einer bezüglich Dichte und Massenverteilung homogenen Last, etwa in Form eines Balkens, die von zwei Säulen so getragen wird, dass die Last bei keiner der beiden Säulen übersteht (s. Abb. 3.1). Unter diesen Voraussetzungen trägt jede der beiden Säulen die Hälfte der Last. Schiebt man nun zwischen die beiden ersten Säulen eine weitere Säule zur Unterstützung der Last an einer Stelle, die den Abstand zwischen den beiden ersten Säulen beliebig teilt, so ergibt sich eine neue Lastverteilung (s. Abb. 3.2).

Zu ihrer Bestimmung setzt Archimedes voraus, dass es für die Belastung der Säulen keinen Unterschied macht, ob der auf ihnen ruhende Balken aus einem Stück besteht oder nicht. Man kann also zur Bestimmung der auf die einzelnen Säulen treffenden Last den Balken an der Stelle geteilt denken, an der die dritte Säule unterstützt. Damit ist dieses Lastverteilungsproblem auf das bereits gelöste erste Problem zurückgeführt. Dieser für die Lösung grundsätzliche Gedanke sowie sämtliche in dieser Schrift enthaltenen Probleme haben ihre Entsprechung in der griechischen Bau- speziell Tempelbaupraxis. Daraus schon schließen zu wollen, dass Archimedes auch als Architekt tätig war, ist sicherlich unzulässig. Dass aber das Werk ‚Über Stützen' von großem Interesse für Architekten gewesen sein dürfte, steht außer Frage.

---

[13] Heron Opera II, S. 82, 84.

Abb. 3.3

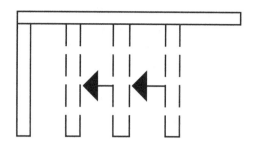

Analog zu dem gerade besprochenen Fall kann der, dass weitere Säulen zur Unterstützung der Last eingeschoben werden, behandelt werden.

Nun kann Archimedes dazu übergehen, die Lastverteilung zu bestimmen, wenn die Last teilweise übersteht bzw. überkragt. Er geht dabei von dem einfachsten ersten Fall aus und lässt jetzt eine der beiden Säulen sich auf die andere zu bewegen, wobei eine der drei Möglichkeiten, dass der neue Abstand zwischen den beiden Säulen größer, kleiner oder gleich der Hälfte des ursprünglichen Abstands ist, berücksichtigt werden muss (s. Abb. 3.3). Ist er gleich der Hälfte des Abstands, macht es nach Archimedes keinen Unterschied, ob man die in ihrer Lage nicht veränderte Säule stehen lässt oder wegstellt, weil die gesamte Last auf die in der Mitte unterstützende Säule konzentriert ist. Berücksichtigt man hier zusätzlich die Gleichwertigkeit von Unterstützungs- und Aufhängepunkt, so hat man mit dieser Aussage ausdrücklich die zur Widerlegung des Machschen Einwandes erforderliche Form einer der Voraussetzungen des I. Buchs ‚Über das Gleichgewicht ebener Flächen'.

Die Berechtigung zu dieser Deutung ergibt sich auch aus den nachfolgenden Überlegungen, in denen das Problem der Lastverteilung bei Überkragen weiter behandelt wird.[14]

Zunächst wird sich in dem Fall, dass der neue Abstand zwischen den beiden Säulen kleiner als die Hälfte des ursprünglichen ist, die Last nach der nicht unterstützten Seite neigen und dann wohl herunterfallen. Für den verbleibenden Fall, dass der neue Abstand zwischen den beiden Säulen größer als die Hälfte des ursprünglichen ist, wird zunächst die Last an einer Stelle geteilt, für die nach den vorhergehenden Überlegungen das Stück, das von der bewegten Säule getragen wird, ganz auf dieser Säule lastet. Die Verteilung des Rests auf die bewegte und die unbewegte Säule wird mittels einer Hilfssäule gelöst (s. Abb. 3.4). Das Ergebnis beruht allerdings auf der in diesem Fall unzulässigen Voraussetzung, dass es keinen Unterschied macht, ob man den Balken über der Hilfssäule teilt oder nicht.

Interessant ist das Problem der neuen Lastverteilung, wenn beim Überkragen der Last bei einer Säule am Ende des überkragenden Stücks eine weitere Säule, die jetzt Last aufnimmt, eingesetzt wird. Dabei wird das überkragende Stück als ein Hebel betrachtet, der die Belastung auf der Säule, an der die Last nicht überkragt, vermindert. Das bedeutet,

---

[14] Ein ähnliches Argument findet sich auch bei F. Krafft (5), S. 99.

Abb. 3.4

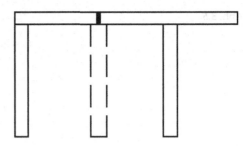

dass beim Einsetzen einer dritten Säule am Ende des überkragenden Teils diese Hebelwirkung wegfällt und deshalb mehr Gewicht auf der Säule am anderen Ende der Last ruht.

Im Hinblick auf den Inhalt von ‚Über das Gleichgewicht ebener Flächen' ist bei dieser Wiederherstellung der Schrift ‚Über Stützen' noch von Interesse, dass darin der Schwerpunkt eines Dreiecks, eines Vierecks und beliebiger anderer Vielecke bestimmt wird. Um die angegebene Definition des Schwerpunktes allerdings anwenden zu können, geht Archimedes nicht von einem Dreieck, sondern von einem dreiseitigen Prisma sehr geringer Höhe aus, d. h. von einer dreieckigen ebenen Platte. Beim Viereck und anderen Polygonen wird dann nur noch die ebene Figur in Betracht gezogen.

Auf die Stützen kommt er dann wieder zurück, wenn er die Lastverteilung einer solchen homogenen dreieckigen Platte, die in horizontaler Lage in ihren Eckpunkten auf drei Stützen ruht, als gleich verteilt bestimmt. Schließlich wird der Unterstützungs- bzw. Aufhängungspunkt gesucht, für den das Prisma eine horizontale Lage einnimmt, unter der zusätzlichen Bedingung, dass in einem beliebigen Punkt der Grund- oder Deckfläche eine weitere Last einwirkt, oder die drei Eckpunkte der Grund- oder Deckfläche des Prismas durch beliebige Lasten beschwert sind. Dieses Stütz- bzw. Aufhängungsproblem wird dann schließlich noch ausgedehnt auf homogene Prismenplatten, deren Grund- und Deckfläche Vierecke, Fünfecke usw. sind.

Die inhaltlichen Übereinstimmungen zwischen ‚Über Stützen' und ‚Über das Gleichgewicht ebener Flächen I' führen natürlich zu der Frage, welche der beiden Arbeiten wohl die ältere ist. Das sehr formale Argument, dass in der Schrift ‚Über das Gleichgewicht ebener Flächen' Schwerpunktsbestimmungen des allgemeinen Vierecks, Fünfecks usw. nicht enthalten sind, bringt Drachmann zu der Überzeugung, dass ‚Über Stützen' jünger ist und als ein für die Praxis bestimmtes Abfallprodukt des eigentlich nur an einer abstrakten theoretischen Mechanik interessierten Mathematikers Archimedes anzusehen ist.

Aufbau und Form dieser wiederhergestellten Schrift lassen auch in Hinblick darauf, dass Archimedes sich mutmaßlich erst spät in die für die Mathematiker seiner Zeit typische Darstellungsweise einarbeitete, eine wesentlich frühere Abfassung der Schrift ‚Über Stützen' vermuten, die ebenso wie eine weitere von Drachmann in der Heronischen ‚Mechanik' gefundene Schrift ‚Über Waagen' den von Archimedes mehrfach zitierten ‚Elementen der Mechanik' angehört.

Ein solches Werk des Archimedes mit dem Titel περὶ ζυγῶν, also ‚Über Waagen', wird von Pappos erwähnt, der an dieser Stelle schreibt, dass die größeren Kreise die kleineren

Abb. 3.5

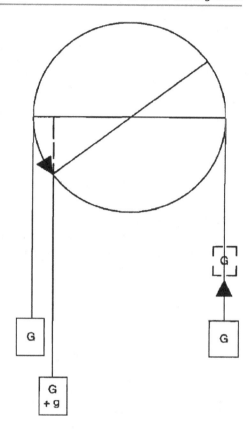

Kreise überwinden, wenn sie sich um denselben Punkt drehen. Teile dieser Schrift vermutet Drachmann ebenfalls im I. Buch der Heronischen ‚Mechanik'. Es handelt sich dabei einmal um Waagen, deren Waagebalken nicht homogen ist, d. h. deren Masse weder geometrisch noch ihrer Dichte nach gleich verteilt ist. Es wird gezeigt, dass auch ein solcher Waagebalken durch die Wahl eines geeigneten Aufhänge- bzw. Drehpunktes ins Gleichgewicht gebracht werden kann, und dass auch für ihn das Hebelgesetz gilt.

In diesem Zusammenhang wird auch das bereits in den mechanischen Problemen des Aristoteles enthaltene Hebelgesetz für die Seilrolle behandelt. Die Erwartung eines Gleichgewichts, wenn die auf beiden Seiten an den Enden von zwei Fäden gehängten Gewichte gleich groß sind, wird damit begründet, dass gleiche Gewichte im gleichen Abstand vom Drehpunkt sich das Gleichgewicht halten.

Was passiert aber, wenn man der einen Seite ein Gewicht hinzufügt? Die Antwort lautet, dass dann die schwerere Seite nach unten sinken wird bis zu einem Punkt, dessen horizontaler Abstand vom Drehpunkt der Gleichgewichtsbedingung beim Hebelgesetz genügt (s. Abb. 3.5). Dies ist allerdings bei einer normalen Seilrolle ohne eine zusätzliche Einrichtung nicht möglich, da sich der Abstand des Seils bzw. Faden vom Drehpunkt nicht ändert und deshalb die schwerere Last solange sinken wird, bis sie auf dem Boden aufschlägt.

Verständlich wird die Argumentation bzw. der dahinterstehende Versuch erst, wenn man den Faden auf der Seite mit dem größeren Gewicht daran hindert, seinen Kontakt mit der Rolle im ursprünglichen Aufhängungspunkt aufzugeben. Technisch ließe sich das etwa durch zwei Stifte bewerkstelligen, die den Faden in der Rille fixieren. Heron spricht aber von zwei Fäden bzw. Seilen, die offenbar an einander gegenüberliegenden Punkten der Rolle befestigt sind. Es handelt sich also eigentlich nicht um eine Seilrolle, sondern um einen der vorher besprochenen inhomogenen Waagebalken, dessen besondere Form einer Rolle auf der Seite mit dem kleineren Gewicht durch das Aufwickeln des Fadens einen konstanten horizontalen Abstand zum Drehpunkt sichert, während sich der Abstand auf der Seite mit dem größeren Gewicht bis zur Einstellung des Gleichgewichts verringert.

3.3   Der Ingenieur Archimedes

Man kann nun diesen im Kapitel 34 des I. Buches der Heronischen ‚Mechanik' geschilderten, durchaus wirklichkeitsnahen Versuch zur Demonstration des Hebelgesetzes, bei dem im Gegensatz zu der abstrakten mathematischen Ableitung in ‚Über das Gleichgewicht ebener Flächen' von einer Rolle und einem Seil bzw. Faden die Rede ist, in Beziehung setzen zur Schnellwaage, deren Erfindung durch Archimedes uns von Simplicius bezeugt ist.[15]

Das Fachwort für diese von Archimedes erfundene Schnellwaage ist χαριστίων. Nach Simplicius hat auch die Extrapolation dieses Ergebnisses zu einem beliebig kleinen Verhältnis von kleinerem zu größerem Gewicht Archimedes zu seinem berühmten, von der gesamten Antike kolportierten Ausspruch veranlasst: „Gib mir einen Platz, und ich werde die Erde bewegen".

Man darf als sicher unterstellen, dass der mit diesem Satz verbundene, für die Antike ungeheuerliche Anspruch nur akzeptiert wurde, weil Archimedes mehr als einmal bewiesen hatte, dass er mit Hilfe der von ihm erfundenen Apparate unglaubliche Lasten zu bewegen imstande war. Einem reinen Theoretiker hätte man einen solchen Satz nicht abgenommen.

Wie die einzelnen von Archimedes erfundenen Maschinen zum Heben von Lasten aussahen, wissen wir nicht. Fest steht aber nach antiken Zeugnissen, dass dazu der Flaschenzug und die Schraube gehörten.

Bei der Schraube ist zu unterscheiden zwischen der Anwendung als endlose Schraube zum Antrieb eines Zahnrades und der Erfindung einer Hohlschraube, auch Archimedische Schraube bzw. Schnecke sowie Schraubenpumpe genannt, die dem Anheben von Flüssigkeiten vor allem beim Bewässern in der Landwirtschaft sowie dem Entwässern von Bergwerken diente.

Die Erfindung der Wasserschraube durch Archimedes wird vor allen Dingen von Diodorus (um 30 v. Chr.) und unabhängig davon von Philo Judaeus (um 40) bezeugt. Diodorus

---

[15] Drachmann (3), S. 143.

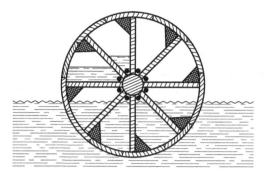

Abb. 3.6 Querschnitt durch die von Vitruv beschriebene achtkämmrige Wassertrommel, wobei die an den linken Ecken der Sektoren liegenden dunklen Flächen die Einlassöffnungen und die zur Achse hin gelegenen Punkte die Auslässe wiedergeben. (Nach Drachmann (4), S. 150)

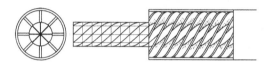

Abb. 3.7 Darstellung der Archimedischen Wasserschnecke nach der Beschreibung von Vitruv. Der Querschnitt auf der linken Seite zeigt die auffallende Ähnlichkeit mit der Wassertrommel. (Nach Drachmann (4), S. 153)

berichtet, dass diese Archimedische Erfindung in Ägypten zur Bewässerung und in den spanischen Bergwerken zum Auspumpen benutzt wurde. Auch der dem 3. Jh. n. Chr. zugehörige Athenaios meint wohl die Archimedische Schnecke, wenn er in seinem Bericht über den Bau der *Syrakosia*, des riesigen Prunkschiffes von König Hieron, auf eine Erfindung von Archimedes verweist, wonach ein einziger Mann genügte, das Schiff auszupumpen. Interessant ist, dass diese heute weitgehend als eine Erfindung von Archimedes angesehene Konstruktion mutmaßlich auf der ähnliche Funktionen erfüllenden achtkämmrigen Wassertrommel beruht (s. Abb. 3.6 und Abb. 3.7).[16]

Die Erfindung dieser speziellen Form einer Wasserpumpe steht im Zusammenhang mit Archimedes' Beschäftigung mit der Schraube schlechthin, deren Erfindung ihm ebenfalls gelegentlich zugewiesen wird.

Allgemein wird Archimedes in diesem Zusammenhang der Antrieb eines Zahnrads durch eine Schraube ohne Ende, also die Konstruktion von Schnecke und Schneckenrad zugeschrieben. Drachmann nimmt an, dass Archimedes diesen Antrieb bei seinen Kriegsmaschinen verwendete.[17]

---

[16] Die Argumente, die für eine Erfindung der Wasserschnecke durch Archimedes sprechen und damit eine frühere Erfindung weitgehend ausschließen, sind in A. G. Drachmann (1) gesammelt. Die Vermutung, dass die Archimedische Form der Wasserschnecke auf der achtkämmrigen Wassertrommel aufbaut, wird gestützt durch eine entsprechende Beschreibung des Instruments bei Vitruv. Siehe dazu Drachmann (4), S. 152 f.

[17] Drachmann (4), S. 202.

Abb. 3.8 Rekonstruktion nach
Drachmann (4), S. 179. Auffallend ist hier die Befestigung
der Seile an den Seiltrommeln,
die im Gegensatz zu der Verwendung von endlosen Seilen
nur relativ kurze Züge zulässt

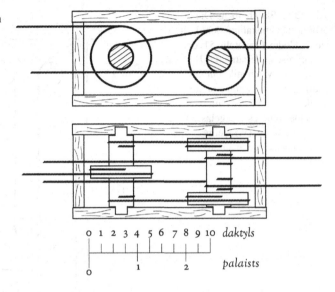

Es scheint aber, dass diese spezielle von Archimedes konzipierte Verbindung zwischen
endloser Schraube bzw. Schnecke und Schneckenrad in der Nachfolgezeit nur noch bei
Präzisionsinstrumenten wie etwa der Heronischen Dioptra verwendet wurde, nicht aber
zum Heben schwerer Lasten.

Archimedes werden aber noch andere zum Heben schwerer Lasten geeignete Verbin-
dungen der fünf einfachen mechanischen Potenzen: Keil, Hebel, Schraube, Wellrad und
Flaschenzug zugeschrieben. So erfahren wir von Oreibasios, einem medizinischen En-
zyklopädisten des 4. Jh. n. Chr., dass eine zum Einrenken von Gelenken und vielleicht
auch zum Schienen benutzte Spannvorrichtung (Abb. 3.8)[18], die ein auf der Kombination
zweier Wellräder beruhendes Seilgetriebe darstellt, auf einen sonst nicht weiter bekannten
Apellis oder auf Archimedes zurückgeht.

Auf Oreibasios, der sich seinerseits auf die Autorität von Galen (129–199) stützt, geht
die Behauptung zurück, dass Archimedes den Flaschenzug erfunden hat. Anhaltspunkte
für die Archimedische Form des Flaschenzugs finden sich wiederum in der ‚Mechanik'
Herons. Danach besteht dieser Flaschenzug aus einer festen und einer beweglichen Flasche mit jeweils drei Rollen, die den überlieferten arabischen Zeichnungen nach nebeneinander in derselben Eben liegen[19] (s. Abb. 3.9). In der Spätantike und vor allem von

---

[18] Dieses Instrument wurde *Trispaston* genannt.

[19] Krafft (1), S. 147 f. hat aus der Zeichnung eine Lagerung der jeweils drei Rollen einer Flasche auf
einer gemeinsamen Achse geschlossen, weil es „in der Antike üblich war, entgegen der Perspektive
in die Zeichenebene zu drehen". Dagegen ist einzuwenden, dass von einer solchen Üblichkeit angesichts unseres verschwindend geringen Wissens über technische Zeichnungen in der griechischen
Antike nicht die Rege sein kann. Aber selbst wenn solche Klappungen üblich gewesen wären, hätte
der Zeichner bei einer Anordnung der Rollen einer Flasche in einer Ebene sicherlich nicht geklappt.
Schließlich hätte sich je nach Abstand der Rollen bei der von Krafft vorgeschlagenen Anordnung

Abb. 3.9 Flaschenzug. Die Abbildung entstammt dem Leidener Codex Orientalis 51, der die arabische Fassung der Heronischen ‚Mechanik' enthält. Auffallend ist die linke obere Rolle, die ohne jede Funktion ohne weiteres weggelassen werden könnte. (Wiedergegeben nach Drachmann (4), S. 54)

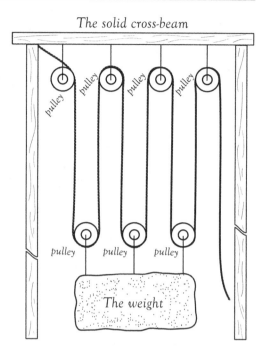

den Byzantinern wurde dann Archimedes auch noch mit anderen einfachen Maschinen in Verbindung gebracht, wie z. B. mit dem bei Heron beschriebenen, *Barulkos* genannten Zahnradgetriebe, das aber wegen der durch die Zahnform bedingten hohen Reibung mutmaßlich zum Heben von schweren Lasten gar nicht eingesetzt werden konnte. Möglich ist allerdings auch, dass damit ein durch die Hintereinanderschaltung mehrerer Wellräder entstandenes Seilgetriebe gemeint ist, das als Fortentwicklung des Archimedes ohnehin zugeschriebenen *Trispaston* verstanden werden könnte.

Alle diese in so großem zeitlichen Abstand von Archimedes gemachten Äußerungen sind allerdings mit Vorsicht zu betrachten und z. T. als Erklärungsversuche für die inzwischen teilweise ins Unglaubliche vergrößerten, Archimedes zugeschriebenen Leistungen zu verstehen. Eine dieser vielfach berichteten Leistungen ist die von Archimedes allein vollzogene Bewegung eines mit Mannschaft und Fracht vollbeladenen großen Schiffes. Plutarch erzählt diese Geschichte vor dem Hintergrund von Archimedes' Behauptung, er könne die Erde bewegen, wenn ihm nur eine andere Erde, von der aus er dies ins Werk setzen könne, zur Verfügung stünde. König Hieron, begreiflicherweise erstaunt über diese vielleicht bewusst auf eine solche Reaktion angelegte Äußerung von Archimedes, wollte einen handgreiflichen Beweis dafür haben, dass man mit einer vergleichsweise sehr kleinen Kraft eine riesige Last bewegen könne. Dies war nach Plutarchs Darstellung der Ausgangspunkt für den Versuch mit dem Schiff. Er berichtet, dass sich Archimedes bei

---

wegen des Schräglaufs der Seile nicht nur zusätzliche Reibung ergeben, sondern die ständige Gefahr eines Herausspringens des Seils.

Abb. 3.10 Rekonstruktion des von Pappos beschriebenen *Barulkos* nach Hultsch (1), S. 1060

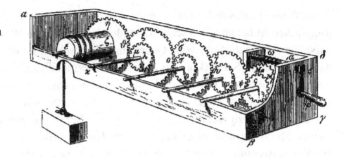

der Vorführung eines Flaschenzugs bedient habe, während Athenaios dafür eine Schraube und der Byzantiner Tzetzes das aus zwei Wellrädern bestehende Seilgetriebe einsetzt. Drachmann sieht diese drei Aussagen als in keiner Weise widerspruchsvoll und gibt den folgenden, auch die ursprüngliche Behauptung von Archimedes miteinschließenden Erklärungsversuch. Dabei geht er davon aus, dass Archimedes das Schiff nur ein sehr kurzes Stück gezogen habe, gerade groß genug, um die Möglichkeit der Bewegung eines so großen Schiffes durch einen einzigen Mann zu demonstrieren. Dafür genügt z. B. eine Seiltrommel mit einem Umfang von einem Meter, die von einer endlosen Schraube über ein Zahnrad mit 50 Zähnen bewegt wird. Nimmt man weiterhin an, dass das zur endlosen Schraube gehörige Antriebsrad, vielleicht auch eine Kurbel, bei einer Umdrehung ebenfalls einen Weg von einem Meter zurücklegt, so wird das Übersetzungsverhältnis 1:50 sein; schaltet man noch zwischen Seiltrommel und Schiff einen Flaschenzug mit 5 Rollen, so kann Archimedes, wenn man einmal von der Reibung absieht, schon mit der 250fachen Kraft ziehen. Bewegt man nun die erste endlose Schraube über ein Zahnrad und eine weitere vorgeschaltete endlose Schraube, so vergrößert sich das Kraftverhältnis entsprechend. Ein Übersetzungsverhältnis dieser Größenordnung dürfte jedenfalls für einen erfolgreichen Versuch ausgereicht haben (s. Abb. 3.10). Eine Erklärung dieses Vorgangs, verbunden mit einer Extrapolation durch Vorschaltung geeignet vieler weiterer Übersetzungen mit endlosen Schrauben auf eine Last von der Größe der Erde, deren endliche Masse auch im ‚Sandrechner‘ vorausgesetzt ist, dürfte Hierons Vertrauen in die Richtigkeit von Archimedes' Behauptung endgültig gesichert haben.[20]

Unabhängig davon, ob man sich mit einer solchen Deutung einverstanden erklären will oder nicht, muss man als realen Hintergrund all dieser Zeugnisse, die man nicht mit einer Handbewegung unter den Tisch kehren kann, den Techniker und Mechaniker Archimedes sehen, dessen Entwicklung der des Mathematikers vorausging. Dieser Schluss wird durch die im zweiten Kapitel referierten Ergebnisse von Arendt bezüglich einer absoluten Chronologie und dem aus dem Briefwechsel mit Dositheos rekonstruierbaren Werdegang des Mathematikers Archimedes wesentlich gestützt.

In diesem Sinn darf man bei der den mathematischen Arbeiten angehörigen Schrift ‚Über schwimmende Körper‘ entsprechende technische Vorleistungen auf dem Gebiet des

---

[20] Für diesen Erklärungsversuch siehe A. G. Drachmann (2).

Schiffsbaus vermuten. Dieser Vermutung widerspricht nicht, dass die in dieser mathematischen Schrift behandelten schwimmenden Körper Segmente von Rotationsparaboloiden darstellen, die natürlich, vom Querschnitt abgesehen, kaum eine Ähnlichkeit mit den damals üblichen Schiffskörpern aufweisen. Vergleicht man dies aber mit der nach der heutigen Quellenlage wahrscheinlichen Situation, dass vor Archimedes nicht der geringste Ansatz bekannt war, das Verhalten von schwimmenden Körpern, also auch von Schiffen wissenschaftlich zu erfassen, so erscheint diese Schrift als eine die Grenzen der mathematischen Möglichkeiten seiner Zeit ausschöpfende Pionierleistung. Welche Leistung dieses Werk von Archimedes darstellt, kann man auch daraus ermessen, dass eine Fortsetzung und ein Fortschritt über die von ihm erzielten Ergebnisse hinaus nicht vor dem 17. Jh. gelang.

In Hinblick auf den praktischen Hintergrund dieser Untersuchung mag es interessieren, welches empirische Wissen im Schiffsbau Archimedes zumindest mutmaßlich zur Verfügung stand.

Konkrete Probleme einer geeigneten Dimensionierung von Lastschiffen zum Transport großer Frachten sind uns schon von den Ägyptern bekannt: So wissen wir aus der Biographie des Schreibers Inéni aus dem 16. vorchristlichen Jh., dass er mit der Aufstellung zweier Obelisken im Tempel von Karnak betraut war. Inéni musste zur Bewältigung dieser Aufgabe die beiden zusammen rund 300 t schweren Obelisken etwa 100 km von Assuan auf dem Nil transportieren. Zu diesem Zweck musste ein Schiff gebaut werden, dessen Wasserverdrängung ausreichte, diese Last aufzunehmen. Obwohl der uns erhaltene Bericht dieses Transports viele Einzelheiten enthält, fehlen alle Angaben darüber, wie man die erforderliche Größe des Schiffes ermittelte. Einige Jahrzehnte später wird von einem ähnlichen Unternehmen berichtet, als unter Königin Hatschepsut zur Zeit von Ägyptens größter Machtentfaltung in Deir el Bahri zwei Obelisken von 29 m Höhe aufgestellt werden mussten. Zu ihrem Transport war ein Boot mit über 80 m Länge und 17 m Breite erforderlich, dessen Wasserverdrängung bei 900 t lag. Bei diesen beiden Transportern handelt es sich um die größten aus der Antike bekannt gewordenen auf Flüssen eingesetzten Schiffe. In beiden Fällen scheint das Dimensionierungsproblem rein empirisch gelöst worden zu sein.

Auf die Größe griechischer Schiffe kann man indirekt schließen, indem man die für den Transport von Heeren angegebenen Anzahlen von Schiffen heranzieht. Unter der Voraussetzung, dass Handelsschiffe und zum Transport von Soldaten verwendete Schiffe ebenso wie Kriegsschiffe etwa von derselben Größenordnung waren, kommt man bei den griechischen Schiffen bis zur Zeit von Archimedes auf eine Größenordnung von etwa 30–60 t. Ähnliche Größenordnungen lassen sich für die Schiffe der Römer und Byzantiner bis herauf zu den Wikingern feststellen. Dabei werden einige aus der römischen Antike überlieferte Großschiffe, die anscheinend nicht manövrierfähig waren, nicht berücksichtigt. Der Hauptgrund für diese zumindest für die meisten Schiffe gültige Beschränkung der Tonnage bis ins 12. Jh. ist in der Steuerung zu suchen. Die Steuerung erfolgte vor dem 12. Jh. durch ein meist seitlich in einer Schlaufe oder Gabel geführtes Ruder mit einem

Abb. 3.11 Das alte und das
neue Steuerruder mit senkrech-
ter Achse. (Nach Lefebvre des
Noëttes. Aus U. Forti, Storia
della tecnica Italiana, Florenz
1940, S. 196)

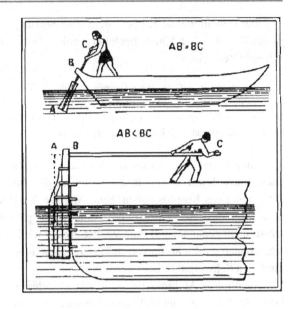

auf der Seite des Steuermanns kürzeren Hebel. Größere Schiffe blieben damit vor der Erfindung des in einem Scharnier drehbar angebrachten Heckruders wenig oder überhaupt
nicht manövrierfähig. Dieses im 12. Jh. aufkommende Heckruder stellt übrigens eine der
einfachsten Anwendungen des Hebelgesetzes dar (s. Abb. 3.11).

Unter diesen Umständen an der historischen Realität der mehrfach erwähnten *Syrakosia* zu zweifeln, scheint mir nicht notwendig. Allerdings dürfte dieses Segelschiff nach
dem Vorhergehenden nur mit Hilfe einer zusätzlichen großen Rudermannschaft manövrierfähig gewesen sein.

3.4   Archimedes als „Physiker"

Gerade die auf den Bau von Schiffen mit relativ geringer Wasserverdrängung beschränkte
Erfahrung der Antike dürfte bei Planung und Bau eines Riesenfrachters wie der *Syrakosia*
Probleme, vor allen Dingen des Gleichgewichts, aufgeworfen haben. Genau dieses Sta-
bilitätsproblem hat Archimedes in seiner Schrift ‚Über schwimmende Körper' behandelt.
Er hat dabei unter einer dem Auftriebsgesetz vergleichbaren Voraussetzung Bedingungen
für stabiles, labiles und indifferentes Gleichgewicht für schwimmende Rotationsparabo-
loide ermittelt, die der erst im 18. Jh. durch Bouguer, Euler, Daniel Bernoulli und Atwood
entwickelten Theorie des Metazentrums äquivalent sind.[21]

---

[21] Für die Situation des antiken Schiffsbaus und speziell eine moderne Deutung der Schrift ‚Über
schwimmende Körper' siehe Charles Bonny. Helmut Wilsdorf hat sich vor allem unter sozialen
Gesichtspunkten mit dem antiken Schiffsbau bis etwa 300 v. Chr. befasst.

‚Über schwimmende Körper' stellt eine Setzung an den Anfang, aus der die nachfolgenden ersten sieben Sätze abgeleitet werden. Dabei soll die Flüssigkeit ihrer Natur nach so beschaffen sein,

> dass von gleich gelegenen und zusammenhängenden Teilen die stärker gedrückten die weniger gedrückten vor sich her treiben, und dass jedes Flüssigkeitsteilchen von der über ihm gelegenen Flüssigkeit in lotrechter Richtung gedrückt wird, wenn die Flüssigkeit nicht durch ein Gefäß oder andere Umstände gedrückt wird.[22]

„Gleich gelegen" heißen Flüssigkeitsteilchen, wie aus der Anwendung dieser Voraussetzung in den Beweisen ersichtlich, wenn sie gleichen Abstand vom Erdmittelpunkt bzw. Mittelpunkt des Kosmos haben. Eine Analyse der Beweise für die nachfolgenden Sätze hat gezeigt, dass auch hier weitere Voraussetzungen miteingehen, die zumindest in dieser Schrift nicht genannt sind. Eine Voraussetzung wird allerdings noch ausdrücklich angegeben, wonach die Richtung von in Flüssigkeiten aufsteigenden Körpern die der Vertikalen durch den Schwerpunkt ist.[23]

Wesentlich ist Archimedes, wie in seinen anderen mechanischen Schriften, hier der Gedanke des Gleichgewichts. Die Gleichgewichtsbedingung für eine Flüssigkeit formuliert er in Satz 2 wie folgt:

> Die Oberfläche jeder in Ruhe befindlichen Flüssigkeit ist eine Kugelfläche, deren Mittelpunkt der Mittelpunkt der Erde ist.[24]

Das heißt, sieht man von allen anderen Stoffen ab, lässt sozusagen die Erde nur aus einer Flüssigkeit bestehen, so wird diese Flüssigkeit im Gleichgewichtszustand die Form einer Kugel mit dem Erdmittelpunkt, dem natürlichen Ort der Schwere, als Zentrum bilden. Von dieser Flüssigkeitskugel ausgehend untersucht Archimedes die sich nach dem Eintauchen von Körpern, die spezifisch gleich schwer, schwerer oder leichter als die Flüssigkeit sind, ergebenden Gleichgewichtszustände unter Anwendung der eingangs gemachten Voraussetzung (s. Abb. 3.12).

Im einzelnen kommt Archimedes dabei zu den folgenden Ergebnissen:

1. Körper, die (spezifisch) gleich schwer wie Flüssigkeiten sind, werden soweit in die Flüssigkeit eintauchen, dass ihre Oberfläche nicht aus der Flüssigkeit herausragt, sie andererseits aber nicht weiter sinken.
2. Körper, die (spezifisch) leichter sind als die Flüssigkeit, tauchen in diese soweit ein, dass die von ihnen verdrängte Flüssigkeitsmenge so schwer ist wie der ganze Körper.
3. Körper, die gewaltsam in eine (spezifisch) schwerere Flüssigkeit eingetaucht werden, werden mit einer Kraft hochgetragen, die der Differenz der Gewichte der verdrängten Flüssigkeitsmenge und des Körpers gleich ist.

---

[22] AO II, S. 318.
[23] Dijksterhuis, Archimedes, S. 377–379.
[24] AO II, S. 319.

Abb. 3.12 (Abbildungen
entnommen AO II, S. 323 u.
S. 327)

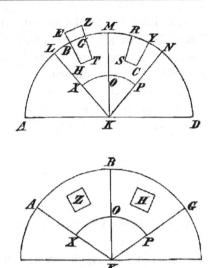

4. Körper, die (spezifisch) schwerer sind als die Flüssigkeit, sinken in dieser bis zum
   Grunde hinab und werden in der Flüssigkeit um die von ihnen verdrängte Flüssigkeitsmenge leichter.

Alle diese Aussagen werden unter der von der Wirklichkeit abstrahierenden Voraussetzung einer Flüssigkeitskugel mit dem Erdmittelpunkt als Mittelpunkt gemacht.

Dieser abstrakten, rein mathematischen Darstellung soll eine konkrete Entdeckung im
Zusammenhang mit einem Problem, von dem uns Vitruv berichtet[25], vorausgegangen sein:
König Hieron hatte als Votivgabe für die Götter eine Goldkrone bzw. einen Goldkranz
herstellen lassen, wobei dem Goldschmied die dafür erforderliche Menge Goldes ausge-
händigt wurde. Nach Fertigstellung wurde das Gewicht überprüft und für richtig befunden,
gleichzeitig aber dem König hinterbracht, dass der Goldschmied einen Teil des Goldes bei
der Verarbeitung durch Silber ersetzt habe. Da dies von außen her nicht erkennbar war,
wurde Archimedes mit der Überprüfung des Falles beauftragt.[26]

Archimedes hatte aber festgestellt, dass, sooft er sich in eine bis oben hin gefüllte
Badewanne legte, eine dem eingetauchten Körpervolumen gleiche Wassermenge abfloss.
Diese Beobachtung führte zu der während eines solchen Bades gefundenen Lösungsidee,
die ihn nach Vitruv so begeisterte, dass er, nackt wie er war, nach Hause lief mit dem Ruf:
„Ich hab's gefunden! Ich hab's gefunden!"

---

[25] Vitruvius, De Architectura IX 9–12.
[26] Man hätte dies normalerweise aufgrund einer chemischen Analyse feststellen können. Diese war
aber für geweihte und damit geheiligte Gegenstände nicht zulässig. Dies führte dazu, die von Vitruv
als *corona* bezeichnete Weihgabe als Goldkranz zu deuten. siehe Dijksterhuis, Archimedes, S. 19
aufgrund der Untersuchungen von Ch. M. van Deventer.

Seine Lösung bestand darin, durch Eintauchen und Nachfüllen das Volumen der fraglichen Votivgabe aus Gold und Silber und zweier gleich schwerer Körper aus Gold bzw. Silber zu bestimmen und daraus das Verhältnis von Gold und Silber in dem für Hieron gefertigten Kranz zu ermitteln.

Bestehe der Kranz aus x Gewichtseinheiten Gold und y Gewichtseinheiten Silber, habe also das Gesamtgewicht $(x + y)$, wobei das Volumen für eine Gewichtseinheit Gold a und für eine Gewichtseinheit Silber b sein soll, so gelten die Beziehungen:

$$xa + yb = V$$
$$(x + y)a = V_1$$
$$(x + y)b = V_2$$

wenn V, V_1, V_2 die Volumina des Kranzes bzw. der gleich schweren Körper aus Gold und Silber darstellen.

Durch Einsetzen ergibt sich aus den drei oben gegebenen Gleichungen:

$$\frac{x V_1}{x + y} + \frac{y V_2}{x + y} = V \quad \text{oder}$$
$$x V_1 + y V_2 = x V + y V$$

und damit schließlich

$$\frac{x}{y} = \frac{V_2 - V}{V - V_1}.$$

Vitruv begnügte sich mit dem Hinweis, dass Archimedes aus den durch Eintauchen gefundenen Volumina des Kranzes und zweier gleich schwerer Klumpen von Gold und Silber die Silberbeimischung in dem Kranz durch Berechnung oder auch Überlegung entdeckte.[27]

Es gibt übrigens noch eine jüngere Beschreibung der Lösung des Problems, die in dem mutmaßlich aus dem 5. Jh. n. Chr. stammenden ‚Carmen de ponderibus‘ enthalten ist und auf einer hydrostatischen Wägung beruht.[28]

Sicherlich besteht zwischen der von Vitruv berichteten Entdeckung und den ersten Sätzen der Schrift ‚Über schwimmende Körper‘ ein Zusammenhang. Allerdings erscheint dieser überinterpretiert, wenn man die von Vitruv geschilderte Gleichheit von eingetauchten Körpervolumen und überfließender Flüssigkeit mit Ernst Mach so versteht,

> dass ein ins Wasser einsinkender Körper ein entsprechendes Wasserquantum heben muss, gerade so, als wenn der Körper auf einer, das Wasser auf der anderen Schale einer Waage läge.[29]

---

[27] Vitruv, De Architectura IX, 12.

[28] Für beide Verfahren wurde aufgrund einer mit einer Studentengruppe durchgeführten Versuchsreihe eine Fehlerrechnung angestellt, die im Fall von Vitruvs Beschreibung bei einem maximalen Fehler von 60 %, im zweiten Fall wesentlich niedriger lag. Siehe dazu Hoddeson.

[29] Ernst Mach, S. 83.

Hier wird bereits das Auftriebsgesetz postuliert, das in der äquivalenten Form des Archimedischen Prinzips erst in ‚Über schwimmende Körper' enthalten ist. Im Gegensatz zu den von Vitruv geschilderten erdnahen Beobachtungen handelt es sich bei dieser Schrift um eine mathematische Theorie des Gleichgewichts von Flüssigkeiten und von in Flüssigkeiten eingetauchten Körpern, die ihrerseits in eine an Aristoteles gemahnende Kosmologie des natürlichen Orts der Schwere eingebettet ist.

3.5 Astronomie und Optik im Schaffen von Archimedes

Dieser bei Archimedes nur gelegentlich sichtbare kosmologische Rahmen wird noch am deutlichsten im ‚Sandrechner', der bislang einzigen direkten Quelle für Archimedes' astronomische Interessen und Kenntnisse. Wir dürfen aber aufgrund antiker Zeugnisse, der Tätigkeit seines Vaters als Astronom und auch der Funktionen von Archimedes am Hof von Syrakus vermuten, dass die Astronomie und die damit eng verbundene Optik eines seiner wichtigsten Interessengebiete darstellte.

Was hier neben den von Archimedes benutzten und mutmaßlich im Hinblick auf eine später entstandene Trigonometrie weiterentwickelten mathematischen Methoden in der Astronomie interessiert, ist vor allem eine Messung des scheinbaren Sonnendurchmessers. Sie ist zu verstehen im Zusammenhang mit den Bemühungen von Archimedes, die Dimensionen innerhalb des Planetensystems und auch des gesamten für die Antike immer endlichen Kosmos zu bestimmen. Um nun seinem eigentlichen Ziel in der ‚Sandzahl' näherzukommen, eine Zahl zu bestimmen, die mindestens so groß ist wie die Anzahl der Sandkörner in einem mit Sand gefüllten Universum, genügt es für Archimedes nicht, Entfernungen wie die von der Erde zur Sonne oder zu anderen Planeten und schließlich bis zur Fixsternsphäre als Vielfache des Erddurchmessers anzugeben, sondern er muss darüberhinaus den Erddurchmesser in einem menschlicher Vorstellung und auch konkreter Messung zugänglichem Maß ausdrücken. Das bedeutet, dass, wenn auch im Rahmen der für die Zwecke dieser Schrift völlig ausreichenden groben Abschätzungen, der Kosmos vermessen wird. Dies ist sicherlich in einem Zusammenhang mit der bei Eratosthenes, einem Korrespondenten von Archimedes, spürbaren Tendenz zu sehen, durch die Einführung der Olympiaden-Chronologie und eine ziemlich genaue Erdvermessung naturwissenschaftlicher Forschung die zusätzliche Dimension des Messens in Zeit und Raum hinzuzufügen.[30]

Dabei übernahm Archimedes von seinen Vorgängern u. a. den Erdumfang, ausgedrückt in Stadien, die Verhältnisse der Durchmesser von Erde, Sonne und Mond. Nur für den scheinbaren Sonnendurchmesser stützte er sich auf seine eigenen Messungen. Es handelt sich dabei zumindest um einen Teilaspekt des praktischen Astronomen Archimedes. Über das Motiv, warum er gerade diese Größe selbst messen wollte, gibt Archimedes zunächst keine Auskunft. Er erwähnt lediglich eine Angabe von Aristarch, wonach der scheinbare

---

[30] Siehe dagegen Carl B. Boyer (2).

Sonnendurchmesser $\frac{1}{2}$ Grad beträgt; dieser Wert fällt in das von Archimedes ermittelte Intervall, bestätigt daher weitgehend das Vorgehen von Archimedes. Andererseits ist in der uns erhaltenen Arbeit ‚Über Größen und Abstände von Sonne und Mond‘ von Aristarch ein Wert von 2 Grad für den scheinbaren Sonnendurchmesser verwendet, der viermal so groß ist wie der im ‚Sandrechner‘ angegebene Wert von Aristarch.

Da Archimedes auf einen solchen Unterschied nicht eingeht, ist wohl anzunehmen, dass es ihm um eine Überprüfung des von Aristarch mit $\frac{1}{2}$ Grad angegebenen Wertes ging. Der Grund für eine solche Überprüfung wird im folgenden deutlich, wo Archimedes – im Gegensatz zu seiner üblichen Charakterisierung als reiner Theoretiker ganz Praktiker – feststellt:

> Es ist nun recht schwierig, diese Messung genau auszuführen, weil weder die Augen, noch die Hände, noch die Instrumente, deren man hierzu bedarf, die genügende Sicherheit für die Beobachtung gewährleisten.[31]

Das heißt, Aristarchs Angabe ist Archimedes verdächtig, weil in ihr die aufgrund der genannten Fehlerquellen gegebene Unsicherheit des Messergebnisses nicht berücksichtigt ist. Deshalb und auch aufgrund der für die ‚Sandzahl‘ allein erforderlichen Abschätzungen möchte Archimedes an die Stelle eines einzigen Messwertes ein Fehlerintervall setzen. Das heißt, es erscheint ihm notwendig,

> einen Winkel zu gewinnen, der nicht größer ist als der Gesichtswinkel der Sonne, und einen anderen Winkel zu gewinnen, der nicht kleiner ist als dieser Gesichtswinkel.[32]

Im folgenden beschreibt Archimedes das von ihm für diese spezielle Messung entworfene Instrument (Abb. 3.13). Es besteht aus einem Visierlineal, auf dem ein kleiner Zylinder verschoben werden kann, der auf dem Lineal senkrecht steht. Die Sonne wird nun von einem Ende des Lineals anvisiert, wobei der Zylinder einmal in eine Stellung gebracht wird, so dass die Sonnenscheibe gerade noch nicht ganz durch den Zylinder abgedeckt wird, und im anderen Fall so, dass die Sonnenscheibe durch den Zylinder gerade ganz abgedeckt wird. Berücksichtigt man nun noch mit Hilfe eines von Archimedes angegebenen Verfahrens die Pupillenöffnung in Form einer Kreisscheibe, die am Augpunkt des Lineals befestigt wird, so wird für den ersten Fall der Winkel zwischen den Tangenten an Zylinder und Kreisscheibe nicht größer und für den zweiten Fall der Winkel zwischen den vom Augpunkt an den Zylinder gezogenen Tangenten nicht kleiner sein als der scheinbare Sonnendurchmesser.[33]

---

[31] AO II, S. 222.

[32] AO II, S. 222.

[33] AO II, S. 222 u. S. 224. Für eine genaue Beschreibung und Interpretation des von Archimedes beschriebenen Verfahrens s. Lejeune (1). Delsedime (2) bietet weitgehend in Übereinstimmung mit Lejeune (1) anschauliche Rekonstruktionszeichnungen. Er setzt sich auch mit einem früheren Rekonstruktionsversuch von Czwalina (3) kritisch auseinander, wobei auch die Rolle des Archimedischen Diopterlineals in der antiken Astronomie vor allem für die von Hipparch verbesserte Form berücksichtigt wird.

Abb. 3.13 Rekonstruktion
der Archimedischen *Dioptra*
nach Delsedime (2), S. 179;
mit freundlicher Genehmigung
der Zeitschrift *Physis*

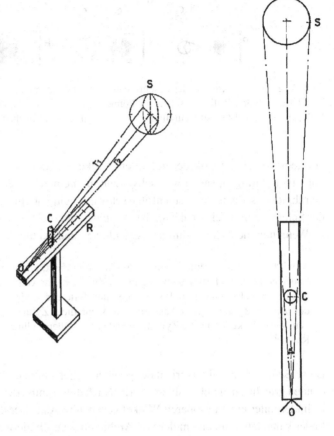

Die beiden Winkel konnten aber wegen ihrer Kleinheit im Rahmen der von Archimedes
benötigten Genauigkeit nicht direkt abgelesen, sondern mussten aufgrund von Längenmessungen indirekt bestimmt werden. Aufgrund der Abmessungen des Zylinderdurch-
messers, des Durchmessers der die Pupillenöffnung wiedergebenden Kreisscheibe sowie
des Abstands des Zylinders vom Augpunkt auf dem Lineal wären diese Winkel mit Hilfe
einer trigonometrischen Tafel leicht zu ermitteln. Trigonometrische Tafeln bzw. ihr grie-
chisches Äquivalent, Sehnentafeln, standen Archimedes aber mit ziemlicher Sicherheit
noch nicht zur Verfügung. Archimedes selbst macht keine Angaben über die Bestimmung
der beiden Winkel aus den oben genannten Längenmessungen, sondern teilt nur das Ergebnis seiner Berechnungen mit.[34]

Vom Standpunkt der Optik ist die im ‚Sandrechner‘ gegebene Beschreibung der Archimedischen *Dioptra* von besonderem Interesse, weil bei der Bestimmung der Pupillenöffnung eine der physiologischen Optik zuzurechnende Beobachtung gemacht wird, die

---

[34] Eine auf ausschließlich bei Archimedes nachweisbaren Kenntnissen beruhende Rekonstruktion
dieser Berechnung bietet Alan E. Shapiro.

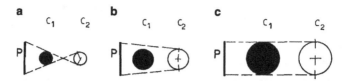

Abb. 3.14 Die von Archimedes beschriebenen Möglichkeiten, den durch einen weißen Kreis symbolisierten weißen Zylinder sehen zu können, wobei P die Pupillenöffnung wiedergibt. (Nach Delsedime (2), S. 183; mit freundlicher Genehmigung der Zeitschrift *Physis*)

der geometrischen Optik der gesamten Antike widerspricht. Archimedes geht dabei aus von einem farbigen, sagen wir: schwarzen, und einem weißen Zylinder jeweils gleichen Durchmessers, die in der Reihenfolge schwarz-weiß vor ein Auge gehalten werden, wobei der Schwarze möglichst nahe an das Auge herangerückt wird (Abb. 3.14).

Wenn nun die Zylinderdurchmesser kleiner sind als die Pupillenöffnungen,

> so wird der nähere Zylinder von der Sehfläche umfasst, und es wird von ihr der weiße Zylinder gesehen, und zwar ganz, wenn die Zylinder sehr viel schmäler sind; wenn sie aber nicht sehr viel schmäler sind, so werden nur Teile des weißen Zylinders zu beiden Seiten des näheren Zylinders vom Auge erblickt. Wenn diese Zylinder gerade die rechte Breite haben, so verdeckt der nähere Zylinder gerade den weißen Zylinder, aber auch keinen größeren Raum.[35]

Diese Beobachtung widerspricht der geometrischen Optik und damit auch der dahinterstehenden griechischen Sehstrahlentheorie. Nach dieser muss der dem Auge nähere schwarze Zylinder unter einem größeren Winkel gesehen werden; der dahinter liegende weiße Zylinder kann daher in keinem der von Archimedes geschilderten Fälle gesehen werden.

Die durchaus richtige und für die Originalität von Archimedes sprechende Beobachtung blieb allerdings ohne jede erkennbare Wirkung auf die Weiterentwicklung der griechischen Optik. Archimedes selbst hat in seinen nur noch in ganz wenigen Fragmenten erhaltenen katoptrischen Schriften den konventionellen Standpunkt der klassischen geometrischen Optik eingenommen. Vor allem aus dem Kommentar Theons von Alexandrien zum ,Almagest' wissen wir, dass sich Archimedes mit den Erscheinungen der Brechung und der durch die Brechung möglichen scheinbaren Vergrößerung von Gegenständen, die vor allem bei der atmosphärischen Brechung wichtig wird, beschäftigt hat, wobei der gerade besprochene geometrische Standpunkt sichtbar wird.[36]

Archimedes hat, nach einem anderen Fragment zu schließen, mutmaßlich ebenfalls in seiner Katoptrik das Reflexionsgesetz behandelt.[37]

---

[35] AO II, S. 224.

[36] Für die nach Theon von Archimedes untersuchten Brechungserscheinungen sieh A. Rome.

[37] Siehe Albert Lejeune (2).

Die Katoptrik von Archimedes ist wahrscheinlich identisch mit einem großen Werk über optische Phänomene, das Archimedes nach dem Zeugnis von Apuleius (geb. um 125) hinterlassen hat. Über den Inhalt dieses Werks berichtet Apuleius in seiner ‚Apologia‘:

> Außer dem bereits Gesagten ist auch die folgende Überlegung notwendig, warum gerade in Planspiegeln beinahe gleiche Bilder erscheinen, in konvexen kleinere und im Gegensatz dazu in konkaven größere; wo und warum links mit rechts vertauscht wird; warum das Bild bei ein und demselben Spiegel einmal nach innen geht und dann wieder nach außen tritt; warum Hohlspiegel, wenn sie auf die Sonne gerichtet werden, einen in die Nähe gebrachten Brennstoff entzünden; wie es kommt, dass der Regenbogen verschiedenfarbig, zwei Sonnen von verblüffender Ähnlichkeit erscheinen und noch sehr viele andere gleichgeartete Dinge mehr, die der Syrakusaner Archimedes in einem riesigen Buch behandelt, ein Mann auf jedem Gebiet der Mathematik bewundernswert vor allen anderen wegen seines Scharfsinns, aber vielleicht deswegen wohl in erster Linie erwähnenswert, weil er den Spiegel oft und sorgfältig untersucht hat.[38]

Apuleius, der der älteste Zeuge für ein großes optisches Werk von Archimedes ist, schrieb seine ‚Apologie‘ gut dreieinhalb Jahrhunderte nach Archimedes’ Tod. Die Sicherheit der Existenz einer Archimedischen ‚Katoptrik‘ muss daher eingeschränkt erscheinen, zumal der dem frühen 2. vorchristlichen Jh. zugehörige Diokles, ein Zeitgenosse von Apollonios, in seiner erst vor kurzem in arabischer Übersetzung zugänglich gewordenen Schrift ‚Über Brennspiegel‘ verschiedentlich auf Archimedes, speziell auf ‚Über Kugel und Zylinder‘ verweist, nirgends aber eine ‚Katoptrik‘ erwähnt.[39]

Unabhängig von der inzwischen stark bezweifelten Existenz einer Archimedischen ‚Katoptrik‘ steht jedenfalls fest, dass man spätestens im 2. nachchristlichen Jh. glaubte, Archimedes habe eine Theorie der Brennspiegel in einem solchen Werk hinterlassen. Angesichts des zu dieser Zeit kaum noch zu steigernden Zutrauens in die Fähigkeiten von Archimedes und der Tendenz, aufgrund der von Plutarch geschilderten Abneigung von Archimedes, über die praktischen Anwendungen seiner „reinen Theorien“ zu schreiben, die Archimedes zugeschriebenen Werke nach der anscheinend fehlenden praktischen Seite zu ergänzen, ist die Überzeugung von der Existenz eines Archimedischen Werkes über Brennspiegel als ein wichtiger Faktor für die Entstehung einer Legende anzusehen. Es handelt sich dabei um die im 2. nachchristlichen Jh. nachweisbare Entstehung der Meinung, Archimedes habe bei der Verteidigung von Syrakus Brennspiegel als „Geheimwaffe“ gegen die römischen Schiffe eingesetzt.[40]

---

[38] Apuleius, Apologia 16, 3–16.

[39] Siehe dazu G. J. Toomer (2).

[40] Zu der Frage nach der kriegstechnischen Anwendung von Brennspiegeln durch Archimedes gibt es eine sehr umfangreiche Literatur. Man hat darin verschiedentlich versucht, mit Hilfe geeigneter Anordnungen von Brennspiegeln ein mögliches Vorgehen von Archimedes zu rekonstruieren und damit die Frage positiv zu beantworten. Endgültig erledigt wurde das Problem durch I. Schneiders (1) und (2) Nachweis, dass es sich bei der vor allem von sehr späten byzantinischen Historiographen vorgetragenen Behauptung um eine Legende handelt.

Sind damit die Berichte über die kriegstechnische Anwendung von Brennspiegeln durch Archimedes als Legende entlarvt, so steht andererseits fest, dass sich Archimedes mit optischen Fragen beschäftigt hat. Dafür spricht nicht nur die vorher angeführte Stelle im ‚Sandrechner‘, sondern die detaillierte Angabe Theons von Alexandria, der ja ausdrücklich auf eine seiner Meinung nach Archimedische ‚Katoptrik‘ verweist. Während das Zitat des zwar älteren Apuleius trotz der Inhaltsangabe mehr nach einer Übernahme aus einer sekundären Quelle klingt, scheint Theon eine solche ‚Katoptrik‘ selbst in Händen gehabt zu haben. Ein Grund dafür, dass Diocles dieses Werk nicht zitiert, könnte auch in einer ganz anderen Zielsetzung bezüglich Aufbau und Inhalt des Archimedes zugeschriebenen Werks liegen. Wie auch immer sich die Sache verhält, der Text der ‚Sandzahl‘ allein reicht aus, um Archimedes' Vertrautheit mit den zu seiner Zeit in der Astronomie anstehenden optischen Problemen nachzuweisen.

Von größerem Gewicht für das Hauptziel der für König Gelon bestimmten und wahrscheinlich seinen Vorkenntnissen und seinem Auffassungsvermögen in Aufbau und Ausdrucksweise angepassten ‚Sandzahl‘ sind die dafür erforderlichen astronomischen Kenntnisse in Hinblick auf die Ausdehnung des Kosmos. Dabei hat Archimedes, dem es ja nur um eine obere Schranke geht, Gelegenheit, die ihm bekannten Auffassungen der Astronomen zu referieren. Er geht zunächst davon aus,

> dass von den meisten Astronomen als Kosmos die Kugel bezeichnet wird, deren Zentrum der Mittelpunkt der Erde und deren Radius die Verbindungslinie der Mittelpunkte der Erde und der Sonne ist.

Dieser allgemeinen Ansicht steht die des Aristarch von Samos entgegen, von dem Archimedes berichtet:

> Aristarch von Samos gab die Erörterungen gewisser Hypothesen heraus, in welchen aus den gemachten Voraussetzungen geschlossen wird, dass der Kosmos ein Vielfaches der von mir angegebenen Größe sei. Es wird nämlich angenommen, dass die Fixsterne und die Sonne unbeweglich seien, die Erde sich um die Sonne, die in der Mitte der Erdbahn liege, in einem Kreise bewege, die Fixsternsphäre aber, deren Mittelpunkt im Mittelpunkt der Sonne liege, so groß sei, dass die Peripherie der Erdbahn sich zum Abstand der Fixsterne verhalte wie der Mittelpunkt der Kugel zu ihrer Oberfläche.[41]

Im folgenden erläutert Archimedes, der mit dieser Stelle Kronzeuge für die Existenz eines heliozentrischen Systems in der Antike ist, die etwas saloppe Ausdrucksweise von Aristarch im zuletzt zitierten Satz:

> Es ist jedoch anzunehmen, dass Aristarch hiermit, da wir sozusagen die Erde als den Mittelpunkt der Welt bezeichnen, folgendes sagen will: Dasselbe Verhältnis, das die Erde zu der oben von uns als Kosmos bezeichneten Kugel hat, hat die Kugel, deren größter Kreis die Bahn der Erde um die Sonne ist, zur Fixsternsphäre. Denn in solcher Weise baute er auf seinen Voraussetzungen seine Schlüsse auf, und vor allem scheint er die Größe der Kugel,

---

[41] AO II, S. 218.

Abb. 3.15 Darstellung der
täglichen Parallaxe des scheinbaren Sonnendurchmessers,
wobei E die Erde und S die
Sonne symbolisiert. (Nach
Neugebauer (2), S. 1355)

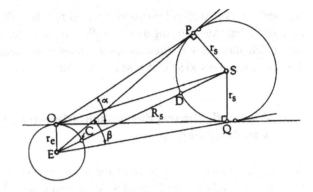

auf deren Oberfläche er die Erde sich bewegen lässt, so groß anzunehmen, wie der von uns
sogenannte Kosmos.[42]

Das leicht ersichtliche Motiv von Archimedes, König Gelon über das Weltbild von Aristarch zu informieren, war, Zahlen angeben zu können, die sogar noch größer sind als die
Anzahl der Sandkörner in einem mit Sand gefüllten Aristarchischen Universum. Die wesentlich größere Ausdehnung der Welt in einem heliozentrischen System ergibt sich, weil
der Erdbahndurchmesser wegen der aufgrund der Bewegung der Erde um die Sonne zu
erwartenden, aber mit bloßem Auge nicht sichtbaren Fixsternparallaxe als verschwindend
klein, verglichen mit dem Abstand Sonne-Fixsternsphäre, angenommen werden muss.[43]

Einen ziemlich breiten Raum in der ‚Sandzahl' nimmt ein Problem in Anspruch, das im
Rahmen der von Archimedes gemachten verhältnismäßig groben Abschätzungen völlig
überflüssig erscheint. Es handelt sich um die bestimmung der heute sogenannten täglichen
Parallaxe des scheinbaren Sonnendurchmessers, d. h. die Differenz zwischen den Winkeln,
unter denen der Sonnendurchmesser einem Beobachter auf der Erdoberfläche und einem
Beobachter im Erdmittelpunkt erscheint[44] (s. Abb. 3.15). Ein Grund für die ausführliche
Behandlung dieses Problems in der ‚Sandzahl' könnte sein, dass es sich ähnlich wie bei
der *Dioptra* um eine eigene Entdeckung von Archimedes handelte.

Über weitere eigene astronomische Leistungen von Archimedes wissen wir nur aufgrund von Zeugnissen anderer. So findet sich im ‚Almagest' ein Hipparchzitat, wonach
sich Archimedes als einer der Vorgänger von Hipparch mit der Bestimmung der Jahres-
länge beschäftigt hat.[45]

Schließlich erfahren wir aus der ‚Widerlegung aller Häresien' des römischen Bischofs
Hippolyt (gest. ca. 236), dass sich Archimedes anderweitig noch ausführlicher als im ‚Sand-

---

[42] AO II, S. 218.
[43] Siehe dazu O. Neugebauer (1). Neugebauer wies in dieser kurzen Arbeit die in dem Artikel von
R. von Erhardt und E. von Erhardt-Siebold aufgestellten Thesen erfolgreich zurück, wonach einmal
Archimedes' Autorschaft an der ‚Sandzahl' bestritten wird, und zum anderen die Fixsternsphäre
und damit der Kosmos von Aristarch nicht mehr endlich, sondern unendlich ausgedehnt sein soll.
[44] Für eine Darstellung des Parallaxenproblems im ‚Sandrechner' siehe O. Neugebauer (2), S. 644 f.
[45] Almagest III 1.

rechner' mit kosmischen Distanzen, speziell mit den Abständen zwischen den Planeten, beschäftigt hat. Aus den Angaben von Hippolyt über die in Stadien bestimmten Abstände ergibt sich auch die von Archimedes angenommene Reihenfolge der Planeten, die allerdings von dem um 400 lebenden Macrobius für die beiden inneren vertauscht wird.[46]

3.6   Die Verflechtung der verschiedenen Arbeitsgebiete von Archimedes

Als mögliche Quelle für diese von Hippolyt überlieferten Angaben käme das von Karpos bei Pappos erwähnte Handbuch des Archimedes über die Herstellung von Planetarien, die σφαιροποιία in Frage. Dieses Werk musste zumindest Angaben über die relativen Abstände der Planeten voneinander und von der Erde machen. Zum anderen enthielt es wahrscheinlich Angaben über die konkrete feinmechanische Herstellung des kugelförmigen und vielleicht wasserbetriebenen Planetariums. Zwei solcher Archimedischer Planetarien soll Marcellus nach dem Bericht Ciceros als einzige Kriegsbeute aus Syrakus nach Rom mitgebracht haben. Diese beiden Planetarien, von denen eines mit einer Drehung die Bewegungen von Sonne, Mond und Planeten bezüglich der Fixsternesphäre während eines Tages sowie die Mondphasen und Finsternisse zeigte, stellten die mutmaßlich in der Antike meistbeachtete und bewunderte Leistung von Archimedes dar. Dies lässt sich aus einer Fülle von Literaturstellen, in denen die göttliche Einfallskraft des Erfinders dieser der Schöpfung so werkgetreuen mechanischen Nachbildung gepriesen wird, entnehmen.[47]

Damit hätte das von dem Techniker Archimedes mit seinen Planetarien, gleichsam astronomischen Uhren, befriedigte Interesse an den damals überblickbaren kosmischen Vorgängen den größten Beitrag für seinen Nachruhm geleistet. Dem Ingenieur Archimedes wurde von Tertullian auch die Konstruktion einer Wasserorgel zugeschrieben, deren Erfindung allerdings auf den alexandrinischen Mechaniker Kresibios zurückgeht. Diesem Bereich ist auch eine ziemlich aufwendige Wasseruhr zuzurechnen, deren an die Heronischen Automaten erinnernde Beschreibung nach einem arabischen Text ebenfalls auf Archimedes zurückgeht.[48]

Sind die beiden letzten Zuweisungen mit Bestimmtheit nur als Zugeständnisse an den nach seinem Tod zu einem Halbgott hochstilisierten Verteidiger von Syrakus anzusehen, so haben wir es mit dem Planetarienbauer und Autor der σφαιροποιία sicherlich mit dem historischen Archimedes zu tun. In gewisser Weise stellt gerade dieser Tätigkeitsbereich

---

[46] Für eine Rekonstruktion der ursprünglichen Zahlen von Archimedes aus den von Hippolyt etwas verderbt überlieferten siehe O. Neugebauer (2), S. 647–650.

[47] Für eine Zusammenstellung der entsprechenden Literaturstellen siehe Dijksterhuis, Archimedes, S. 23–25.

[48] Siehe E. Wiedemann und F. Hauser. Hill ist (in: al-Jazarī, S. 10) mit Drachmann einer Meinung, dass es sich hier um eine muslimische Arbeit handelt, die sich u. a. auf Philon und wahrscheinlich auf Heron stützt.

Abb. 3.16 Schematische
Darstellung der Vordersei-
te vom größeren Bruchstück
des Antikythera-Instruments.
(Nach Price, S. 23; mit freundlicher Genehmigung von ©The
American Philosophical Society. All rights reserved)

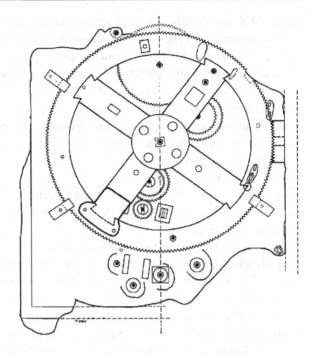

ein Symbol für die nach unserem heutigen Empfinden so verschiedenen, bei Archimedes
aber untrennbar miteinander verknüpften Interessengebiete dar. Hier fließen theoretische
und praktische Mechanik mutmaßlich mit Anwendungen der von Archimedes geschaffenen Hydrostatik, Ergebnisse der praktischen und theoretischen Astronomie mit dem dazu
erforderlichen mathematischen Rüstzeug in eines zusammen.

Dass die Mathematik in dieser Beschreibung zur Herstellung eines Planetariums eine Rolle spielte, wird auch aus einem anderen Grund wahrscheinlich. Als kurz nach
der Jahrhundertwende das Antikythera-Instrument, eine zahnradgetriebene astronomische
Uhr aus dem 1. vorchristlichen Jh. (ca. 80 v. Chr.) gefunden wurde, hatte man damit ein
bis heute einzigartiges, in dieser Qualität völlig unerwartetes Zeugnis der feinmechanischen Leistungen griechischer Instrumentenbauer entdeckt. Man vermutet heute, dass das
Instrument aus der Schule von Poseidonius stammt, der selbst in einer mit Archimedes
beginnenden Tradition steht. Für einen Zusammenhang zwischen der Konstruktion des
Antikythera-Instruments und den Planetarien von Archimedes sprechen vor allem die
verschiedenen Zeugnisse von Cicero, der verschiedentlich auf die Archimedischen Planetarien eingeht und gleichzeitig einige Zeit an der Schule des Poseidonios auf Rhodos
verbrachte. Price, der sich eingehend mit dem Antikythera-Instrument befasst hat, nimmt
daher an, dass Archimedes die ersten Zahnradgetriebe entwickelte und für die Darstellung der Planetenbewegungen in seinen Sphären verwendete[49] (Abb. 3.16). Als Antrieb

---

[49] Für die Zuweisung der Erfindung von Zahnradgetrieben im Zusammenhang mit Planetarien von
Archimedes siehe Price, S. 56–58.

käme dabei die ohnehin von Archimedes entwickelte endlose Schraube in Frage. Die hierbei verwendeten Zahnradübersetzungen in dem Getriebe können nun aber nicht will-kürlich gewählt werden, sondern müssen natürlich die von den Astronomen ermittelten Umlaufzeiten bzw. deren Verhältnisse wiedergeben. So würde ein damaligen Umlaufver-hältnissen angepasstes Übersetzungsverhältnis von 235:19 bei den Zahnrädern u. a. die zumindest näherungsweise Konstruktion eines regulären 19- und 47-Ecks erfordern und damit geometrische bzw. zahlentheoretische Probleme aufwerfen, die von Archimedes in einer solchen Beschreibung irgendwie behandelt werden mussten. Von hier aus sind also über die instrumentelle Darstellung beobachteter astronomischer Erscheinungen Zusam-menhänge zur Konstruktion regulärer Vielecke und zum Winkelteilungsproblem neben der näherungsweisen Bestimmung von π als Verhältnis von Kreisumfang zu Durchmes-ser sichtbar, mit denen sich Archimedes, vor allem aus der arabischen Literatur ersichtlich, ebenfalls beschäftigte.

Ausgangspunkt ist hier die Astronomie, die sich ihrerseits für die eingehenden Daten des im heutigen Sinn als „physikalisch" zu etikettierenden Bereiches der Optik bedient. Im Aristotelischen Sinn war Archimedes allerdings nur insofern „Physiker" (d. h. mit natür-lichen, ohne die Einwirkung des Menschen ablaufenden Ereignissen und Erscheinungen sowie deren Gesetzmäßigkeiten beschäftigt), als dies für seine Tätigkeit als Techniker not-wendig erschien. Der Techniker und Mechaniker im Aristotelischen Sinne ist aber nur an *wider die Natur* durchgesetzten Vorgängen – wie dem des Hebens und Schleuderns von Lasten gegen die natürliche Bewegung zum Ort der Schwere – interessiert. Nach peri-patetischer Auffassung konnten also weder die von Archimedes geschaffenen Teilgebiete einer theoretischen Mechanik noch die auf von Menschen erdachten Setzungen aufbauen-de Mathematik etwas zur Erhellung der natürlichen Vorgänge beitragen.[50]

Man kann sich allerdings vorstellen, dass der dem Platonismus näherstehende Archi-medes diese Auffassung nicht teilte. Dies wird nicht zuletzt ersichtlich aus der Verwen-dung des Wortes φύσις, „Natur", bei Archimedes, der im einleitenden Brief zum I. Buch ‚Über Kugel und Zylinder' zweimal von den „natürlichen" Eigenschaften geometrischer Größen spricht wie z. B., dass das Volumenverhältnis von Kegel und Zylinder mit gleicher Grundfläche und Höhe 1:3 ist, und in der ersten Setzung des I. Buchs ‚Über schwimmende Körper' eine bestimmte „Natur" von Flüssigkeiten fordert. Für Archimedes war der Be-reich der Natur viel weiter als für Aristoteles. Wie das letzte Beispiel zeigt, schloss dieser Bereich auch den des Manipulierbaren, des durch eine Setzung Festgelegten, mit ein. Sei-nem eigenen Verständnis nach war also Archimedes ein Physiker, der sich nicht scheute, die von Aristoteles geschaffene Trennung zwischen einer sublunaren und einer supraluna-ren Sphäre zu durchbrechen. Die Forderung nach einer anderen Erde, um die unsrige mit Hilfe einer Kombination einfacher Maschinen wie der Seilwinde zu bewegen, muss-te einem Peripatetiker ungeheuerlich erscheinen. Durch einen Abstraktionsprozess wurde der Anwendungsbereich der Mechanik sinnfällig auf die Erde als Ganzes ausgedehnt, die jedenfalls im System von Aristarch den Planeten und damit den bislang beseelten, ewi-

---

[50] Siehe dazu R. Hooykaas und Fritz Krafft (8).

gen und unvergänglichen Himmelskörpern zuzurechnen ist. Hinter Archimedes berühmter Forderung steckt zumindest die Denkmöglichkeit, Himmelskörper nicht mehr als beseelt, sondern als unbeseelte Materie zu verstehen, die den für Archimedes natürlichen Gesetzen der Mechanik unterliegt.

Die Antike hat Archimedes vor allem an seinen technisch-mechanischen Leistungen gemessen und den nach der sich durchsetzenden Aristotelischen Auffassung künstlichsten Bereich in Archimedes' Schaffen bewahrt, seine mathematischen Schriften.

Archimedes am Staubbrett: Die Schöpfung einer neuen Mathematik

4.1 Die mechanische Methode und andere Integrationsverfahren

Die entscheidende Verbindung zwischen den mechanisch-technischen und den mathematischen Arbeiten von Archimedes stellt die sogenannte mechanische Methode dar, die aus konkreten mechanischen Erfahrungen erwachsen zur Grundlage des gesamten, an Dositheos geschickten Blocks von Arbeiten über Inhaltsbestimmungen wurde. Archimedes hat die Fruchtbarkeit dieser heuristischen Methode, ihren mechanischen Ursprung und gleichzeitig die Notwendigkeit, die damit erzielten Ergebnisse nachträglich exakt beweisen zu müssen, klar erkannt und in seinem an Eratosthenes gerichteten Einleitungsbrief zur ‚Methodenschrift' wie folgt beschrieben:

> Da ich aber, wie ich schon früher sagte, sehe, dass Du ein tüchtiger Gelehrter bist und nicht nur ein hervorragender Lehrer der Philosophie, sondern auch ein Bewunderer (mathematischer Forschung), so habe ich für gut befunden, Dir auseinanderzusetzen und in dieses selbe Buch niederzulegen, eine eigentümliche Methode, wodurch Dir die Möglichkeit geboten werden wird, eine Anleitung herzunehmen, um einige mathematische Fragen durch die Mechanik zu untersuchen. Und dies ist nach meiner Überzeugung ebenso nützlich auch um die Lehrsätze selbst zu beweisen; denn manches, was mir vorher durch die Mechanik klar geworden, wurde nachher bewiesen durch die Geometrie, weil die Behandlung durch jene Methode noch nicht durch Beweis begründet war; es ist nämlich leichter, wenn man durch diese Methode vorher eine Vorstellung von den Fragen gewonnen hat, den Beweis herzustellen, als ihn ohne eine vorläufige Vorstellung zu erfinden. So wird man auch an den bekannten Lehrsätzen, deren Beweis Eudoxos zuerst gefunden hat, nämlich von dem Kegel und der Pyramide, dass sie ein Drittel sind, der Kegel des Zylinders und die Pyramide des Prismas, die dieselbe Grundfläche und gleiche Höhe haben, dem Demokritos einen nicht geringen Anteil zuerkennen, der zuerst von dem erwähnten Körper den Ausspruch getan hat, ohne Beweis. ... Wir fühlen uns jetzt genötigt, die Methode bekannt zu machen, teils weil wir früher davon gesprochen haben, damit niemand glaube, wir hätten ein leeres Gerede verbreitet, teils in der Überzeugung, dadurch nicht geringen Nutzen für die Mathematik zu stiften; ich nehme nämlich an, dass

© Springer-Verlag Berlin Heidelberg 2016
I. Schneider, *Archimedes*, Mathematik im Kontext, DOI 10.1007/978-3-662-47130-2_4

jemand von den jetzigen oder künftigen Forschern durch die hier dargelegte Methode auch andere Lehrsätze finden wird, die uns noch nicht eingefallen sind.[1]

Diesen Worten ist eigentlich nichts hinzuzufügen. Sie stehen für einen Mann, der sein eigenes Werk weitgehend überblickt und seinen Werdegang vom „Mechaniker" zum Mathematiker bei dem von ihm herausgestellten Gegensatz zwischen mechanischem Findungsweg und geometrischem Beweis andeutet. Die Preisgabe dieser heuristischen Methode, deren Entdeckung ja den an Konon und Dositheos geschickten Arbeiten über Inhaltsbestimmungen vorausging, deutet an, dass Archimedes sich selbst aus dem Wettbewerb um das Auffinden neuer mathematischer Sätze zurückziehen und die von ihm dabei so erfolgreich benutzte Methode an eine jüngere Generation weitergeben wollte.

Wie sah nun diese mechanische Methode aus?

Ausgangspunkt ist der von Archimedes so oft verwendete Gedanke des Gleichgewichts bei einem Wägevorgang. Sollen z. B. die Volumina zweier Körper verglichen werden, die als homogen und von gleicher Dichte vorausgesetzt seien, so werden sie auf einem Waagebalken so aufgehängt, dass sie sich im Gleichgewicht befinden. Dabei wird einer der beiden Körper an einem Punkt aufgehängt, wirkt also mit seinem ganzen im Schwerpunkt konzentrierten Gewicht auf diesen einen Punkt des Waagebalkens. Auf der anderen Seite wird der Vergleichskörper als über die gesamte Länge des Waagebalkens auf seiner Seite verteilt gedacht. Das heißt, Archimedes stellt sich den Körper durch Parallelschnitte in unendlich viele ebene und nicht weiter teilbare, also indivisible Elemente zerlegt vor, die hintereinander entsprechend der Ausdehnung des Körpers auf dem Waagebalken angebracht werden. Jedes dieser indivisiblen Elemente des Vergleichskörpers wirkt also mit einer anderen Länge des Hebelarms ein und hält jeweils einem mit derselben Hebelarmlänge wirkenden Element des zu bestimmenden Körpers das Gleichgewicht. Dabei wird vorausgesetzt, dass die Summe der Drehmomente all dieser indivisiblen Elemente ersetzt werden kann durch das Drehmoment des im Abstand des Schwerpunkts wirkenden Gesamtgewichts dieses aus den Indivisiblen zusammengesetzten Körpers. Kennt man nun Volumen und Lage des Schwerpunkts des Vergleichskörpers, so kann man mit Hilfe des Hebelgesetzes das Volumen des in einem Punkt aufgehängten Körpers relativ zu dem bekannten Vergleichsvolumen bestimmen.

Diese Methode lässt sich auch auf Flächenbestimmungen ausdehnen, indem man die zu vergleichenden Flächen als (dünne) Körper gleicher Dicke betrachtet wie etwa ein Brett oder ein Stück Blech, wobei die auf beiden Seiten jeweils gleiche Dicke in der Rechnung herausfällt.

Das Verfahren setzt also bereits die Kenntnis des Volumens, zumindest aber der Schwerpunktslage einfacher Körper und damit die Lösung des Problems in einfachen Fällen voraus. In der ‚Methodenschrift' gibt Archimedes zu Beginn einen Katalog dieser Voraussetzungen, wonach ausdrücklich die Lage des Schwerpunkts einer geraden Strecke, des Dreiecks, des Parallelogramms, des Kreises, des Zylinders, des Prismas und des Kegels angegeben werden. Die hier u. a. als bekannt vorausgesetzten Sätze über die

---

[1] AO II, S. 428 und S. 430, wobei die Übersetzung Heiberg (2), S. 323 f. entnommen ist.

Abb. 4.1

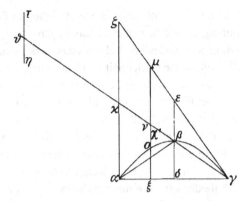

Lage des Schwerpunkts im Zylinder, Prisma und Kegel scheinen dem verschollenen Teil der Schrift ‚Über das Gleichgewicht bzw. über den Schwerpunkt', der sich mit Körpern beschäftigte, entnommen zu sein. Dafür spricht auch, dass die Aussagen über die Lage des Schwerpunkts im Dreieck und im Parallelogramm fast wörtlich die entsprechenden in ‚Über das Gleichgewicht ebener Flächen I' wiedergeben. Das intuitive Geschick des Mathematikers besteht nun darin, das Problem der Volumen- bzw. Flächenbestimmung von weniger einfachen Körpern bzw. Flächen mit Hilfe der beschriebenen Wägemethode auf bereits gelöste bzw. einfachere Probleme zurückzuführen.

Die ersten Beispiele, an denen Archimedes diese Methode demonstriert, sind gleichzeitig die bekanntesten seiner Inhaltsbestimmungen: Die Ermittlung des Flächeninhalts eines Parabelsegments und die Bestimmung von Volumen und Oberfläche der Kugel.

Bei der Inhaltsbestimmung des Parabelsegments geht Archimedes nach dem vorher allgemein beschriebenen Verfahren von einem Dreieck als Vergleichsgröße aus. Das Dreieck wird entlang einer Schwerlinie, die den einen Arm des Waagebalkens darstellt, aufgehängt, gleichzeitig wird der Aufhängepunkt auf der anderen Seite des Waagebalkens gesucht, in dem das Parabelsegment dem Dreieck das Gleichgewicht hält. Das Dreieck würde aber mit dem Parabelsegment auch das Gleichgewicht halten, wenn es mit seinem gesamten Gewicht bzw. seiner ganzen Fläche in seinem bei dieser Anordnung ohnehin auf dem Waagebalken liegenden Schwerpunkt konzentriert wäre. Da der Schwerpunktsabstand des Dreiecks vom Drehpunkt des Waagebalkens ebenso bekannt ist wie die Fläche des Dreiecks, kann über eine Messung des Abstands Aufhängungspunkt Parabel zu Drehpunkt des Waagebalkens über das Hebelgesetz das Verhältnis der Fläche des Parabelsegments zu der des gewählten Dreiecks ermittelt werden. Nimmt man nun zum Vergleich nicht irgendein Dreieck, sondern das Dreieck αγζ, dem das Parabelsegment einbeschrieben ist, d. h. dessen Grundlinie die das Parabelsegment begrenzende Sehne, dessen eine Seite die Tangente an die Parabel in einem Endpunkt der Sehne und dessen andere Seite eine Parallele zum Durchmesser durch den anderen Eckpunkt der Sehne ist, so ergibt sich Gleichgewicht mit dem Parabelsegment, wenn die Länge des Waagebalkens auf der Seite des Parabelsegments gerade gleich der Länge der Schwerlinie γχ des gewählten Dreiecks gleich ist (s. Abb. 4.1). Geht man davon aus, dass Archimedes zunächst konkrete Wägeversuche etwa mit dünnen Metallplatten in Form des Parabelsegments und des Dreiecks durchgeführt hat, wobei er naheliegenderweise nicht ein beliebiges, sondern ein mit den Dimensionen des Parabelsegments in Beziehung stehendes Dreieck verwendete, so kann die gemessene Gleichheit von Waagearm auf der Seite des Parabelsegments und Schwerlinie auf der anderen Seite nur vermuten lassen, dass die Fläche des Parabelsegments 1/3 der Fläche des verwendeten Vergleichsdreiecks oder 4/3 des größten dem Parabelsegment einbeschreibbaren Dreiecks ist. Wegen der dabei auftretenden Fehler könnte das durch Messung erhaltene Flächenverhältnis von 4 zu 3 auch nur eine mehr oder minder gute Approximation des tatsächlichen Flächenverhältnisses darstellen.

Um nun das wahre Flächenverhältnis zu ermitteln, bedient sich Archimedes in der ‚Methodenschrift‘ eines die Parabeleigenschaften mitberücksichtigenden, mathematisierten Wägeverfahrens, eben der mechanischen Methode. Dabei geht Archimedes aus von der folgenden Abbildung 19 und zwei der Kegelschnittlehre entnommenen Sätzen.

Mit deren Hilfe wird die Beziehung abgeleitet:

$$\gamma\alpha : \alpha\xi = \mu\xi : \xi o \quad \text{oder wegen } \gamma\kappa = \vartheta\kappa$$
$$\vartheta\kappa : \kappa\nu = \mu\xi : \xi o$$

Wählt man nun eine Strecke $\tau\eta = \xi o$ und hängt sie mit ϑ als Schwerpunkt auf, so wird diese Strecke $\tau\eta$ im Gleichgewicht sein mit der in ihrem Schwerpunkt ν aufgehängten Strecke $\mu\xi$, weil die Verbindungsgerade der beiden Schwerpunkte $\vartheta\nu$ durch κ im umgekehrten Verhältnis der Gewichte von $\tau\eta$ und $\mu\xi$ geteilt wird:

> Also ist κ Schwerpunkt des aus beiden zusammengesetzten Gewichts. Ebenso werden alle Geraden, die im Dreieck $\zeta\alpha\gamma$ parallel zu $\varepsilon\delta$ gezogen werden, an der Stelle, wo sie sind, im Gleichgewicht sein mit ihrem durch die Parabel abgeschnittenen Teilen, wenn diese nach ϑ versetzt werden, so dass κ Schwerpunkt ist des aus beiden zusammengesetzten Gewichts. Und weil aus den Strecken im Dreieck $\gamma\zeta\alpha$ das Dreieck $\gamma\zeta\alpha$ besteht und aus den im Parabelsegment der Strecke ξo entsprechend genommenen das Segment $\alpha\beta\gamma$, so wird das Dreieck an der Stelle, wo es ist, im Punkte κ im Gleichgewicht sein mit dem Parabelsegment, wenn dies nach ϑ als Schwerpunkt versetzt wird, so dass κ Schwerpunkt ist des aus beiden zusammengesetzten Gewichts.[2]

Im folgenden wird dann noch ausgeführt, dass die Gesamtheit der das Dreieck konstituierenden und in ihrem Mittelpunkt als Schwerpunkt wirkenden Strecken durch das im Schwerpunkt des Dreiecks wirkende Gesamtgewicht ersetzt werden kann. Daraus ergibt sich dann die durch das ursprüngliche Wägeverfahren nur vermutete Beziehung, dass das Parabelsegment sich zu einem Dreieck mit derselben Basis und Höhe verhält wie 4 zu 3.

An dieser Stelle bemerkt nun Archimedes, dass die von ihm gerade dargelegte Überlegung nur einen Hinweis auf die mutmaßliche Richtigkeit des erzielten Ergebnisses, nicht aber einen schlüssigen Beweis dafür darstellt.[3]

---

[2] AO II, S. 436 und Heiberg (2), S. 385.
[3] AO II, S. 438.

Hier stellt sich die Frage, was Archimedes davon abhielt, die Anwendung seiner mechanischen Methode als beweiskräftig anzusehen. Darauf wurden zwei Antworten gegeben:

1. Mathematische Beweise dürfen keine mechanischen Elemente, hier Schwerpunktsbetrachtungen, enthalten.[4] Dieses Verbot eines Übergangs in eine andere Gattung lässt sich bei Aristoteles nachweisen,[5] wenn auch seine Anwendbarkeit auf diesen Fall bestritten werden kann. Tatsächlich hat ja Archimedes seine Untersuchungen ‚Über das Gleichgewicht bzw. über den Schwerpunkt' rein mathematisch aufgebaut, d. h. zu einem Stück Mathematik gemacht. Außerdem sind nahezu dieselben Schwerpunkts- bzw. Gleichgewichtsbetrachtungen in der ‚Parabelquadratur' enthalten, deren Beweise Archimedes als streng ansah.

2. Der in der ‚Methodenschrift' vorgestellte Beweis stützt sich – etwa aus dem Satz: „Das Dreieck besteht aus den Strecken . . . " ersichtlich – auf eine Indivisibelnmethode. Es erschien dabei durchaus nicht unproblematisch, ob die sämtlichen in einem Punkt konzentrierten Streckenabschnitte, die etwa durch Parallelschnitte bei dem Parabelsegment entstehen, tatsächlich wieder das Parabelsegment konstituieren bzw. dieselbe Wirkung wie das in diesem Punkt konzentrierte Parabelsegment haben. Das hat alles mit der Frage zu tun[6]: Gibt es unteilbare Strecken und besteht eine endliche Strecke aus solchen? Die negative Antwort auf den zweiten Teil dieser Frage wurde mit dem Begriff des Zusammenhangs begründet. Zwei Stücke heißen zusammenhängend, wenn ihre Grenzen bzw. Enden zusammenfallen. Ein unteilbares Ding, etwa eine angenommene, im folgenden als „Punkt" bezeichnete unteilbare Strecke hat weder Mitte noch Enden, andernfalls es ja teilbar wäre. Zwei unteilbare Dinge, z. B. „Punkte" können nur dann zusammenhängen, wenn sie vollständig zusammenfallen. Es ist also unmöglich, durch Zusammenhängen von „Punkten" bzw. unteilbaren Strecken aufzusteigen zu endlichen teilbaren Strecken.

Unabhängig vom Begriff des Zusammenhangs folgt aus der Annahme, endliche Strecken bestehen aus unteilbaren Strecken, dass zwei endliche Strecken stets ein gemeinsames Maß haben, nämlich die unteilbare Strecke. Die Entdeckung der Existenz inkommensurabler Strecken brachte dann diese Annahme und damit einen geometrischen Atomismus zu Fall, dessen Problematik ein von Chrysipp überliefertes Demokritfragment andeutet. In diesem wird gefragt, ob die in infinitesimalem Abstand voneinander gemachten Schnitte parallel zur Grundfläche eines Kreiskegels gleich groß oder voneinander verschieden sind. Im ersten Falle ergäbe sich die Schwierigkeit, den Kegel vom Zylinder unterscheiden zu können, im zweiten müsste man sich den Kegel im infinitesimalen Bereich als gestuft vorstellen.[7]

All dies hat dazu geführt, dass die Mathematiker nach dem Vorgehen von Eudoxos aufgehört hatten, in ihren veröffentlichten Arbeiten Indivisibelnbetrachtungen zu verwenden.

---

[4] De Vries, S. 139.
[5] De caelo I 1, 268 B 1.
[6] Auf diesen Zusammenhang wurde ich durch H. Gericke hingewiesen.
[7] Dijksterhuis, Archimedes, S. 319 f.

Die beiden hier angebotenen Antworten auf die Frage, warum Archimedes seine mechanische Methode für Inhaltsbestimmungen nicht als mathematisch streng ansah, können aber miteinander verträglich gemacht werden: Die Vorstellung von der Existenz unteilbarer letzter Elemente, von Atomen, war zu Archimedes' Zeiten bei den mit den Eigenschaften von Materie beschäftigten Physikern trotz des Aristotelischen Einflusses stark verbreitet. In diesem Sinne könnte das Wort „mechanisch" im Gegensatz zu „mathematisch" den materiellen Bereich ansprechen, in dem die Vorstellung von Atomen bzw. Indivisibeln, wenn auch nicht für jede philosophische Richtung zulässig, so doch auf jeden Fall diskutierbar erschien. Dies würde zumindest mittelbar dafür sprechen, dass Archimedes, wie vorher beschrieben, bei seinen Inhaltsbestimmungen tatsächlich von konkreten Wägeversuchen ausgegangen war.[8]

Unter den zahlreichen Ergebnissen, die Archimedes den von griechischen Mathematikern gelösten Problemen hinzufügen konnte, war seiner eigenen Einschätzung nach das wertvollste die Bestimmung von Volumen und, unabhängig davon, Oberfläche der Kugel. Das Kugelvolumen hatte Archimedes mit demselben, auf dem Gleichgewichtsprinzip aufgebauten mathematisierten Wägeverfahren ermittelt, das ihn schon beim Flächeninhalt des Parabelsegments zum Erfolg geführt hatte. Gerade die Schilderung seiner Methode für diesen Fall zeigt, dass auch die ‚Methodenschrift' nicht den ursprünglichen einfachsten Zugang zur Lösung dieses Problems wiedergibt, sondern den Leser vor eine Anordnung von drei miteinander im Gleichgewicht stehenden Körpern stellt, die das mit großer Wahrscheinlichkeit anders gefundene Ergebnis bereits vorwegnimmt.[9]

Wäre nämlich Archimedes ähnlich wie beim Parabelsegment vorgegangen, so hätte er etwa folgendes gemacht[10]:

Es sei eine Kugel vom Durchmesser d im Abstand d vom Drehpunkt des Waagebalkens aufgehängt. Führt man nun horizontale ebene Schnitte durch die Kugel im Abstand x vom Aufhängepunkt der Kugel, d. h. vom oberen Pol durch, so sind diese Schnitte Kreise mit dem Radius r und der Fläche $r^2\pi$. Für r bzw. r^2 gilt aber die Beziehung

$$r^2 = x \cdot (d - x).$$

---

[8] Siehe dazu auch Abschnitt 2.4.

[9] Dies entspricht auch der Einschätzung des mathematischen Werkes von Archimedes durch Frajese, der dabei drei Entwicklungsphasen unterscheidet: 1. reine Intuition, die auf der Annahme der Einfachheit fußt (Dabei versteht Frajese unter Einfachheit ein in pythagoreischer Tradition stehendes Erwartungsgefühl von Archimedes, dass das Verhältnis der von ihm in Beziehung gebrachten geometrischen Größen wie z. B. von Parabelsegment und größtem eingeschriebenen Dreieck durch verhältnismäßig kleine natürliche Zahlen wie hier 4 und 3 wiedergegeben werden kann.), 2. die Bestätigung des intuitiv erwarteten Ergebnisses durch die mechanische Methode, 3. den strengen Beweis mit der indirekten Methode des Exhaustionsverfahrens. Siehe Frajese, Archimedes, S. 23 u. 25. Zitiert nach Giorello, S. 127 f.

[10] Zur Vereinfachung der Darstellung der von van der Waerden in (1) entwickelten Idee, bediene ich mich einer von Archimedes' abweichenden, unserer heutigen besser angepassten Schriftweise.

Abb. 4.2 Gleichgewicht zwischen Kugel und Prisma

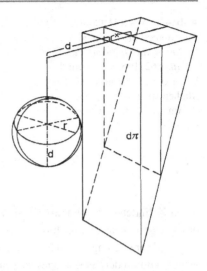

Dieser Schnitt, dessen „Gewicht" ja im Abstand d wirkt, übt nun ein Drehmoment der Größe

$$d \cdot r^2 \cdot \pi = d \cdot x \cdot (d - x) \cdot \pi$$

aus.

Dieses Drehmoment kann auf der anderen Seite des Waagebalkens hergestellt werden durch ein Rechteck mit den Seiten d und $(d - x) \cdot \pi$, das im Abstand x vom Drehpunkt wirkt. Lässt man nun x alle Werte von 0 bis d durchlaufen, so erhält man auf der einen Seite die Gesamtheit sämtlicher Kugelschnitte, also die Kugel selbst, und auf der anderen Seite ein Prisma, das entlang der Mittelparallelen des eine der Seitenflächen repräsentierenden Quadrats mit der Seite d aufgehängt ist. Dabei soll die Konstruierbarkeit einer Strecke der Länge $d\pi$ unerörtert bleiben. Das Volumen dieses Prismas ist $1/2 \cdot d^3 \cdot \pi$. Denkt man sich dieses Volumen bzw. das entsprechende Gewicht im Schwerpunkt konzentriert, der einen horizontalen Abstand $d/3$ vom Drehpunkt hat, so ergibt sich über das Hebelgesetz, dass das Kugelvolumen gleich $1/6 \cdot d^3 \cdot \pi$ ist.

So ist aber Archimedes in der Methodenschrift gerade nicht vorgegangen; denn das Ergebnis erschiene dem ausschließlich in Verhältnissen denkenden griechischen Mathematiker völlig fremd. Was Archimedes interessierte, war keine Formel für das Kugelvolumen, sondern das Verhältnis des Kugelvolumens zum Volumen eines vertrauteren Körpers wie Kegel oder Zylinder. Diese Körper benutzt Archimedes auch in der ‚Methodenschrift' zur Ermittlung des relativen Kugelvolumens.

Dazu betrachtet er ein System bestehend aus einem in der Mitte unterstützten Waagebalken der Länge $2d$, an dessen einem Ende eine Kugel vom Durchmesser d und ein Kegel mit dem Grundkreisradius d und der Höhe d aufgehängt werden (Abb. 4.2). Diesen beiden im selben Punkt aufgehängten Körpern wird das Gleichgewicht gehalten durch

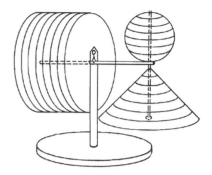

einen Zylinder von Grundkreisradius und Höhe d, dessen Achse mit dem anderen Arm des Waagebalkens identisch ist (Abb. 4.3).

Dass hier Gleichgewicht besteht, zeigt Archimedes, indem er Schnitte durch Kugel und Kegel legt und deren Gleichgewicht mit entsprechenden des Zylinders nachweist: Schneidet man nämlich die Kugel im Abstand x vom oberen Pol und den Kegel im Abstand x von seiner Spitze horizontal, so werden diese beiden mit einem Hebelarm d wirkenden Schnitte zusammen ein Drehmoment

$$d \cdot \pi \cdot [x(d-x) + x^2] = d \cdot \pi \cdot x \cdot d$$

ausüben, das genauso groß ist wie das eines der Grundfläche des Zylinders gleichen Schnitts des Zylinders, der im Abstand x vom Unterstützungspunkt des Waagebalkens wirkt. Lässt man nun wieder x von 0 bis d laufen, so ist der (heuristische) Nachweis für die behauptete Gleichgewichtsbeziehung geführt. Da nun der Abstand des Zylinderschwerpunkts vom Unterstützungspunkt des Gesamtsystems gleich $d/2$ ist, folgt daraus, dass das Volumen des Zylinders doppelt so groß ist wie die Summe der Volumina von Kugel und Kegel. Auf die Autorität von Demokrit und Eudoxos gestützt, konnte Archimedes die Gleichheit des Zylindervolumens mit dem von drei Kegeln derselben Grundfläche und Höhe als bekannt voraussetzen. Damit kann die aus dem Gleichgewichtssystem gewonnene Beziehung ersetzt werden durch die folgende:

3 Kegel = 2 Kegel + 2 Kugeln oder 2 Kugeln = 1 Kegel.

Nimmt man nun statt des hier betrachteten Kegels einen ähnlichen, dessen Radius und Höhe gerade halb so groß, nämlich gleich dem Kugelradius ist, so bedeutet dies, dass das Kugelvolumen gerade gleich dem Volumen von vier Kegeln ist, deren Radius und Höhe dem Radius der Kugel gleich sind. Aus diesem für das griechische Verhältnisdenken typischen Ergebnis für das relative Kugelvolumen schließt Archimedes aufgrund eines zur Oberflächenbestimmung analogen Verfahrens auf die relative Oberfläche der Kugel. Diesen Analogieschluss erläutert er wie folgt:

> Durch diesen Lehrsatz, dass eine Kugel viermal so groß ist wie der Kegel, dessen Grundfläche
> der größte Kreis, die Höhe aber gleich dem Radius der Kugel, ist mir der Gedanke gekommen,

dass die Oberfläche einer Kugel viermal so groß ist wie ihr größter Kreis, indem ich von der
Vorstellung ausging, dass, wie ein Kreis einem Dreieck gleich ist, dessen Grundlinie der
Kreisumfang und dessen Höhe der Kreisradius ist, ebenso die Kugel einem Kegel gleich ist,
dessen Grundfläche die Oberfläche der Kugel, und dessen Höhe der Kugelradius ist.[11]

Auch hier wird wieder deutlich, dass es Archimedes bei der Oberflächenbestimmung nicht
wie bei unseren Formeln um einen funktionalen Zusammenhang mit den linearen Abmessungen ging, sondern um einen Vergleich mit einer anderen Oberfläche. Dabei darf man
annehmen, dass Archimedes als Vergleichsoberfläche bewusst die Fläche eines Großkreises auf der Kugel gewählt hat; denn dieser größten durch einen ebenen Schnitt mit
der Kugel erreichbaren Fläche entspricht beim Kreis der Durchmesser, der ja die größte
Kreissehne ist. Mit seiner Oberflächenbestimmung der Kugel hat also Archimedes nichts
anderes gesucht als das Analogon zur Kreiszahl, die ja ihrerseits das Verhältnis des Kreis-
umfangs zum Durchmesser ist. Zu seinem sicherlich nicht geringen Erstaunen stellte er
dabei fest, dass das Verhältnis von Kugeloberfläche zur Fläche des größten ebenen Ku-
gelschnitts ein ganzzahliges, nämlich 4 zu 1 ist. Es war das Erstaunen über diese von ihm
zum ersten Mal entdeckten Verhältnisse bei der Kugel, das ihn veranlasste, das im selben Zusammenhang gefundene Volumenverhältnis von 2 zu 3 für Kugel und der Kugel
umbeschriebenen Zylinder auf seinem Grabstein verewigt zu wünschen.

Frajese glaubt sogar, dass Archimedes diese einfachen Zahlenverhältnisse von Anfang
an erwartet hatte. Er glaubt auch nicht, dass der ursprüngliche Findungsweg für Volumen
und Oberfläche der Kugel in der ‚Methodenschrift‘ beschrieben ist, sondern vermutet als
Ausgangspunkt die folgende, intuitiv erwartete Beziehung: Das Volumen einer Halbkugel
sollte das arithmetische Mittel der Volumina von Kegel und Zylinder gleicher Grundfläche
und Höhe sein. Die Volumina von Kegel, Halbkugel und Zylinder verhalten sich dann in
dieser Reihenfolge wie 1 : 2 : 3. Diese intuitiv angenommene Beziehung führt, wenn man
wie Archimedes die Kugel als einen Kegel mit der Kugeloberfläche als Grundfläche und
dem Radius als Höhe betrachtet, unmittelbar zu dem Ergebnis, dass das Kugelvolumen
gleich dem von vier Kegeln ist, deren Grundfläche einem Großkreis der Kugel und deren
Höhe dem Radius der Kugel gleich ist. Damit wäre bereits die für die Bestimmung der
relativen Kugeloberfläche entscheidende Beziehung gegeben. Frajese stützt sich bei seiner
Vermutung für dieses intuitive Vorgehen von Archimedes auf den nur einmal, nämlich in
der Einleitung zu ‚Über Kugel und Zylinder I‘ gebrauchten Begriff der συμμετρία[12], den
er im Sinn einfacher ganzzahliger Verhältnisse deutet. Aus der auf solchem Weg „intuitiv"
gefundenen Beziehung zwischen Halbkugel, Kegel und Zylinder lässt sich natürlich dann
auch die in der ‚Methodenschrift‘ enthaltene Anordnung für das Wägeverfahren ableiten.[13]

Nun mag es wohl sein, dass Archimedes in den für ihn „natürlichen", ausgezeichneten
geometrischen Gebilden wie Kugel und Zylinder – ähnlich wie in unserem Jh. etwa Ar-
nold Sommerfeld in der Atomphysik – bewusst oder unbewusst nach besonders schönen

[11] AO, II, S. 446; Übersetzung Heiberg (2), S. 328.
[12] AO I S. 4, Zeile 2.
[13] Frajese (3), S. 288 f.

ganzzahligen Verhältnissen suchte, es ist aber kaum vorstellbar, dass eine solche „Intuition" ohne eine weitere Bestätigung Archimedes von der Existenz solcher Verhältnisse überzeugt hätte. Eine sehr naheliegende Bestätigung würden praktische Wägeversuche darstellen, deren Anordnung durch eine solche „Intuition" nahegelegt wurde.[14]

Die in der ‚Methodenschrift' geschilderte Anordnung erscheint danach als das Ergebnis eines mathematischen „Probierens"; denn obwohl sich beim direkten Wägevergleich zwischen jeweils zwei Körpern wie Kugel und Kegel oder Kugel und Zylinder für das Verhältnis der beiden Arme des Waagebalkens die entsprechenden ganzzahligen Verhältnisse ergeben, versagt hier das die mechanische Methode charakterisierende Schnittverfahren. Das von der Kugel allein ausgeübte Drehmoment $d\pi \cdot (dx - x^2) = xd^2\pi - dx^2\pi$, aus dem sich die Anordnung in der ‚Methodenschrift' erkennen lässt, kann nicht durch einen einzigen einfachen Körper wie Kegel oder Zylinder, dessen Achse mit dem anderen Waagebalken identisch ist, ausgeglichen werden. Erst bei der in der ‚Methodenschrift' beschriebenen Anordnung ergeben sich in heutiger Ausdrucksweise Drehmomente, die den durch im gleichen Abstand auf der anderen Seite erzeugte Schnitten gleich sind.

Diese beiden Beispiele von Parabelsegment und Kugel mögen als Illustration für die Wirkungsweise des heuristischen mechanischen Verfahrens genügen. Die damit erzielten Ergebnisse hat Archimedes in seinen an Dositheos gerichteten Veröffentlichungen streng, durch ein indirektes Verfahren bewiesen. Wesentliche Voraussetzung für die Beweise seiner Sätze über Inhaltsbestimmungen war dabei das sogenannte Archimedische Axiom.[15]

Die aus der ‚Kreismessung' und dem Block der an Dositheos geschickten Arbeiten über Inhaltsbestimmungen ersichtlichen Formen des indirekten Beweises hat Dijksterhuis in der zwei Nebenformen umfassenden von ihm sogenannten und mit der Intervallschachtelung gleichwertigen Kompressionsmethode sowie in der Approximationsmethode zusammengefasst.

Bei der Kompressionsmethode geht man von einer monoton steigenden Folge $((I_n))$ und einer monoton fallenden Folge $((C_n))$ aus, mit der die zu bestimmende Größe I, eine Oberfläche oder ein Rauminhalt, eingeschlossen wird, so dass

$$I_n < I < C_n \quad \text{für alle } n \tag{1}$$

und bei der sogenannten Differenzform der Kompressionsmethode zu jedem ε (zu jeder vorgegebenen Fläche bzw. Körper) ein n mit

$$C_n - I_n < \varepsilon \tag{2a}$$

---

[14] Konkrete Wäge- bzw. Gleichgewichtsversuche, die sich eng an die in der ‚Methodenschrift' enthaltenen Beispiele hielten, wurden von D. A. Eberle an der Purdue University durchgeführt. Dabei wurden die Vergleichskörper durch Parallelschnitte in dünne Scheiben zerlegt, wobei, wenn jeder der drei Körper in n gleich dicke Scheiben zerschnitten wird, auch Gleichgewicht zwischen entsprechenden Teilmengen von Scheiben besteht. Das heißt, dass die Summe der Scheiben von Kugel und Kegel zwischen den Schnitten n_1 und n_2 mit $0 \le n_1 < n_2 \le n$ der Summe der Zylinderscheiben zwischen n_1 und n_2 das Gleichgewicht hält. Siehe Gould, S. 475 f. und Abb. 4.3.
[15] Siehe dazu Abschnitt 2.4.

bzw. bei der Verhältnisform zu jedem ε ein n existiert mit

$$C_n : I_n < 1 + \varepsilon \qquad (2b)$$

($1 + \varepsilon$ ist in Archimedes' Ausdrucksweise das Verhältnis $A : B$ zweier beliebiger positiver Größen A und B, wobei $A > B$).

Bei der Bestimmung des Kugelvolumens sind dies z. B. Folgen von ein- bzw. umbeschriebenen Rotationskörpern.

Gibt es nun eine Größe K mit

$$I_n < K < C_n \quad \text{für alle } n,$$

so ist $I = K$. Dies wird bewiesen, indem man die Annahme $I \neq K$ in einer der beiden Formen zum Widerspruch führt.

Die Differenzform wird angewandt in ‚Kreismessung‘, ‚Über Konoide und Sphaeroide‘ und ‚Über Spiralen‘, die Verhältnisform in ‚Über Kugel und Zylinder‘.

Bei der sogenannten Approximationsmethode, wie sie in der ‚Parabelquadratur‘ auftaucht, wird der zu bestimmende Inhalt I durch eine konvergente Teilsummenfolge $((S_n))$, $S_n = \sum_{\nu=1}^{n} a_\nu, a_\nu > 0$ für alle ν, mit der Eigenschaft, dass es zu jedem $\varepsilon > 0$ ein n gibt mit $I - S_n < \varepsilon$, von unten angenähert.

Kann man nun ein K finden, für das gilt:

$$S_n < K \quad \text{und} \quad K - S_n < a_n \quad \text{für alle } n,$$

so ist $I = K$; dies wird wiederum indirekt bewiesen.[16]

Diese von Archimedes mutmaßlich weiterentwickelten Formen des indirekten Beweises bei Inhaltsbestimmungen gehen zurück auf Eudoxos und werden in der Literatur (nach Dijksterhuis irreführend) als Exhaustionsmethode bezeichnet. Die sogenannte Exhaustionsmethode geht ja gerade davon aus, dass z. B. für kein n ein dem Kreis einbeschriebenes reguläres Polygon etwa der Seitenzahl 2^n den Kreis je „ausschöpft", dass es allgemein unmöglich ist, das Unendliche durch eine noch so große endliche Anzahl von (endlichen) Einzelschritten zu erreichen. Es handelt sich also viel eher um eine das Unendliche und seine Ausschöpfung vermeidende finitistische Betrachtungsweise.[17]

Die Kompressionsmethode und die Approximationsmethode sind nach dem Vorgehen von Dijksterhuis den ‚Elementen‘ von Archimedes zuzurechnen, d. h. jener Sammlung von allgemeinen Sätzen und Methoden, die dem uns bekannten mathematischen Werk von Archimedes zugrunde liegen und aus diesem herausgefiltert werden können.[18]

Angesichts der vorhandenen Gesamtdarstellungen von Archimedes' mathematischem Werk, wobei hier insbesondere Dijksterhuis' Archimedesbuch von 1956 erwähnt sei,

---

[16] Dijksterhuis (2), S. 12 f.
[17] Dijksterhuis (2), S. 11.
[18] Eine Zusammenstellung dieser ‚Elemente‘ des Archimedes gibt Dijksterhuis, Archimedes, Kapitel III, S. 49–141.

scheinen zusätzliche Beispiele zur Erläuterung dieser Methoden entbehrlich. Interessant ist allerdings, dass die Integrationsmethoden von Archimedes, insbesondere seine Kompressionsmethode, verschieden Autoren zu Vergleichen mit den Riemannschen Ober- und Untersummen beim bestimmten Integral veranlassten. So ist Bašmakova sogar der Meinung, „niemand würde heute die Tatsache bestreiten, dass Archimedes die ‚Riemannschen Summen' eingeführt und benutzt hat.[19]" Gegen eine solche Ausdrucksweise ist allerdings trotz der unbestreitbaren Äquivalenz in Teilbereichen wegen der doch sehr verschiedenen Ausgangspunkte von Archimedes und Riemann einiges einzuwenden.

Den Integrationsmethoden stehen im Archimedischen Werk auch Differentiationsmethoden bzw. Methoden und Ergebnisse gegenüber, die wir heute der Differentialrechnung zuweisen. Hauptquelle für diesen Bereich ist die ‚Spiralenabhandlung'.

4.2   Ein Meisterstück Archimedischer Mathematik: Die ‚Spiralenabhandlung'

Die ‚Spiralenabhandlung' nimmt insofern unter den an Dositheos geschickten Schriften eine Sonderstellung ein, als die in ihr enthaltenen Inhaltsbestimmungen nicht mit Hilfe der mechanischen Methode gefunden zu sein scheinen. Auf welchem Weg allerdings Archimedes zu den darin enthaltenen Ergebnissen gelangte, ist unmittelbar aus dieser Schrift nicht zu erkennen. Vielmehr gehört sie zu den „mathematischsten" Schöpfungen der griechischen Mathematik, d. h. dass ein System weitgehend aufeinander aufbauender und fast auschließlich indirekt bewiesener Sätze angeboten wird, ohne dass man darin ein Wort über Motive, ursprünglichen Findungsweg, Zusammenhänge oder Anwendungserwartungen finden würde. Aber gerade die Ökonomie der Darstellung und die in Hinblick auf den Gesamtaufbau gewählte Aufeinanderfolge der Sätze in der für die Wirkungsgeschichte von Archimedes auf die neuzeitliche Mathematik so bedeutsamen ‚Spiralenabhandlung' hat von jeher keinen Zweifel aufkommen lassen, dass es sich bei der auf uns gekommenen Fassung um die authentische handelt. Dabei ging man davon aus, dass die Sätze, die in den nachfolgenden der insgesamt 28 Propositionen dieser Schrift nicht weiter verwendet wurden, Archimedes interessant genug erschienen, um auch ohne die zusätzliche Funktion eines Hilfssatzes für nachfolgende Sätze bestehen zu können.[20]

Ihrem Aufbau nach zerfällt die aus 28 Sätzen bestehende Schrift in drei Gruppen: die als Einführung dienenden und zu den ‚Elementen' zählenden Sätze 1 bis 11, die sich mit den Eigenschaften der Spiralen und ihren Tangenten beschäftigenden Sätze 12 bis 20 und schließlich die Sätze 21 bis 28 über Inhaltsbestimmungen.

---

[19] Bašmakova (4), S. 87.
[20] So hat Berggren, S. 94, in einem Diagramm die in den einzelnen Sätzen benutzten Voraussetzungen auch in Form vorher bewiesener Sätze zusammengestellt und dabei bemerkt, dass die nicht weiterführenden Sätze 6, 9, 13 sowie 18 bis 20 mathematische Ergebnisse mit durchaus selbständigem Charakter darstellen. In ähnlicher Weise argumentiert Bašmakova (4), S. 100, für die Sätze 6 und 9.

Abb. 4.4   (Aus AO II, S. 18)

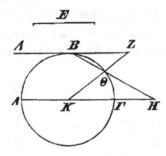

Betrachten wir zunächst die Sätze der ersten Gruppe: Die ersten beiden Sätze sind Folgerungen aus der Definition gleichförmiger Geschwindigkeit. Sätze 3 und 4 beschäftigen sich mit dem Problem der Vergleichbarkeit von Krummem und Geradem. Dabei ist in Hinblick auf Archimedes' Vorstellungen über das Kontinuum und die Stetigkeit interessant, dass er, wenn wie in Satz 3 endlich viele Kreise gegeben sind, nur die Existenz eines Geradensegments fordert, das größer ist als die Summe der Kreisumfänge, nicht aber die Existenz eines Geradensegments, das der Summe dieser Kreisumfänge gleich ist. Ähnliches gilt für Satz 4. Der anschließende Satz 5 besagt:

> Wenn ein Kreis und eine Tangente an ihn gegeben ist, so ist es möglich, einen Punkt auf der Tangente derart anzugeben, dass, wenn er mit dem Mittelpunkt des Kreises durch eine gerade Linie verbunden wird, die auf dieser Geraden durch die Tangente und die Kreisperipherie gebildete Strecke zum Radius ein kleineres Verhältnis hat als der Kreisbogen (Abb. 4.4), der zwischen dem Berührungspunkt und der gezogenen geraden Linie liegt, zu einem beliebigen Kreisbogen.[21]

Beim Beweis dieses Satzes geht Archimedes davon aus, dass es ja nach Satz 3 eine Strecke E gibt, die größer ist als der beliebige Kreisbogen. Es genügt ihm dann festzustellen, dass man vom Berührpunkt B eine Gerade BH so zum verlängerten Durchmesser $A\Gamma$ ziehen kann, dass der Abschnitt ΘH gerade gleich der vorgegebenen Strecke E ist. Archimedes verliert dabei kein Wort darüber, ob eine solche Einschiebung überhaupt möglich ist. Es kann aber gezeigt werden, dass dieses Problem grundsätzlich mit Zirkel und Lineal lösbar ist.[22]

Satz 5 besagt also, dass das Verhältnis von ΘZ zum Radius kleiner gemacht werden kann als das Verhältnis des Bogens $B\Theta$ zu der Strecke E und damit auch kleiner als das Verhältnis des Bogens $B\Theta$ zu dem beliebigen gegebenen Kreisbogen, der ja seinerseits kleiner ist als E. Vertauscht man die Innenglieder in dieser Ungleichung, so besagt sie,

---

[21] AO II, S. 18.
[22] Czwalina (Ostwalds Klassiker Nr. 201; s. Textausgaben 1.2.1.), S. 12 – Gericke (2), S. 256 f. benutzt den Zwischenwertsatz zur Begründung der von Archimedes behaupteten Einschiebungsmöglichkeit. Nach dem Aufbau seiner Größenlehre (s. Abschnitt 2.4.) ist es aber zumindest zweifelhaft, ob Archimedes den Zwischenwertsatz und damit eine solche Begründung anerkannt hätte.

dass das Verhältnis von $Z\Theta$ zum Bogen $B\Theta$ bei Annäherung von Θ an B beliebig klein gemacht werden kann. Bezeichnet man den Winkel BKZ mit φ, so ist Satz 5 von Archimedes gleichbedeutend mit der Aussage:

$$\lim_{\Theta \to B} \frac{\Theta Z}{\text{Bogen } B\Theta} = \lim_{\varphi \to 0} \frac{\sec \varphi - 1}{\varphi} = 0$$

Diese Beziehung wird in den Präpositionen der Gruppe 2 nun wesentlich benutzt, um in den Sätzen 16 und 17 Aussagen über die Spiralentangente zu machen. Die Spirale selbst hatte Archimedes vor den Sätzen der zweiten Gruppe als die Kurve definiert, die entsteht, wenn man eine Strecke in einer Ebene um einen ihrer Endpunkte mit gleichförmiger Geschwindigkeit dreht und gleichzeitig auf ihr einen Punkt mit gleichförmiger Geschwindigkeit bewegt.[23]

Diese „mechanische" Definition hat die Spirale gemeinsam mit anderen in der griechischen Mathematik verwendeten Kurven, wie der Quadratrix des Hippias von Elis zur Winkelteilung und zur Quadratur des Kreises oder der Konchoide des Nikomedes.[24]

Auch die von Archimedes im technischen Bereich untersuchte Schraubenlinie, die allerdings keine ebene, sondern eine räumliche Kurve darstellt, ließe sich ähnlich definieren. Hier würde man eine Strecke, die senkrecht auf einer Geraden steht, sich mit gleichförmiger Geschwindigkeit um diese Gerade drehen und gleichzeitig entlang dieser Geraden bewegen lassen. Der Endpunkt der Strecke beschreibt dann eine Schraubenlinie. Es muss natürlich reine Vermutung bleiben, ob Archimedes, mit einer solchen Definition für die Schraubenlinie spielend, im ebenen Fall auf die mit demselben griechischen Wort bezeichnete Spirale stieß.

Für die Tangente an die ebene Spirale wird nun mit Hilfe von Satz 5 gezeigt, dass die Verbindungsgerade von Berührungspunkt und Spiralenmittelpunkt anders als beim Kreis nicht auf der Tangente senkrecht steht. Schon vorher hatte Archimedes in Satz 13 festgestellt, dass eine Gerade, die die Spirale berührt, sie nur in einem Punkte berührt. Zwischen diesen beiden Aussagen über die Spiralentangente liegen mit den Sätzen 14 und 15 zwei ausgesprochene Hilfssätze, die wesentlich für die Sätze 18 bis 20 verwendet werden. In moderner Formulierung besagen die Sätze 14 und 15, wenn $r(\varphi)$ die Polarkoordinatendarstellung der Spirale ist, wobei die Achse gleich der Tangente an die Spirale im Pol ist:

$$\frac{r(\varphi_1)}{r(\varphi_2)} = \frac{\varphi_1}{\varphi_2}.$$

Schon vorher hatte Archimedes im Satz 12 das Äquivalent von

$$\frac{\triangle r}{\triangle \varphi} = c = \text{const.}$$

[23] AO II, S. 44.
[24] Gericke (2), S. 253.

bewiesen, das seinerseits, weil für jedes $\triangle\varphi$ gültig, der Beziehung

$$\lim_{\triangle\varphi\to0}\frac{\triangle r}{\triangle\varphi}=\frac{dr}{d\varphi}=c$$

entspricht.

Es sind nun gerade die Sätze 18 bis 20 sowie die sie vorbereitenden 7 und 8, die zusammen mit den als selbständige Ergebnisse eingefügten Sätzen 6 und 9 für die „differentiellen" Methoden von Archimedes stehen.

Satz 20 umfasst die beiden vorhergehenden Sätze und besagt in moderner Sprechweise, dass die polare Subtangente im Punkt $r(\varphi_0)$ gerade die Länge $r(\varphi_0)\cdot\varphi_0$ hat. Damit wäre es nun möglich, für $\varphi_0=2\pi$ mit der Konstruktion der Tangente die Rektifikation des Kreises zu leisten. Letztlich bedeutet dies aber nur, dass die Konstruktion der Spiralentangente bzw. Subtangente ein der Kreisrektifikation äquivalentes, also unlösbares Problem ist. Im Rahmen von Näherungslösungen ist allerdings die Spirale wesentlich handlicher und damit für eine näherungsweise Kreisrektifikation geeignet.[25]

Unabhängig von der Konstruierbarkeit der Spiralentangente hat jedenfalls Archimedes durch die von ihm festgestellte Gleichheit von Polarsubtangente und Kreisbogen die von Aristoteles behauptete grundsätzliche Unvergleichbarkeit von Krummem und Geradem erneut aufgeweicht.

Wie Archimedes zu diesem Ergebnis kam, ist aus seinem indirekten Beweis nicht ersichtlich. Tatsache ist, dass, anders als bei dem „ebenen", also mit Zirkel und Lineal lösbaren Problem der Tangentenbestimmung an einen Kegelschnitt, die Spiralentangente nur mit infinitesimalen Hilfsmitteln gefunden werden kann. Durch die im Beweis enthaltenen Voraussetzungen und durch die Stellung dieser Aussage im Gesamtaufbau der Schrift wird wahrscheinlich, dass Archimedes dieses Ergebnis mit Hilfe von Überlegungen gefunden hat, die auf die Verwendung des für die Differentialrechnung des 17. Jh. entscheidenden charakteristischen Dreiecks hinauslaufen. Die Verwendung dieses Dreiecks, das die Gleichsetzung des Kreises mit einem eingeschriebenen regulären Polygon von unendlich großer Eckenzahl und damit die Vergleichbarkeit von Krummem und Geradem im infinitesimalen Bereich bereits voraussetzt, war natürlich unzulässig für einen Mathematiker, der die eudoxischen Anforderungen an einen Beweis zu seinen eigenen gemacht hatte.[26]

Grundlage für den Beweis von Satz 20 sind neben den vorausgehenden Sätzen 14–17 die der ersten Gruppe zugehörigen Sätze 4, 7 und 8, von denen die beiden letzten für den Zusammenhang mit differentiellen Methoden von besonderem Interesse sind.

In den Sätzen 6 bis 9 wird jeweils von denselben Gegebenheiten ausgegangen. In einem Kreis sei eine Sehne kleiner als der Durchmesser und in einem Endpunkt der Sehne die Tangente gezogen. Sei α der Winkel zwischen der Tangente und dem parallel zu der Sehne

---

[25] Gericke (2), S. 262.

[26] Für den Zusammenhang zwischen dem Findungsweg der Sätze 18 bis 20 und dem charakteristischen Dreieck siehe Dijksterhuis, Archimedes, S. 271 f. und Gericke (2), S. 261.

Abb. 4.5

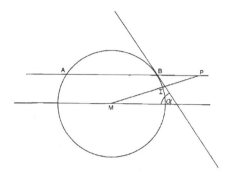

gezogenen verlängerten Durchmesser (s. Abb. 4.5). Dann besagt Satz 7: Sei die Sehne über den Berührpunkt hinaus verlängert, so gibt es für jedes vorgegebene Streckenverhältnis $a : b > \tan\alpha$ einen Punkt P mit der folgenden Eigenschaft: Der Abschnitt zwischen Kreisperipherie und Punkt P der verlängerten Sehne verhält sich zur Sehne wie $a : b$.

In ähnlicher Weise war im vorhergehenden Satz 6 bewiesen worden, dass es für jedes vorgegebene Verhältnis $< \tan\alpha$ einen Punkt P auf der vorgegebenen Sehne gibt, für die die entsprechenden Streckenabschnitte gerade das vorgegebene Verhältnis aufweisen. In beiden Fällen wird die Existenz solcher Punkte mit Hilfe von Einschiebungen bewiesen, deren Konstruktion oder auch nur Existenz von Archimedes mit keinem Wort berührt wird. Es handelt sich hierbei um Einschiebungsprobleme, die mit Zirkel und Lineal allein nicht lösbar sind, sondern zusätzlich Kegelschnitte erforderlich machen und damit nach griechischer Terminologie den räumlichen Problemen zuzuordnen sind.

Das gemeinsame Ergebnis der Sätze 6 und 7 ist, dass das Verhältnis der Segmente $PI : IB$ mit Annäherung von P an B von unten oder oben $\tan\alpha$ beliebig nahekommt oder, dass der Limes dieses Verhältnisses gleich $\tan\alpha$ ist. Dabei ist zu bemerken, dass bei Archimedes für $\tan\alpha$ das Verhältnis der Halbsehne zum Abstand des Sehnenmittelpunkts vom Kreismittelpunkt steht. In der Sekundärliteratur wurde dieses Ergebnis ebenso wie das ähnliche der Sätze 8 und 9 zu äquivalenten Aussagen über Grenzprozesse mit trigonometrischen Funktionen benutzt.[27]

Dabei sollte man nicht vergessen, dass es sich hier um unsere heutigen Darstellungsgewohnheiten angepasste Wiedergaben handelt, die z. T. ganz zwangsläufig den Inhalt der von Archimedes gemachten Aussagen unzulässig verallgemeinern.[28]

---

[27] Dijksterhuis, Archimedes, S. 139 f. und Bašmakova (4), S. 98–100.

[28] Durch Verallgemeinerungen der von Archimedes allein auf den Kreis beschränkten Betrachtungen der Sätze 6 bis 9 auf beliebige Funktionen in Polarkoordinatendarstellung fasst Bašmakova (4), S. 96, den Inhalt dieser vier Sätze in der Beziehung

$$\lim_{\triangle\varphi\to 0}\frac{\triangle r}{r \cdot \triangle\varphi} = \tan\alpha$$

zusammen, wobei r der Radiusvektor der Tangente ist. Ein weiteres Beispiel für diese Art von retrospektiver Mathematikgeschichte stellt die Aussage dar, dass Archimedes als Bedingung für das

Abb. 4.6 Verhältnis eines
Spiralensektors zu einem
Kreissektor gleichen Zentri-
winkels

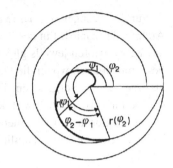

Sind damit die mit „differentiellen" Methoden ermittelten Sätze abgeschlossen, so enthält die Gruppe der restlichen Sätze 21 bis 28 Flächenbestimmungen.

Archimedes geht es dabei darum, den Inhalt der von der Spirale und vom erzeugenden Fahrstrahl $r(\varphi)$ begrenzten Fläche in Relation zu einem Kreissektor zu bestimmen, dessen zugehöriger Bogen gerade $r(\varphi) \cdot \varphi$ ist.

Allgemein geht es ihm um das Verhältnis der Flächen eines von den Fahrstrahlen $r(\varphi_1)$ und $r(\varphi_2)$ mit $0 < \varphi_2 - \varphi_1 \leq 2\pi$ begrenzten Spiralensektors und eines entsprechenden Kreissektors mit Radius $r(\varphi_2)$ und Zentriwinkel $\varphi_2 - \varphi_1$ (Abb. 4.6).

Dieses Verhältnis bestimmt Archimedes als[29]

$$\frac{r(\varphi_1) \cdot r(\varphi_2) + \frac{1}{3}(r(\varphi_2) - r(\varphi_1))^2}{r(\varphi_2)^2}$$

In den Sätzen 24 und 25 wird der Spezialfall $\varphi_1 = 2k\pi$ und $\varphi_2 = 2(k+1)\pi$ behandelt, der unter Berücksichtigung des früher abgeleiteten Ergebnisses $r(\varphi) = c \cdot \varphi$ für das Verhältnis p von Spiralensektor und zugehörigem Kreissektor ergibt:

$$p = \frac{k \cdot (k+1) + 1/3}{(k+1)^2} = \frac{3k(k+1) + 1}{3(k+1)^2} = \frac{3k^2 + 3k + 1}{3k^2 + 6k + 3}$$

Insbesondere erhält man für $k = 0$, dass die Fläche des Spiralenbogens der ersten vollen Umdrehung ein Drittel der Fläche des Kreises mit Radius $r(2\pi)$ ist (Satz 24). Damit genügt dieses Ergebnis der Archimedischen Intuition von besonders einfachen Verhältnissen natürlicher Zahlen bei kleinem k. Auch hier kann als Ausgangspunkt ein mit Planplatten durchgeführtes Wägeverfahren vermutet werden, zumal sich die Spirale näherungsweise sehr gut konstruieren lässt.

Auftreten eines Extremums bei der Funktion $u(x) = f(x) \cdot g(x)$ gefordert hatte:

$$u'(x) = f'(x) \cdot g(x) + f(x) \cdot g'(x) = 0.$$

Als Grundlage für diese Behauptung dient allein der in einer Handschrift, die Archimedes von Eutokios zugeschrieben wrude, enthaltene Nachweis, dass ein Volumen, das heute mit $x^2(a - x)$ symbolisiert werden kann, sein Maximum für $x = \frac{2}{3}a$ annimmt. Siehe Bašmakova (4), S. 102 f.

[29] Siehe Satz 26, AO II, S. 100, 102.

Für den strengen, mit Hilfe der Kompressionsmethode durchgeführten Beweis musste Archimedes zunächst in den Sätzen 21 bis 23 zeigen, dass sich jedem Spiralensektor eine aus Kreissektoren jeweils gleichen Zentriwinkels zusammengesetzte Figur um- und einbeschreiben lässt, wobei die Differenz zwischen um- und einbeschriebener Figur kleiner als eine beliebig vorgegebene Fläche, also beliebig klein gemacht werden kann. Um aber darüberhinaus den Inhalt wirklich bestimmen zu können, musste Archimedes endlich viele Kreissektorflächen summieren. Dies führte auf die Summierung einer arithmetischen Reihe zweiter Ordnung, nämlich von

$$\sum_{k=1}^{n} k^2,$$

und damit auf ein Problem der griechischen Analysis, die u. a. als eine „ständig wachsende Gesamtheit von miteinander in Beziehung stehenden Techniken zur Lösung von mathematischen Problemen" beschrieben wurde.[30]

Speziell handelt es sich hier um ein Teilstück einer griechischen Algebra von Größen, die durch geometrische Strecken repräsentiert werden, das Archimedes mit Satz 10 der ‚Spiralenabhandlung' bietet. Dieser Satz besagt:

> Wenn eine arithmetische Reihe von Strecken gegeben ist, deren Differenz dem kleinsten Gliede gleich ist und außerdem eine der Anzahl der Glieder jener arithmetischen Reihe gleiche Anzahl von Strecken, die aber alle dem größten Glied der arithmetischen Reihe gleich sind, so wird die Summe der Quadrate der Strecken, die dem größten Gliede der arithmetischen Reihe gleich sind, vermehrt um das Quadrat des größten Gliedes und das aus dem kleinsten Glied und der Summe der arithmetischen Reihe gebildete Rechteck dreimal so groß sein wie die Summe der Quadrate der arithmetischen Reihe.[31]

Damit ist verbal eine Gleichung zwischen Aggregaten von Produkten aus Größen gegeben, die durch Strecken bzw. Rechtecke symbolisiert werden. Bezeichnet man die Glieder der arithmetischen Reihe mit $a_i, i = 1, \ldots, n$, wobei $a_i = i \cdot a_1$ ist, so behauptet Archimedes damit, dass

$$(n+1)a_n^2 + a_1 \cdot \sum_{i=1}^{n} a_i = 3 \cdot \sum_{i=1}^{n} a_i^2 \qquad (1)$$

oder

$$(n+1) \cdot n^2 \cdot a_1^2 + a_1 \cdot \sum_{i=1}^{n} i \cdot a_1 = 3 \cdot \sum_{i=1}^{n} a_1^2 \cdot i^2$$

---

[30] Mahoney (1), S. 320.
[31] AO II, S. 30.

und damit schließlich

$$(n + 1) \cdot n^2 + \sum_{i=1}^{n} i = 3 \cdot \sum_{i=1}^{n} i^2.$$

Für den wiederum an Strecken veranschaulichten Beweis geht Archimedes davon aus, dass $a_i + a_k = a_n$ für $i + k = n$, d. h.

$$a_n = a_1 + a_{n-1} = a_2 + a_{n-2} = a_3 + a_{n-3} = \ldots = a_{n-1} + a_1.$$

Damit gilt aber auch

$$2a_n^2 = 2a_n^2$$
$$(a_1 + a_{n-1})^2 = a_1^2 + a_{n-1}^2 + 2a_1 a_{n-1}$$
$$(a_2 + a_{n-2})^2 = a_2^2 + a_{n-2}^2 + 2a_2 a_{n-2}$$
$$\vdots$$
$$(a_{n-1} + a_1)^2 = a_{n-1}^2 + a_1^2 + 2a_{n-1} a_1.$$

Addiert man diese n Gleichungen, so erhält man

$$(n + 1)a_n^2 = 2 \cdot \sum_{i=1}^{n} a_i^2 + 2 \cdot \sum_{i=1}^{n-1} a_i a_{n-i}. \tag{2}$$

Könnte man beweisen, dass

$$2 \cdot \sum_{i=1}^{n-1} a_i a_{n-i} + a_1 \cdot \sum_{i=1}^{n} a_i = \sum_{i=1}^{n} a_i^2, \tag{3}$$

wäre man, wie sich durch Addition von (2) und (3) ergibt, fertig. Es ist aber

$$2 \cdot \sum_{i=1}^{n-1} a_i a_{n-i} = 2a_1 \cdot \sum_{i=1}^{n-1} i \cdot a_{n-i}$$

und damit

$$2 \cdot \sum_{i=1}^{n-1} a_i a_{n-i} + a_1 \sum_{i=1}^{n} a_i = a_1 \cdot \sum_{i=0}^{n-1} (2i + 1) \cdot a_{n-i}.$$

Nun ist

$$a_i^2 = a_1 \cdot i \cdot a_i = a_1 \cdot (a_i + (i - 1) \cdot a_i) = a_1 \cdot \left(a_i + 2 \cdot \sum_{k=1}^{i-1} a_k \right),$$

da

$$a_i = a_1 + a_{i-1} = a_2 + a_{i-2} = \ldots a_{i-1} + a_1,$$

und somit

$$(i-1) \cdot a_i = \sum_{k=1}^{i-1} a_k + \sum_{k=1}^{i-1} a_{i-k} = 2 \cdot \sum_{k=1}^{i-1} a_k.$$

Damit ist

$$\sum_{i=1}^{n} a_i^2 = a_1 \cdot \sum_{i=1}^{n} \left(a_i + 2 \cdot \sum_{k=1}^{i-1} a_k \right)$$

$$= a_1 \cdot \left[(a_1 + 2 \cdot 0) + (a_2 + 2a_1) + \left(a_3 + 2 \cdot \sum_{k=1}^{2} a_k \right) + \ldots + \left(a_n + 2 \cdot \sum_{k=1}^{n-1} a_k \right) \right]$$

$$= a_1 \cdot [a_n + (2+1)a_{n-1} + (2 \cdot 2 + 1)a_{n-2} + \ldots + (2 \cdot (n-1) + 1)a_1]$$

$$= a_1 \cdot \sum_{i=0}^{n-1} (2i+1)a_{n-i}.$$

Damit ist die Gültigkeit von (3) und letztlich die von (1) bewiesen. Die Darstellung[32] gibt den Gedankengang des Archimedischen Beweises getreu wieder. Allerdings kann Archimedes den Beweis in Ermangelung einer eigenen Symbolik – so fehlt ihm die Möglichkeit zu indizieren und das Summensymbol – nur quasi allgemein für $n = 8$ durchführen. Eine interessante Vermutung, dass die hinter diesem mit Streckenlängen als Symbol für die eingehenden Größen formulierten Beweis stehende Struktur auf eine „diskrete" Geometrie zurückführt, stammt von H. Freudenthal.[33]

Freudenthal geht aus von den (pythagoreischen) figurierten Zahlen (Abb. 4.7):

- dem n-ten Gnomon $g_n = 2n - 1$,
- der n-ten Dreieckszahl $d_n = \sum_{i=1}^{n} i$,
- der n-ten Quadratzahl $q_n = n^2$,
- der (i,j) Rechteckszahl $r_{i,j} = i \cdot j$ und
- der n-ten quadratischen Pyramidalzahl $p_n = \sum_{i=1}^{n} i^2$.

Es geht Archimedes, ersichtlich zumindest aus der Anwendung von Satz 10 beim Beweis von Satz 24 der ‚Spiralenabhandlung', um die Bestimmung von p_n.

Es gilt zunächst

$$q_{i+j} = q_i + q_j + 2r_{i,j}$$

---

[32] Eine leichte Modifikation der von Heath (2), S. 107–109.
[33] Freudenthal, S. 198 f.

Abb. 4.7

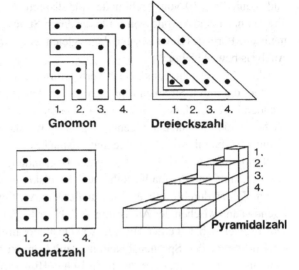

entsprechend $(i + j)^2 = i^2 + j^2 + 2ij$ und $q_n = \sum_{i=1}^{n} g_i$ aus dem Aufbau der Quadratzahlen ersichtlich, wonach

$$n^2 - (n-1)^2 = 2n - 1.$$

Baut man die Pyramidalzahl p_n auf aus den n Schichten q_i, $i = 1, \ldots, n$ beginnend mit q_n und endend mit q_1, so dass die rechten oberen Ecken der Quadrate q_i vertikal übereinander liegen, dann sieht man, dass sich p_n zusammensetzt aus den Gnomonen g_i, $i = 1, \ldots, n$, wobei es jeweils $n - i + 1$ Schichten gibt, die den Gnomon g_i enthalten.

Damit gilt

$$p_n = \sum_{i=1}^{n} g_i(n - i + 1) = \sum_{i=1}^{n} [2(i-1) + 1](n - i + 1)$$

$$= 2 \cdot \sum_{i=1}^{n} (i - 1)(n - i + 1) + \sum_{i=1}^{n} (n - i + 1)$$

$$= 2 \cdot \sum_{j=1}^{n-1} j(n - j) + \sum_{i=1}^{n} i = \sum_{j=1}^{n-1} 2r_{j,n-j} + d_n$$

$$= \sum_{j=1}^{n-1} (q_n - q_j - q_{n-j}) + d_n = (n-1)q_n - 2p_{n-1} + d_n$$

$$= (n+1)q_n - 2(p_{n-1} + q_n) + d_n = (n+1)q_n - 2p_n + d_n.$$

Daraus ergibt sich schließlich für p_n

$$3p_n = (n + 1)q_n + d_n$$

und damit Satz 10 von Archimedes für diskrete Größen. Ersetzt man diese diskreten Größen nach dem Vorbild von Eudoxos durch Strecken, so erhält man wieder die Archimedische Form des Beweises und damit gleichzeitig ein Musterbeispiel für die griechische Analysis bzw. Algebra.[34]

Über den Gesichtspunkt einer verbal formalisierten algebraischen Behandlung von Größen, die durch Strecken repräsentiert werden, hinaus spricht für diese Deutung von Freudenthal auch, dass das in Satz 24 bewiesene Flächenverhältnis von Spiralen- zu Kreisfläche gerade 1 : 3 und damit genau so groß ist wie das von Demokrit erstmals aufgezeigte Volumenverhältnis von Pyramide und Prisma bzw. Kegel und Zylinder.[35]

Nimmt man an, dass Demokrit seinen Begründungsversuch für das Volumenverhältnis von Pyramide und Prisma im Rahmen einer diskreten Geometrie eben mit Hilfe der figurierten Zahlen durchführte, und dass außerdem Archimedes, der die Arbeit von Demokrit irgendwann zwischen der Abfassung von ‚Über Kugel und Zylinder‘ und der ‚Methodenschrift‘, vielleicht auf einen Hinweis von Dositheos hin kennenlernte, sich gerade während der Konzeption der ‚Spiralenabhandlung‘ mit Demokrit beschäftigte, so erhält dadurch die Vermutung von Freudenthal den historischen Hintergrund. In diesem Sinn ist der Beweis von Satz 24, dass das Verhältnis der Spiralenfläche erster Umdrehung zum Kreis gerade 1 : 3 ist, äquivalent mit dem Beweis, dass der Kegel ein Drittel des Volumens eines Zylinders gleicher Grundfläche und Höhe einnimmt.

Wie ist nun Archimedes beim Beweis des für die Inhaltsbestimmungen der ‚Spiralenabhandlung‘ typischen Satzes 24 vorgegangen? Teilt man den Kreisumfang des Kreises mit Radius $r(2\pi)$, der die Spirale erster Umdrehung gerade einschließt, beginnend mit dem Endpunkt der Spirale in n gleiche Teile, dann werden die n zu den Endpunkten der n Kreisbögen gezogenen Radien die Spirale in n Punkten schneiden, die die Anfangs- bzw. Endpunkte eines Systems von der Spirale ein- bzw. umbeschriebenen Kreissektoren darstellen.

Die Summe I_n der einbeschriebenen Kreissektoren ist kleiner, die Summe C_n der umbeschriebenen Kreissektoren größer als die Spiralenfläche S. Die Differenz $C_n - I_n$ ist aus Abb. 4.8 ersichtlich – man muss nur die schraffierten Kreisringstücke zusammenschieben – gleich einem der n Kreissektoren, dessen Fläche ja gerade $\frac{1}{2}(r(2\pi))^2 \cdot \frac{2\pi}{n} = r^2 \cdot \frac{\pi}{n}$ ist. $C_n - I_n$ kann also durch geeignete Wahl von n kleiner als eine beliebig vorgegebene Fläche gemacht werden.

Damit ist der erste Schritt der hier angewandten Kompressionsmethode in der Differenzform geleistet.[36] Der zweite Schritt besteht nun darin, ein K so zu bestimmen, dass für jedes n gilt:

$$I_n < K < C_n$$

[34] Für die Diskussion der verschiedenen Formen einer griechischen Analysis bzw. Algebra siehe Mahoney (1) und Freudenthal. Speziell wurden für Archimedes in den beiden Arbeiten noch die Sätze ‚Über Kugel und Zylinder‘ II 4 und ‚Über Sphäroide und Konoide‘ II 1 als Beispiele einer griechischen Algebra angeführt.

[35] Das ist auch von Pappos festgestellt worden; siehe Hultsch (1), S. 236 f. und Gericke (2), S. 263 f.

[36] Siehe Abschnitt 4.1.

Abb. 4.8 (Aus H. Gericke, *Mathematik in Antike und Orient*, Springer-Verlag 1984, S. 125)

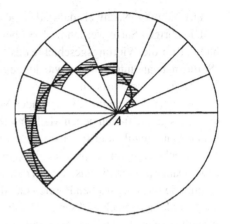

Im letzten Schritt wird dann die Annahme $K \neq S$ zum Widerspruch geführt. K bestimmt Archimedes als ein Drittel der Kreisfläche mit dem Radius $r(2\pi)$.

Die Begründung dafür, dass $K < C_n$ und analog $I_n < K$ für alle n, lautet bei Archimedes: Die vom Mittelpunkt des Kreises bzw. Anfangspunkt der Spirale an die Spirale gezogenen Halbstrahlen bilden eine arithmetische Folge $\left(r\left(\frac{2\pi\nu}{n}\right)\right)$, $\nu = 1, \ldots, n$, deren kleinstes Glied $r\left(\frac{2\pi}{n}\right)$ der Folgendifferenz und deren größtes Glied dem Kreisradius $r(2\pi)$ gleich ist.

Berücksichtigt man noch, dass die Flächen der hier betrachteten ähnlichen, d. h. denselben Zentriwinkel $2\pi/n$ aufweisenden Kreissektoren dem Quadrat ihres Radius proportional sind, so sind alle Voraussetzungen zur Anwendung von Satz 10 erfüllt; denn damit ist die Summe C_n der der Spirale umbeschriebenen Sektoren proportional der Summe der Quadrate der zugehörigen Radien, also proportional der Summe der Quadrate der Glieder einer arithmetischen Folge. Diese Summe ist aber nach Satz 10 größer als ein Drittel einer gleichen Anzahl von Quadraten des größten Gliedes der Folge und damit ist $C_n > K$. Entsprechend wird mit Hilfe von Satz 10 gezeigt,[37] dass $I_n < K$ für alle n.

---

[37] In moderner Form sieht das so aus:

C_n besteht aus n Kreissektoren mit den Zentriwinkeln $\dfrac{2\pi}{n}$ und den Radien $\nu \cdot \dfrac{r(2\pi)}{n}$, $\nu = 1, \ldots, n$. Damit ist

$$C_n = \frac{1}{2} \cdot \frac{(r(2\pi))^2}{n^3} \cdot 2\pi \sum_{\nu=1}^{n} \nu^2 = \frac{(r(2\pi))^2}{n^3} \cdot \pi \cdot \sum_{\nu=1}^{n} \nu^2$$

In Satz 10 war aber bewiesen worden:

$$3 \cdot \sum_{\nu=1}^{n} \nu^2 = (n+1) \cdot n^2 + \sum_{\nu=1}^{n} \nu > n^3 = 3 \cdot \sum_{\nu=1}^{n} \nu^2 - n^2 - \sum_{\nu=1}^{n} \nu > 3 \cdot \sum_{\nu=1}^{n-1} \nu^2.$$

Damit ist $3C_n > (r(2\pi))^2 \cdot \pi$, d. h. $C_n > K$ für alle n.

Entsprechend ist $I_n = \dfrac{(r(2\pi))^2}{n^3} \cdot \pi \cdot \displaystyle\sum_{\nu=1}^{n-1} \nu^2 < \dfrac{(r(2\pi))^2 \cdot \pi}{3} = K.$

Der indirekte Nachweis dafür, dass $K = S$, entspricht dem üblichen Vorgehen.[38]

Die übrigen Sätze werden in derselben Weise wie Satz 24 bewiesen. Damit ist der Inhalt der für die Wirkungsgeschichte des Mathematikers Archimedes so bedeutungsvollen ‚Spiralenabhandlung‘ ebenso wie der aus der Art ihres Aufbaues nur schwer rekonstruierbare Hintergrund umrissen.

Gleichzeitig ist damit ausreichendes Material angeboten, um die Konturen der von Archimedes geschaffenen neuen Mathematik erkennbar zu machen. Hauptgegenstand dieser neuen Mathematik sind Inhaltsbestimmungen, d. h. Rektifikationen, Flächen- und Volumenberechnungen in einer durch die pythagoreische Tradition vorgegebenen Verhältnisform. Dabei werden die aus dieser Tradition stammenden Vorstellungen einer „diskreten" Geometrie im heuristischen Bereich und damit insbesondere bei der konstruktiven mechanischen Methode noch wirksam, erscheinen aber durch die seit Eudoxos übliche nichtheuristische strenge Darstellung vollkommen verwischt. Für die Virtuosität, mit der Archimedes die durch Eudoxos vorgegebene Darstellungsform beherrschte, bietet die ‚Spiralenabhandlung‘ ein besonders eindrucksvolles Beispiel.

In ihr deutet sich ein Übergang von einer finitesimalen zu einer infinitesimalen Betrachtungsweise an, ein Übergang, der die Entstehung der Infinitesimalmathematik des 17. Jh. maßgeblich beeinflusste, und dessen auch heutigen Anforderungen weitgehend genügende Darstellung in der ‚Spiralenabhandlung‘ ein Modell für die zu Beginn des 19. Jh. erhobenen Forderungen nach größerer Strenge bot.[39]

4.3 Archimedes und die „angewandte" Mathematik

Die von Archimedes bearbeiteten Teile der griechischen Mathematik überdecken – im Rahmen seiner Tätigkeit als Astronom und Instrumentenbauer fast selbstverständlich – auch solche, die wir der angewandten Mathematik zurechnen können. Diese Zuweisung rechtfertigt sich gelegentlich nur durch die Wirkungsgeschichte dieser Teile Archimedischer Mathematik bzw. durch den praxisbezogenen Ausgangspunkt, nicht aber durch das Archimedische Selbstverständnis. So ist die auf uns nur fragmentarisch gekommene ‚Kreismessung‘ ihrer Darstellung nach der reinen Mathematik zuzurechnen. Die darin enthaltenen Abschätzungen und Näherungswerte erscheinen allerdings weitgehend als ein Teil der griechischen Logistik, also der in der Praxis angewandten Arithmetik. Dabei ist es durchaus denkbar, dass die von Archimedes angegebenen Abschätzungen für die Kreiszahl seinem Bemühen entsprechen, ein bei der Kugel gefundenes ganzzahliges Verhältnis zwischen der Kugeloberfläche und einem Großkreis in analoger Weise beim Kreis, also beim Verhältnis von Kreisumfang zu Durchmesser zu finden. Dass Archimedes später versucht hat, das Verhältnis von Umfang zu Durchmesser beim Kreis zwischen noch enge-

---

[38] Siehe dazu Gericke (2), S. 265.

[39] Als Beispiel ist hier vor allem Carl Friedrich Gauß zu nennen, der in seiner Kritik an den Mathematikern des 18. Jh. immer wieder auf die Notwendigkeit des *rigor antiquus* hinwies.

ren Grenzen einzuschließen, als er sie in der ‚Kreismessung' angegeben hat, ist durchaus verträglich mit der bei dem „Praktiker" und „Mechaniker" Archimedes zu vermutenden diskreten Struktur von Materie und Raum. Archimedes' Bemühungen wären bei einer solchen Deutung als Versuche zu verstehen, sich den kleinsten Einheiten dieser diskreten Struktur zu nähern. Allerdings genügten die von Archimedes gefundenen, nur über Heron bekannten rationalen Näherungswerte für die Kreiszahl dem Kriterium der Einfachheit, d. h. dem der Verhältnisse von kleinen ganzen Zahlen nicht mehr. Dies würde eine neupythagoreische Redaktion der ‚Kreiszahl' zumindest denkbar erscheinen lassen, wonach nur die relativ einfachen Näherungswerte im überlieferten Text stehen blieben.

Dies sind zwar nur Vermutungen, die in den mangels geeigneter Quellen verhältnismäßig großen Deutungsspielraum für den Denkhintergrund von Archimedes fallen; Archimedes hätte auch Durchmesser und Umfang des Kreises als miteinander inkommensurabel ansehen und für das irrationale Verhältnis rationale Näherungswerte suchen können.

Was uns von Archimedes in diesem Zusammenhang allein zur Verfügung steht, ist rein mathematisch und selbst für den nur an der technischen Herleitung der überlieferten Werte Interessierten zu dürftig. Kein Wunder also, dass sich ein Großteil der sich mit dem Mathematiker Archimedes beschäftigenden Literatur gerade mit den Näherungswerten für die Kreiszahl π und die damit in Verbindung stehende Quadratwurzel aus 3 befasste. Dieser Themenkreis sowie Archimedes' Leistungen im Hinblick auf eine sich später entwickelnde Trigonometrie sollen stellvertretend für den „angewandten" Mathematiker vorgestellt werden.

4.3.1   Näherungswerte für π und $\sqrt{3}$

Ausgangspunkt für die folgenden Überlegungen ist Satz 3 der ‚Kreiszahl':

> Der Umfang eines jeden Kreises ist dreimal so groß wie der Durchmesser und noch um etwas größer, nämlich um weniger als ein Siebtel und um mehr als 10/71 des Durchmessers[40]

Das Verfahren von Archimedes besteht darin, sukzessive vom regulären um- und einbeschriebenen Sechseck ausgehend und durch Winkelhalbierung bis zum 96-Eck aufsteigend durch das Verhältnis von Polygonumfang zu Kreisdurchmesser die Kreiszahl von oben und unten einzuschließen.

Dabei geht Archimedes bei der Berechnung des Umfangs u_{2n}^u des umbeschriebenen regulären $2n$-Ecks aus dem Umfang u_n^u des umbeschriebenen regulären n-Ecks von den folgenden Überlegungen aus:

Sei BC die halbe Seite des dem Kreis mit dem Mittelpunkt E umbeschriebenen n-Ecks, der Winkel BEC durch DE halbiert und damit DC die halbe Seite des umbeschriebenen $2n$-Ecks (s. Abb. 4.9).

---

[40] AO I, S. 236.

Abb. 4.9

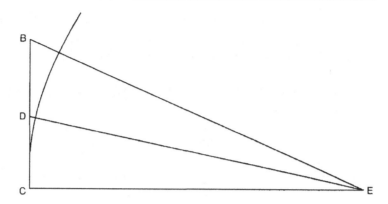

Nach diesen Voraussetzungen gilt nach einer elementargeometrischen Beziehung für die Winkelhalbierende die Gleichheit der folgenden Verhältnisse:

$$\frac{BE}{EC} = \frac{BD}{DC} \Rightarrow \frac{BE + EC}{EC} = \frac{BD + DC}{DC} = \frac{BC}{DC} \Rightarrow \frac{BE + EC}{BC} = \frac{EC}{DC}; \quad (4.1)$$

setzt man nun

$$\frac{BC}{CE} = \frac{A_n}{B_n}, \frac{DC}{EC} = \frac{A_{2n}}{B_{2n}}, \quad \text{wobei } A_n = A_{2n} = 1 \text{ und } \frac{BC}{BE} = \frac{A_n}{C_n} = \frac{1}{C_n}$$

mit $C_n^2 = A_n^2 + B_n^2 = 1 + B_n^2$ ist, dann gilt nach (4.1):

$$\frac{EC}{DC} = \frac{B_{2n}}{A_{2n}} = B_{2n} = \frac{BE + EC}{BC} = \frac{B_n + C_n}{A_n} = B_n + C_n.$$

Für den Polygonumfang ergibt sich

$$u_n^u = n \cdot 2 \cdot BC \quad \text{bzw.} \quad u_{2n}^u = 2n \cdot 2 \cdot DC;$$

entsprechend gilt für die zugehörigen Näherungswerte π_n^u für die Kreiszahl:

$$\pi_n^u = \frac{u_n^u}{2CE} = n \cdot \frac{BC}{CE} = n \cdot \frac{A_n}{B_n} = \frac{n}{B_n} \text{bzw.}$$

$$\pi_{2n}^u = \frac{u_{2n}^u}{2CE} = 2n \cdot \frac{DC}{CE} = 2n \cdot \frac{A_{2n}}{B_{2n}} = \frac{2n}{B_n + C_n}.$$

Mit diesen genau dem Vorgehen von Archimedes entsprechenden Formeln[41] lassen sich nun ausgehend für die Werte beim 6-Eck, $B_6 = \sqrt{3}$ und $C_6 = 2$, die Werte von $\pi_n^u, n = 6$, 12, 24, 48, 96 usw. berechnen, wobei Archimedes ebenso wie bei den einbeschriebenen n-Ecken mit $n = 96$ aufhört.

---

[41] Die Formeln selbst stehen nicht bei Archimedes, dem ja noch keine indizierten Größen zur Verfügung standen. Sein schrittweises Vorgehen wird aber durch diese Formeln adäquat wiedergegeben.

Abb. 4.10

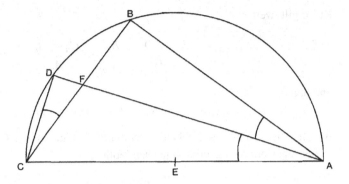

Im Fall der einbeschriebenen regulären Polygone geht Archimedes von einer entsprechenden Beziehung aus:

Sei BC die Seite des einbeschriebenen regulären n-Ecks im Kreis mit dem Durchmesser CA und dem Mittelpunkt E, DA die Winkelhalbierende des Winkels BAC (s. Abb. 4.10), dann gilt:

$\triangle ADC$ ähnlich $\triangle CDF$, wobei F der Schnittpunkt von DA und BC ist. Die Ähnlichkeit ergibt sich wegen der Gleichheit der Winkel DAC und DCB, sowie des gemeinschaftlich rechten Winkels bei D. Damit verhalten sich entsprechende Seiten gleich, also

$$\frac{AD}{DC} = \frac{CD}{DF} = \frac{AC}{CF}.$$

Da FA Winkelhalbierende des Winkels CAB ist, gilt aber weiterhin:

$$\frac{AC}{CF} = \frac{AC + AB}{BC} = \frac{AD}{DC}.$$

Damit gilt $u_n^e = n \cdot BC$ und $u_{2n}^e = 2n \cdot DC$ sowie

$$\pi_n^e = \frac{u_n^e}{AC} = n\frac{BC}{AC} \quad \text{und} \quad \pi_{2n}^e = 2n \cdot \frac{DC}{AC}.$$

Setzt man nun

$$\frac{BC}{AC} = \frac{A_n}{C_n}, \quad \frac{DC}{AC} = \frac{A_{2n}}{C_{2n}}, \quad \frac{BC}{BA} = \frac{A_n}{B_n}, \quad \frac{DC}{DA} = \frac{A_{2n}}{B_{2n}},$$

wobei wiederum $A_n = A_{2n} = 1$ und

$$C_n = \left(A_n^2 + B_n^2\right)^{\frac{1}{2}} = \left(1 + B_n^2\right)^{\frac{1}{2}}$$

bzw.

$$C_{2n} = \left(1 + B_{2n}^2\right)^{\frac{1}{2}}$$

ist, so gilt, weil

$$\frac{AD}{DC} = \frac{B_{2n}}{A_{2n}} = \frac{C_n + B_n}{A_n}$$

und damit

$$B_{2n} = C_n + B_n \quad \text{ist:} \; C_{2n} = \left[1 + (B_n + C_n)^2\right]^{\frac{1}{2}}.$$

Als sich aus den einbeschriebenen, regulären Polygonen der Eckenzahl $6 \cdot 2^n$ ergebende Näherungswerte von π erhält man schließlich:

$$\pi_n^e = n \cdot \frac{BC}{AC} = n \cdot \frac{A_n}{C_n} = \frac{n}{C_n} \quad \text{und}$$

$$\pi_{2n}^e = \frac{2n}{C_{2n}} = 2n \cdot \left[1 + (B_n + C_n)^2\right]^{-\frac{1}{2}}.$$

Damit ist man nun ausgehend vom einbeschriebenen regulären Sechseck mit den Werten $A_6 = 1$, $B_6 = \sqrt{3}$ und $C_6 = 2$ in der Lage, sukzessive die π_n^e für $n = 6, 12, 24$ usw. zu berechnen, wobei Archimedes wiederum bei $n = 96$ halt macht.

Da die entsprechenden Bestimmungsdreiecke für die ein- und umbeschriebenen Polygone ähnlich sind, braucht man die durch die B_n und C_n gegebenen Seitenverhältnisse nur einmal zu rechnen.

Mit Hilfe eines achtstelligen elektronischen Taschenrechners kann man in verhältnismäßig kurzer Zeit die folgende Tabelle erstellen:

n	A_n	B_n	C_n	π_n^u	π_n^e
6	1	1,7320508	2	3,4641015	3
12	1	3,7320508	3,8637032	3,2153902	3,1058286
24	1	7,5957540	7,6612974	3,1596597	3,1326285
48	1	15,2570514	15,289787	3,1460863	3,1393503
96	1	30,546838	30,563201	3,1427147	3,1410321

Aus ihr ergibt sich mit dem gewichteten Mittel $p_n := \frac{2\pi_n^e + \pi_n^u}{3}$ für $n = 96$ mit $3,1415929$ ein erst in der siebten Dezimale von π abweichender Wert.

Archimedes verfügte natürlich über keinen elektronischen Taschenrechner; er musste vor allem die in den Ausdrücken für B_n und C_n, $n = 6 \cdot 2^i$, $i = 1, 2, \ldots$ auftretende Größe $\sqrt{3}$ durch einen rationalen Näherungswert ersetzen, der je nach der Richtung der Abschätzung passend größer oder kleiner als $\sqrt{3}$ gewählt wurde.

Genau genommen musste Archimedes, da $\sqrt{3}$ sowohl bei der Berechnung der π_n^u als auch der π_n^e jeweils nur im Nenner und dabei mit positiven Vorzeichen auftritt, bei den π_n^u, für die ja $\pi_n^u > \pi$ gilt, mit einem kleineren Wert als $\sqrt{3}$, nämlich $(265/153)$, und bei den π_n^e entsprechend $\pi_n^e < \pi$ mit dem größeren Wert $(1351/780)$ rechnen.[42]

---

[42] Es gilt ja: $\pi_n^u = \frac{n}{B_n}$, $\pi_n^e = \frac{n}{C_n}$, $B_6 = \sqrt{3}$, $C_6 = 2$; $B_{2n} = B_n + C_n$ und $C_{2n} = [1 + (B_n + C_n)^2]^{\frac{1}{2}}$.

Hier stellt sich die Frage: Wie kam Archimedes zu diesen Näherungswerten für $\sqrt{3}$, und wie bestimmte er die bei der Berechnung der C_{2n} aus B_n und C_n erforderlichen Näherungswerte für die dabei auftretenden Quadratwurzeln? Die Vielzahl der verschiedenen Antworten auf diese Fragen erklärt sich einfach daraus, dass im uns überlieferten Text der ‚Kreiszahl' nur die Ergebnisse der Berechnung in Form numerischer Werte, nicht aber das angewandte Verfahren zur Bestimmung der Quadratwurzelnäherung angegeben ist.

Im Laufe der mehr als einhundertjährigen Forschung auf diesem Gebiet wurden auch eine Reihe von Kriterien entwickelt, denen die angebotenen Lösungen genügen sollten. Diese Kriterien sind ihrerseits wiederum abhängig gemacht worden vom Gültigkeitsbereich der Verfahren; so sollte eine solche Lösung gegebenenfalls auch die für die von Heron überlieferten engeren Grenzen für π erforderlichen Rechenschritte mit erfassen.

Ausgehend von der Tatsache, dass für die von Archimedes verwendeten rationalen Näherungswerte von $\sqrt{3}$

$$\frac{265}{153} < \sqrt{3} < \frac{1351}{780}$$

keine anderen mit kleinerem Nenner, die näher an $\sqrt{3}$ liegen, gefunden werden können, ergibt sich, dass diese Näherungen Glieder der Kettenbruchentwicklung von $\sqrt{3}$ sind. Damit ist eine Gruppe der Lösungsvorschläge, nämlich mit Hilfe von Kettenbruchentwicklung, bereits angesprochen.[43]

Ein gegen ein auf der gewöhnlichen Kettenbruchentwicklung von $\sqrt{3}$ fußendes oder mit ihr äquivalentes Verfahren vorgebrachtes Argument ist, dass die beiden archimedischen Werte in der Folge der Näherungsbrüche:

$$1, 2, \frac{5}{3}, \frac{7}{4}, \frac{19}{11}, \frac{26}{15}, \frac{71}{41}, \frac{97}{56}, \frac{265}{153}, \frac{362}{209}, \frac{989}{571}, \frac{1351}{780}, \cdots$$

nicht unmittelbar nebeneinander stehen. Man verlangte deshalb von den vorgeschlagenen Verfahren, dass sie in unmittelbar aufeinanderfolgenden Schritten die archimedischen Werte ergaben. Außerdem sollte mit einem solchen Verfahren möglichst auch der Ausgangspunkt der Folge von Näherungsbrüchen, meist 5/3, begründet werden, was aber in den Versuchen fast nie gemacht wird.

Ein weiteres Kriterium wäre Einfachheit des Verfahrens. Die dieses Kriterium verletzende Aufwendigkeit einer ganzen Reihe von Lösungsvorschlägen wurde immer mit der einzigartigen mathematischen Intuition von Archimedes begründet, der auch das anspruchsvollste Verfahren zuzutrauen wäre.

So wird z.B. Archimedes das nach Bailey benannte Iterationsverfahren zur Bestimmung eines verbesserten Näherungswertes b_2 für $\sqrt{a}$ aus einem ersten Näherungswert b_1: $b_2 = \frac{3a+b_1^2}{a+3b_1^2}$ zugetraut, da sich damit für die Anfangswerte $b_1 = \frac{5}{3}$ bzw. $\frac{7}{4}$ für $\sqrt{3}$ unmittelbar die von Archimedes verwendeten Werte $b_2 = \frac{265}{153}$ bzw. $\frac{1351}{780}$ ergeben.[44]

---

[43] Für eine gute Übersicht der bis 1942 entwickelten, auf der Kettenbruchmethode fußenden Verfahren siehe J. E. Hofmann (1) bis (4).

[44] Siehe Gazis und Herman.

Obwohl mit diesem Verfahren i. Allg. in unmittelbar aufeinanderfolgenden Schritten die von Archimedes verwendeten Werte gefunden werden, ist es fast immer unmöglich, diese Methoden mit einer bis zu den Babyloniern zurückreichenden Entwicklung numerischer Verfahren zur näherungsweisen Bestimmung von Quadratwurzeln zu verbinden.

Dies gilt auch für den eindrucksvoll einfachen Vorschlag von J. E. Hofmann (4), S. 459, der ausgehend von den leicht zu bestätigenden und deshalb bei Archimedes als bekannt vorausgesetzten Ungleichungen $\frac{5}{3} < \sqrt{\frac{3}{1}}$ und $\sqrt{\frac{3}{1}} < \frac{7}{4}$ mit Hilfe der weiteren durch eine modifizierte arithmetische Mittelbildung erhaltenen Ungleichungen $\sqrt{\frac{u}{v}} \lessgtr \frac{3u+v}{u+3v}$, je nachdem ob $u \lessgtr v$, unmittelbar über

$$1 < \frac{3}{5}\sqrt{\frac{3}{1}} = \sqrt{\frac{27}{25}} > \frac{3 \cdot 27 + 25}{27 + 3 \cdot 25} = \frac{53}{51} \quad \text{oder} \quad \sqrt{3} > \frac{5}{3} \cdot \frac{53}{51} = \frac{265}{153} \quad \text{und}$$

$$1 > \frac{4}{7}\sqrt{\frac{3}{1}} = \sqrt{\frac{48}{49}} < \frac{3 \cdot 48 + 49}{48 + 3 \cdot 49} = \frac{193}{195} \quad \text{oder} \quad \sqrt{3} < \frac{7}{4} \cdot \frac{193}{195} = \frac{1351}{780}$$

zu den Archimedischen Werten kommt. [45]

Im Gegensatz dazu wird der geometrische Vorstellungshintergrund der Griechen in einem in der Literatur wenig bekannten Vorschlag von Czwalina berücksichtigt. Ausgehend von dem Problem, das Verhältnis der Strecken x und e näherungsweise zu bestimmen, wobei das Quadrat mit der Seite x dreimal so groß sein soll wie das Quadrat mit der Seite e (also $x^2 = 3e^2$), bestimmt Czwalina die Differenz $d = 3x - 5e$. Diese ist wegen $(3x)^2 = 9x^2 = 27e^2 > 25e^2$ positiv, also (1) $3x - 5e > 0$.

Das Quadrat über d wird in ein Rechteck der Länge e verwandelt, für dessen Breite sich der Wert $52e - 30x$ und damit (2) $26e - 15x > 0$ ergibt.

Das Rechteck mit den Seiten $(3x - 5e)$ und $(26e - 15x)$ wird wiederum in ein Rechteck der Länge e verwandelt. Als Breite ergibt sich jetzt $153x - 265e$ und damit $153x - 265e > 0$ oder $\sqrt{3} = \frac{x}{e} > \frac{265}{153}$.

Eine entsprechende Rechtecksumwandlung für das Rechteck aus den Seiten $(3x - 5e)$ und $(153x - 265e)$ führt unmittelbar zu der Breite $(2702e - 1560x)$ bzw. dem Näherungswert $\frac{1351}{780}$ für $\frac{x}{e}$ mit $\frac{x}{e} < \frac{1351}{780}$.

Czwalina erwähnt dabei nicht, dass die hier zugrundeliegende Flächenanlegung direkt mit der Kegelschnittslehre, einem Arbeitsgebiet von Archimedes zusammenhängt. [46]

Vor dem Hintergrund einer durch Streckenverhältnisse symbolisierten, ursprünglich pythagoreischen Zahlentheorie ist das Verfahren von Knorr zu sehen, der unter der Voraussetzung $a : b < c : d$ die Gültigkeit der Ungleichungen $a : b < (na + mc) : (nb + md) < c : d$ für beliebige natürliche n und m benutzt.

Wenn $a : b = c : d$, dann auch $a : b = (a + c) : (b + d) = c : d$. [47]

Unter der Voraussetzung $a : b < c : d$ lässt sich die Existenz eines positiven e und f folgern mit der Eigenschaft (1) $a : b = c : (d + e)$ bzw. (2) $(a + f) : b = c : d$. aus (1)

---

[45] Zur Kritik an Hofmann siehe Vogel (1), S. 152.
[46] Siehe Czwalina (2).
[47] Euklid, Elemente VII 12.

und der obigen Beziehung ergibt sich:

$$a : b = (a + c) : (b + d + e) < (a + c) : (b + d) \tag{3}$$

Aus (2) und Elemente VII, 12 ergibt sich

$$c : d = (a + c + f) : (b + d) > (a + c) : (b + d) \tag{4}$$

Aus (3) und (4) folgt

$$a : b < (a + c) : (b + d) < c : d \tag{5}$$

Ersetzt man bei beliebigen natürlichem n und m, $a : b$ durch $(na) : (nb)$ bzw. $c : d$ durch $(mc) : (md)$, so folgt unmittelbar aus (5) die von Knorr benutzte Beziehung:

$$a : b < (na + mc) : (nb + md) < c : d.$$

Aus den als Archimedes bekannt vorausgesetzten Ungleichungen $5/3 < \sqrt{3} < 9/5$ ermittelte Knorr mit $n_1 = 5$ und $m_1 = 3$ den Näherungswert $26/15$, mit $n_2 = 26$ und $m_2 = 15$ den Näherungswert $265/153$ und schließlich mit $n_3 = 265$ und $m_3 = 153$ den Näherungswert $1351/780$ für $\sqrt{3}$.[48]

Der sicherlich einfachste und auch unserem Wissen um in der Antike gebräuchliche Verfahren am besten angepasste Vorschlag stammt von Kurt Vogel.

Hier wird die bereits bei den Babyloniern und später bei Heron nachweisbare Näherungsmethode für Quadratwurzeln angewandt:

$$\sqrt{a} = \sqrt{a_i^2 + r_i} \approx a_i + \frac{r_i}{2a_i} = a_{i+1} \left(= \frac{1}{2} \left(a_i + \frac{a}{a_i} \right) \right),$$

wobei sich für

$$a = 3 = \frac{27}{9} = \frac{25}{9} + \frac{2}{9} = \left(\frac{5}{3} \right)^2 + \frac{2}{9},$$

$a_1 = \frac{5}{3}$, $a_2 = \frac{26}{15}$ und schließlich $a_3 = \frac{1351}{780}$ ergeben.

Um auch den zweiten Archimedischen Wert $\frac{265}{153}$ zu erhalten, ersetzt Vogel die Näherungsformel $a_2 = a_1 + \frac{r_1}{2a_1}$ durch die modifizierte $a_3' = a_1 + \frac{r_1}{a_1 + a_2}$, was für $a_1 = \frac{5}{3}$, $a_2 = \frac{26}{15}$ unmittelbar $a_3' = \frac{265}{153}$ und für $a_1 = \frac{5}{3}$, $a_2 = \frac{265}{153}$ dann $a_3' = \frac{1351}{780}$ ergibt.

---

[48] Siehe Knorr (2), S. 138 f., der die Möglichkeit eines solchen Vorgehens von Archimedes durch eine Pythagoreische Tradition der Methode von Seite und Diagonale und das Auftreten ähnlicher Techniken in der ‚Arithmetik' des Diophant gestützt sieht. Dass Archimedes zumindest teilweise mit den Diophantischen Techniken vertraut war, folgert Knorr aus dem Rinderproblem, das ja die Lösung Diophantischer Gleichungen erforderlich macht.

Ob es sich dabei – entsprechend dem Vorgehen von Eutokios im Kommentar zur ‚Kreismessung' – um eine Annäherung von unten oder oben handelt, lässt sich am einfachsten durch direkte Berechnung entscheiden. Unter der Voraussetzung $a_1 < \sqrt{a}$ gilt jedenfalls für die a_i, $i \geq 2$ der ursprünglichen babylonischen Methode $a_i > \sqrt{a}$.

Dies könnte ein Motiv für Archimedes oder einen seiner Vorgänger gewesen sein, die Näherungsformel zu modifizieren, um auch eine Annäherung von unten zu erhalten.[49]

Die Anzahl der Lösungsvorschläge für das Problem, wie Archimedes Quadratwurzeln und insbesondere $\sqrt{3}$ numerisch bestimmte, ist außerordentlich groß. Die hier angegebenen Verfahren stellen nur einen Teil der in der Archimedesliteratur bis heute entwickelten dar.[50]

Die Näherungsverfahren zur Bestimmung von Quadratwurzeln tauchen in den uns bekannten Archimedischen Werken nur in der ‚Kreismessung' auf. Dieses Werk muss in seiner ursprünglichen Fassung wesentlich umfangreicher gewesen sein als in der uns erhaltenen. Dafür spricht u. a., dass Heron aus der ‚Kreismessung' einen Satz über den Inhalt eines beliebigen Kreissektors erwähnt, der in der heutigen Fassung nicht enthalten ist.[51] Nach Knorr gehörten zur ursprünglichen Fassung auch noch die sehr viel genaueren Abschätzungen für π, von denen Heron ebenfalls in den ‚Metrika' berichtet.[52]

Heron gibt als Quelle für diese Abschätzungen allerdings nicht die ‚Kreismessung', sondern ein Werk mit dem Titel ‚Über Plinthiden und Zylinder' an. *Plinthos* ist das Fachwort für die Basis einer Säule. Mutmaßlich handelt es sich hier um ein Fachwerk oder Lehrbuch für Architekten, was mit den bautechnischen Interessen von Archimedes, wie sie aus den von Drachmann rekonstruierten mechanischen Schriften ersichtlich werden, gut übereinstimmen würde. Warum aber die besten aus der Antike bekannten Näherungswerte für π gerade in einem solchen Werk stehen sollten, wird nur verständlich, wenn man diese Werte entsprechend Herons Bericht als Beispiel für eine der Praxis des konkreten Messens nicht angepasste Leistung der Theorie angibt, aus der sich der für den Baumeister handliche Näherungswert 22/7 ohne weiteres ableiten lässt. Knorr vermutet deshalb, dass die eigentliche Theorie dieser schärferen Abschätzungen in der ursprünglichen Fassung der ‚Kreismessung' enthalten war, dass aber bereits die Heron zugängliche Fassung diese Werte nicht mehr aufwies.[53]

---

[49] Siehe Vogel (1).

[50] Andere und z. T. vollständigere Übersichten der jeweils angebotenen Alternativen bieten Heath, The Works of Archimedes (Literaturverzeichnis 1.2.2.), S. LXXIV–XCIX; Dijksterhuis, Archimedes (1.2.2.), S. 229–238; Stamatis (1), Gazis und Herman sowie Knorr (2), der S. 127 auch auf einen in Vorbereitung befindlichen Artikel über die Auf- und Abrundungstechnik von Archimedes beim Quadratwurzelziehen hinweist.

[51] Siehe Heron Metrika I 37 = Heronis Alexandrini Opera Bd. 3 (hrsg. v. H. Schöne), Leipzig 1903, S. 86.

[52] Metrika I 25 = Opera Bd. 3, S. 66.

[53] Siehe Knorr (2), S. 133, der es andererseits für möglich hält, dass Heron die ihm fachlich näher stehende Schrift ‚Über Plinthiden und Zylinder' zitiert, obwohl er auch auf die diese Berechnungen noch enthaltende ‚Kreismessung' hätte hinweisen können.

Dies würde auch eine Erklärungsmöglichkeit für die in dem uns überlieferten Heronischen Text enthaltenen Fehler bieten. Der Text behauptet nämlich:

$$211.875 : 67.441 < \pi < 197.888 : 62.351$$

Tatsächlich ist das erste der beiden Verhältnisse nicht kleiner, sondern größer als π, und das zweite ein wesentlich schlechterer Näherungswert als $22/7$.

Unter der Voraussetzung, dass

1. die Archimedischen Abschätzungen richtig waren,
2. eine Abschätzungsgenauigkeit in der Größenordnung der Nenner also von $1/60.000$ beabsichtig war[54],
3. die Anzahl der Fehlschreibungen bei den durch Buchstaben gekennzeichneten Zahlen möglichst gering und paläographisch entsprechend anderen Fehlschreibungen desselben Manuskriptes zu rechtfertigen sein sollte,

rekonstruierte Knorr die folgenden Abschätzungen als ursprünglich archimedisch:

$$197.888 : 62.991 < \pi < 211.875 : 67.441.$$

Dabei ist eine aus der Praxis des numerischen Rechnens leicht erklärbare Umkehrung der Abschätzungsrichtung und die Veränderung eines der beiden Nenner lediglich an zwei Stellen erforderlich. Für die Beibehaltung der Zähler führt Knorr weiterhin deren Primfaktorenzerlegung an. Die besondere Form dieser Zerlegungen legt eine Entstehung der Zähler als Umfang von regulären Polygonen, die durch einen Prozess wiederholter Seitenverdoppelung entstanden sind, nahe. Allerdings braucht Knorr dazu als Ausgangspunkt ein reguläres Zehneck, mit dem er unter Annahme entsprechender Näherungswerte für $\sqrt{5}$ die angegebenen Näherungswerte in derselben Weise wie in der auf uns gekommenen ‚Kreiszahl' zu ermitteln vermag. Im Gegensatz zu Knorr hatte Hoppe bei den von Heron überlieferten Werten die Nenner als richtig angesehen und unter der Voraussetzung von gegenüber den in der ‚Kreiszahl' enthaltenen verbesserten Näherungswerten für $\sqrt{3}$ mit Hilfe des 384-Ecks, also zweier weiterer Seitenzahlverdopelungen des 96-Ecks, mit dem die ‚Kreiszahl' abbricht, zwei neue Zähler rekonstruiert. [55]

---

[54] Unter dieser Voraussetzung glaubt Knorr (2), S. 131, die Aussage des Archimedes-Kommentators Eutokios, wonach Apollonios eine Verbesserung der von Archimedes abgeleiteten Näherungswerte für π in einen ‚Okytokion' betitelten Werk erzielte und dabei Werte in der Größenordnung von 10^4 bei den Berechnungen verwendete, als Missverständnis deuten zu können. Danach hätte Apollonios die Werte von Archimedes als Beispiel herangezogen und Eutokios später dieses Beispiel als von Apollonios selbst stammend angesehen.

[55] Siehe Knorr (2), S. 122 f. Die Argumente gegen Hoppe finden sich bei Knorr (2), S. 119 f.

Knorr interpretiert die von ihm vorgeschlagenen Näherungswerte für π als „Rohwerte", die mit Hilfe des Euklidischen Divisionsalgorithmus auf die folgenden Ungleichungen zurückgeführt werden konnten:

$$333 : 106 < \pi < 377 : 120,$$

wobei das zweite Verhältnis durch Ptolemaios, der sich ausdrücklich auf Archimedes bezieht, eine gewisse Bestätigung erfährt. Trotz der hier auftretenden wesentlich kleineren Zahlen bleibt die Güte der Näherung beinahe voll erhalten. Die Deutung Knorrs ist auch mit dem verschiedentlich in Archimedischen Werken durchschimmernden pythagoreischen Hintergrund verträglich.

Als ein mögliches theoretisches Motiv hinter diesen numerischen Kraftakten von Archimedes vermutet Knorr ein aus geometrischen Überlegungen erwachsenes Verfahren zur Verbesserung der Konvergenzgüte des Verfahrens. Dabei stützt sich Knorr auf den Satz von Heron, dass das Kreissegment größer ist als 4/3 des größten in es einschreibbaren Dreiecks. Dieser Satz steht im engen Zusammenhang mit Archimedes' Inhaltsbestimmung des Parabelsegments, wobei Herons Beweis auch strukturell dem Archimedischen entspricht.

Die Heronische Ungleichung kann zur Verbesserung des Näherungsverfahrens bei der Polygonapproximation herangezogen werden. Ist nämlich p_n der Umfang des einbeschriebenen regulären n-Ecks, c der Kreisumfang, dann gilt:

$$\frac{1}{3}\left(4 p_{2n} - p_n\right) < c.$$

Mit dieser Ungleichung oder einer anderen, die mit dem Umfang p'_n des umbeschriebenen regulären n-Ecks den Kreisumfang von oben anzunähern gestattet, kann man gegenüber dem mühseligen Geschäft wiederholter Seitenverdoppelung bei vorgegebener Güte den Rechenaufwand erheblich reduzieren. So lässt sich mit diesen Ungleichungen bereits für das 12-Eck dieselbe Näherungsgüte erreichen wie für das 96-Eck.[56]

Allerdings sind solche konvergenzverbessernden Ungleichungen explizit erst im 17. Jh., etwa bei Huygens und James Gregory, nachweisbar.

4.3.2 Archimedes und die griechische Sehnenrechnung

Zu der Fülle von Deutungsmöglichkeiten, die gerade der nicht mehr erhaltene Teil der ursprünglichen ‚Kreismessung' zulässt, gehört auch der Bereich der Sehnenrechnung, des griechischen Äquivalents der ebenen Trigonometrie.

Es waren insbesondere die Bedürfnisse der griechischen Astronomie, die schließlich nach dem Vorbild einer babylonischen „Wissenschaft der Listen und Tafeln" zur Erstel-

---

[56] Knorr (2), S. 134 f.

lung von Sehnentafeln führten. Eine mit der Sehne von 0,5° beginnende und um jeweils 0,5° fortschreitende Tafel ist im ‚Almagest' des Ptolemaios erhalten.[57]

Über Theon von Alexandria, der einen Kommentar zum ‚Almagest' verfasst hat, wissen wir, dass bereits der Astronom Hipparch ein Werk ‚Über Kreissehnen' hinterlassen hatte. Ptolemaios, der Hipparch sehr oft erwähnt und zitiert, spricht von Hipparch in diesem Zusammenhang nicht. Unter der Voraussetzung, dass das erwähnte Werk von Hipparch bereits eine Sehnentafel enthielt, wurden in der Literatur verschiedene Vermutungen über die Art der Tafel vorgebracht. Die meisten Autoren halten die im ‚Almagest' enthaltene Tafel für die von Hipparch. Ein neuerer Rekonstruktionsversuch der Tafel von Hipparch mit Hilfe von altindischen Quellen ergab allerdings eine wesentlich einfachere Tafel, die mit Crd 7,5° beginnend jeweils um 7,5° fortschreitet und somit wesentlich gröber ist als die Ptolemäische.[58]

Angesichts des Umstands, dass Archimedes ungefähr ein Jh. älter ist als Hipparch, hängt die Behauptung, dass Archimedes zumindest einer der Väter einer griechischen Sehnenrechnung war, wesentlich davon ab, was es vor Hipparch zu entwickeln gab. Legt man nämlich wie Toomer eine sehr grobe Tafel bei Hipparch zugrunde, die lediglich die Berechnung von Crd $(180° - \alpha)$ und Crd $\frac{\alpha}{2}$ aus Crd α sowie einen guten Näherungswert für $\sqrt{2}$ voraussetzt, so bleibt für Archimedes kaum ein Entwicklungsspielraum. Stand hingegen Hipparch bereits das Rüstzeug von Ptolemaios zur Verfügung, d. h. zusätzlich die Möglichkeit, Crd $(\alpha \pm \beta)$ aus Crd α und Crd β sowie konkret Crd 120° und Crd 72° zu bestimmen, dann wird ein Anteil von Archimedes an diesem von Hipparch erreichten Wissensstand sehr viel wahrscheinlicher. Zu diesem Anteil ist ein Großteil des für die Aufstellung einer Sehnentafel erforderlichen mathematischen Rüstzeugs zu rechnen.

Die dabei inbegriffenen Näherungsmethoden für Quadratwurzeln, dazu gute Ausgangswerte für $\sqrt{2}$, $\sqrt{3}$ und $\sqrt{5}$ standen Archimedes aus der ‚Kreisrechnung' ersichtlich mit großer Sicherheit zur Verfügung. Tropfke hat darüberhinaus darauf verwiesen, dass der von Al-Bīrūnī als „Prämisse des Archimedes" bezeichnete Satz nach geringfügigen Ergänzungen dem Ptolemäischen Sehnensatz gleichwertig ist, mit dem sich Crd $(\alpha \pm \beta)$ aus Crd α und Crd β bestimmen lassen.[59]

Der Archimedes von Al-Bīrūnī zugeschriebene Satz findet sich tatsächlich in dem allerdings nur arabisch erhaltenen Archimedischen Buch ‚Über einander berührende Kreise'[60].

Allerdings enthält diese Schrift keinerlei Hinweis auf eine Anwendung dieses Satzes im Sinn des Ptolemäischen Lemmas. Alles, was man deshalb über die Rolle von Archimedes bei der Entstehung der griechischen Sehnenrechnung sagen kann, ist, dass er einerseits mit den ihm zu Gebote stehenden Methoden nicht nur die Ptolemäischen Sehnentafeln zu berechnen, sondern sogar zu verbessern vermocht hätte, andererseits abgesehen von

---

[57] Almagest I 11.
[58] Toomer (1), insbes. S. 19.
[59] Tropfke (1), S. 433–436; für die Kritik an Tropfke siehe Toomer (1), S. 21–23, aber auch S. 28, Fußnote 34.
[60] Siehe AO IV und Dold-Samplonius (1).

seinen Versuchen, die Distanzen zwischen den Planeten zu ermitteln, kaum ein Motiv hatte, eine Sehnentafel zu erstellen.[61]

Gegen die Aufstellung einer Sehnentafel durch Archimedes spricht auch das aus der ‚Kreisrechnung' sichtbar werdende Bestreben, irrationale Verhältnisse zwischen möglichst enge rationale Grenzen einzuschließen und damit die Güte und Richtung der Näherung zu kontrollieren. Mit anderen Worten, Archimedes hätte mit der Ptolemäischen Sehnentafel, die jeweils nur einen dreistelligen Sexagesimalbruch für die Sehne angibt, für seine Zwecke nichts anfangen können.

Die Benutzung von Tafelwerken für das praktische Rechnen setzt, wie es scheint, eine Einstellung voraus, die weder bei Archimedes noch bei dem wohl etwas älteren Aristarch zu finden ist. Die einzige uns erhaltene Schrift von Aristarch ‚Über die Größen und Abstände der Sonne und des Mondes' bestätigt dies, gleichzeitig aber auch, welche Möglichkeiten für die spätere Entwicklung der Sehnenrechnung gerade durch Archimedes geschaffen worden waren.

Damit ist eine Auswahl dessen, was bei Archimedes einer „angewandten" Mathematik zugerechnet werden kann, vorgestellt. Die in diesem Kapitel dargestellten Leistungen können allerdings nur beispielhaft und in keiner Weise vollständig auf das uns hinterlassene mathematische Werk hinweisen.[62]

Die dennoch verhältnismäßig ausführliche Vorstellung des Mathematikers Archimedes ist neben dem Anteil der mathematischen Schriften am Gesamtwerk bedingt durch die Wirkung der Archimedischen Mathematik, die sich über die Araber bis in die europäische Neuzeit nachweisen lässt.

---

[61] Siehe Abschnitt 3.5.

[62] Für vollständige Darstellungen des mathematischen Werkes von Archimedes siehe Heath (Literaturverzeichnis 1.2.1. und 1.2.2.) sowie Dijksterhuis (Literaturverzeichnis 1.2.2.).

Die späten Schüler von Archimedes: Fortleben und Wirkung der archimedischen Schriften

5

Für die Wirkungsgeschichte von Archimedes sind grundsätzlich zwei Bereiche zu unterscheiden:

1. der schwer kontrollierbare eines mehr legendären, zum Übermenschen stilisierten Archimedes
2. die direkten und indirekten Auswirkungen der tradierten Schriften auf die weitere Entwicklung von Mathematik und Naturwissenschaften.

Typisch für den ersten Bereich ist die Brennspiegellegende. Die Entwicklung riesiger Parabolspiegel, die aus verhältnismäßig kleinen Facetten von planen Spiegeln zusammengesetzt sind und z. B. heute in den USA und in Frankreich zur schnellen Erzeugung hoher Temperaturen im Rahmen von Materialprüfungen eingesetzt werden, hat mit dieser Legende zu tun. Die Rekonstruktionsversuche von Anthemius im 6. bis zu Buffon im 18. Jh. sind als Teil dieser Entwicklung anzusehen.[1]

Die Art der Ermutigung für solche Versuche, die von dem legendären Archimedes ausgeht, wird besonders deutlich aus einem Fragment des Anthemius über ungewöhnliche Apparate in einem Abschnitt, der überschrieben ist: „Wie man es einrichtet, dass an einem gegebenen, mindestens einen Bogenschuss entfernten Ort durch Sonnenstrahlen mindestens eine Entzündung eintritt". Im Anschluss an zwei Gründe, die die Unlösbarkeit dieses Problems darlegen sollten, bemerkt Anthemius:

> Da es aber nicht möglich ist, den Ruhm des Archimedes, von dem übereinstimmend von allen berichtet wird, dass er die feindlichen Schiffe mit Hilfe der Sonnenstrahlen verbrannte, zu zerstören, muss vernünftigerweise auch dieses Problem lösbar sein.

Die Lösung von Anthemius ist ein aus mehreren Planspiegeln zusammengesetztes Instrument, dessen Grundidee ebenfalls auf die Autorität von Archimedes zurückgeführt wird.

---

[1] Vgl. W. E. Knowles Middleton.

© Springer-Verlag Berlin Heidelberg 2016
I. Schneider, *Archimedes*, Mathematik im Kontext, DOI 10.1007/978-3-662-47130-2_5

… denn auch die, die über die von dem göttlichen Archimedes konstruierten Spiegel berichten, erzählten nicht von einem Brennspiegel, sondern von mehreren. Ich glaube auch, dass es keine andere Möglichkeit einer Verbrennung in diesem Abstand gibt.[2]

Diese Wirkungsform von Archimedes beschränkt sich auf die auch später bei den Arabern nachweisbare Funktion, bei schwierigen, meist technischen Problemen, den Glauben an die Existenz einer Lösung zu sichern und damit diese selbst vorzubereiten.

Im folgenden soll nun aber ausschließlich eine kurze Übersicht der uns heute bekannten, von den Archimedischen Schriften angeregten Entwicklungen versucht werden. Wesentlich dafür ist eine Kenntnis der Überlieferungsgeschichte der Archimedischen Werke. Diese ist aufgrund der Pionierarbeiten von Heiberg und Clagett bis zu den ersten Druckausgaben in der Renaissance weitgehend aufgeklärt.[3]

Die Textgeschichte der Archimedischen Werke setzt eigentlich erst in Byzanz mit den Bemühungen um eine Sammlung und Kommentierung ein, die vom 6. bis zum 10. Jh. nachweisbar sind. Trotz der häufigen Hinweise auf Archimedes in den Arbeiten der drei Alexandrinischen Mathematiker Heron, Pappos und Theon kann von einer starken Beachtung der Archimedischen Werke in der Antike ganz im Gegensatz zu den ‚Elementen' von Euklid nicht die Rede sein.

Ein Grund dafür ist vielleicht im Platonischen Wissenschaftsverständnis zu sehen. Für Platon muss eine Wissenschaft inhaltlich abschließbar sein, d. h. eine systematische Konstruktion aller in ihr enthaltenen Gegenstandstypen zugleich mit deren wechselseitigen Beziehungen zulassen. Dies hat zur Folge, dass Forschung verstanden als Suche nach einer solchen systematischen Konstruktion mit der Findung abgeschlossen ist, also nur einen vorübergehenden Zustand darstellt.[4]

Eine so abgeschlossene Wissenschaft bedarf keiner Forschung mehr und kann durch einen reinen Lernprozess weitergegeben werden. Damit ist eine Verbindung zwischen Wissenschaft und Bildung, bzw. Bildungsvermittlung hergestellt.

Es ist ziemlich wahrscheinlich, dass die Archimedischen Arbeiten über Inhalts- und Schwerpunktsbestimmungen im Platonischen Sinne als Wissenschaft, d. h. als abgeschlossene Forschungsgebiete betrachtet wurden. Im Gegensatz dazu konnten die ‚Elemente' Euklids, obwohl ähnlich abgeschlossen, als Grundlagen für immer neue mathematische Forschungsbereiche angesehen werden. In diesem Sinne boten die der Mathematik von Archimedes neu erschlossenen Gebiete kein Forschungsinteresse mehr. Es war dann eine Frage der Zeit, wann zumindest ein Teil Archimedischer Forschung zum vermittlungswürdigen Bildungsgut geworden sein würde. Dass dies für die Dauer des römischen Kultureinflusses nicht der Fall sein würde, ist klar. Die Bemühungen um Archimedes und gleich-

---

[2] A. Westermann, Paradoxographi Graeci, Braunschweig 1839, S. 149–158, speziell S. 152 f. und 156 f.; nach Ivo Schneider (1), S. 10.

[3] Für die folgende Übersicht kann ich mich daher weitgehend auf die Darstellungen von Heiberg in den Prolegomena zu AO III und von Clagett (4) bzw. (7) stützen.

[4] Diese Interpretation eines Platonischen Wissenschaftsverständnisses entnehme ich Gernot Böhme, S. 52.

zeitig um eine didaktische Aufbereitung seiner Schriften konnte erst einsetzen, als die Mathematik im Kanon der Ausbildungsfächer an den Hochschulen Konstantinopels ihren früheren Stellenwert wieder erreicht hatte. Das bedeutet natürlich nicht, dass Archimedes' mathematisches Werk tatsächlich in den Ausbildungsstoff für Mathematik integriert wurde. Vielmehr blieb dieser im *quadrivium* der *artes liberales* zusammengefasste und bis in die europäische Neuzeit tradierte elementarmathematische Stoff weit unter dem Niveau der Archimedischen Mathematik. Die zunächst wichtigsten Schriften von Archimedes, ,Über Kugel und Zylinder', die ,Kreismessung' und ,Über das Gleichgewicht ebener Flächen', blieben auch nach ihrer Erschließung durch die Kommentare von Eutokios nur einer verschwindend kleinen Minderheit zugänglich. Tatsächlich aber erleichterten die Kommentare von Eutokios den Zugang zum Archimedischen Werk ganz erheblich; außerdem wirkten sie für sich äußerst anregend auf die Mathematik des Mittelalters und der Renaissance, was z. B. am Problem des Einschubs zweier mittlerer Proportionaler zwischen zwei gegebene Größen gezeigt werden kann, mit dem sich im Anschluss an Eutokios' Kommentar Johannes de Muris, Nikolaus von Kues, Leonardo da Vinci, Johann Werner, Francesco Maurolico und Niccolò Tartaglia befassten.[5]

Nach Eutokios bzw. noch in Verbindung mit ihm beschäftigten sich die beiden Architekten der Hagia Sophia, Isidorus von Milet und Anthemius von Tralleis, mit den Werken von Archimedes. Die von Isidorus veranlasste erste Werksausgabe, die zumindest die von Eutokios kommentierten Schriften umfasste, wurde schrittweise erweitert, bis im 9. Jh. Leon die in dem von Heiberg als Manuskript A bezeichneten Kodex enthaltene Zusammenstellung veranlasste. Der Text A enthielt alle heute bekannten griechischen Werke des Archimedes mit Ausnahme von ,Über schwimmende Körper', der ,Methodenschrift', des ,Stomachion' und des ,Rinderproblems'. Manuskript A ist eine der beiden griechischen Vorlagen für die von Wilhelm von Moerbeke 1269 erstellte lateinische Übersetzung. Dieser griechische Text war auch direkt oder indirekt die Grundlage aller Renaissancehandschriften Archimedischer Werke.

Wilhelm von Moerbeke stand auch noch ein zweiter Text zur Verfügung, der, etwa aus derselben Zeit wie Kodex A stammend, die mechanischen Werke ,Über das Gleichgewicht ebener Flächen', ,Parabelquadratur' und ,Über schwimmende Körper', dazu vielleicht auch noch die ,Spiralenabhandlung' enthielt. Dieser Kodex B, der zusammen mit Text A noch 1311 in einem Katalog der Vatikanischen Bibliothek aufgeführt war, ging verloren. Heiberg vermutet den Ursprung zu der in Kodex B enthaltenen Sammlung ebenso wie beim Text A bei Isidorus und Anthemius, deren berufliche Interessen für die spezielle Auswahl und allgemein für eine Sammlung der Archimedischen Werke verantwortlich gemacht werden.[6]

Schließlich ist noch ein weiterer byzantinischer Kodex Archimedischer Schriften, die Handschrift C, zu erwähnen, die als ein Palimpsest aus dem 10. Jh. erhalten ist, und erst 1906 durch Heiberg in Konstantinopel wiederentdeckt wurde. Dieser Kodex enthält ne-

---

[5] Clagett (7), S. 240.

[6] Heiberg, Prolegomena zu AO III, S. XCV.

ben den aus anderen griechischen Handschriften bekannten Werken fast den vollständigen Text der Schrift ‚Über schwimmende Körper‘, der seit dem Verschwinden des Kodex B nicht mehr zugänglich war. Darüberhinaus birgt die Handschrift C den größten Teil der bis dahin nur ihrem Titel nach bekannten ‚Methodenschrift‘. Nach den uns heute bekannten griechischen Manuskripten, deren Übersetzungen, Kommentaren und Paraphrasierungen zu schließen, war der Kodex C weder im Mittelalter noch in der frühen Neuzeit nach Europa gekommen. Ob allerdings die zu dieser Zeit im Westen inhaltlich verfügbaren Schriften ohne die ‚Methodenschrift‘ ausreichen, das mit Maurolico einsetzende ungeheure Interesse an Inhalts- und Schwerpunktsbestimmungen zu erklären, kann bezweifelt werden. Die Entstehung des aus der Galileischule stammenden Indivisibelnkalküls könnte durch eine zumindest indirekte Kenntnis des Inhalts der ‚Methodenschrift‘ an Plausibilität gewinnen.

Neben der byzantinischen Textüberlieferung stellt die arabische Archimedestradition eine für das abendländische Wissen um die Archimedischen Werke im Mittelalter vergleichbar wichtige Quelle dar. Die arabischen Bemühungen um Archimedes setzen früh ein; arabische Übersetzungen der wichtigsten Werke wie ‚Über Kugel und Zylinder‘ und ‚Kreismessung‘ standen schon im 9. Jh. zur Verfügung und wurden mindestens bis ins 13. Jh., z. T. in verbesserter Form, wieder herausgegeben. Dabei hatte die Übernahme des arabischen Archimedes im Westen bereits im 12. Jh. eingesetzt.[7]

Das Studium der arabischen Textüberlieferung Archimedischer Werke ist noch lange nicht abgeschlossen. Eine Erweiterung unserer Kenntnisse über den Umfang des Archimedischen Gesamtwerks ist für die Zukunft vor allem durch die arabischen Quellen zu erwarten. Allerdings bedeutet die bei den Arabern spürbare große Bereitschaft, Archimedes schlechthin alles zuzutrauen, eine zusätzliche Schwierigkeit bei dem Versuch, ursprünglich Archimedes von Archimedes nur Zugeschriebenem zu unterscheiden.

Der wirkungsgeschichtliche Aspekt von Archimedes ist z. B. eng mit der reinen Übersetzungstätigkeit, die ja einen Teil der Textgeschichte darstellt, verknüpft. Bedeutet doch jede Übersetzung eine Interpretation, vor allem auch im Rahmen einer mathematischen Terminologie. In ähnlicher Weise, wie Archimedes, übersetzt in eine moderne Formelsprache unter der Voraussetzung, dass er seine Sätze nur quasi allgemein zu formulieren vermochte, als ein Vater der Infinitesimalrechnung, der bereits mit Riemannschen Ober- und Untersummen umging, verstanden wurde, begriffen die Araber Archimedes vor dem Hintergrund ihres eigenen, aus griechischen und indischen Quellen gespeisten Mathematikverständnisses als Pionier von Entwicklungen, die nicht nur in der griechischen Tradition nicht nachweisbar sind, sondern auch höchstwahrscheinlich dem Selbstverständnis von Archimedes nicht entsprachen. In diesem Sinn wird Archimedes z. B für die Araber zu einem Vater der Trigonometrie. Anregend hat Archimedes auch auf die Entwicklung einer arabischen Mathematik insofern gewirkt, als arabische Mathematiker versuchten, dort, wo die Textüberlieferung lückenhaft war oder erschien, eigene Lösungsvorschläge einzubringen. Beispielhaft seien hier Einschiebungsprobleme bei der Winkeldreiteilung

---

[7] Siehe Clagett (4), Band 1.

und der Konstruktion des regulären Siebenecks erwähnt, die eine ganze Reihe arabischer Untersuchungen auslösten.

Für die Archimedestradition des mittelalterlichen Abendlandes spielte eine lateinische Übersetzung der ‚Kreismessung' eine große Rolle. Sie stammt mit großer Wahrscheinlichkeit von dem berühmtesten Übersetzer des 12. Jh., Gerhard von Cremona. Der zugrundeliegende arabische Text enthielt übrigens auch die Inhaltsbestimmung eines Kreissektors, die in dem uns überlieferten griechischen Text fehlt. Diese lateinische Übersetzung wurde in der nachfolgenden Zeit sehr häufig benutzt und diente als Ausgangspunkt vieler erweiterter Fassungen sowie Paraphrasierungen des 13. und 14. Jh.[8]

Kennzeichnend für diese Ausgaben ist das scholastische Bemühen um eine didaktische Aufbereitung des Textes, die sich vor allem in einer wiederholten Überarbeitung der Beweise äußert. So wurde der ursprüngliche Aufbau der Beweise teilweise verdeckt durch für die Scholastik typische zahlreiche Begriffsunterscheidungen und die Dialogtechnik von Argument und Gegenargument. Gelegentlich wird in diesen Abhandlungen auch der Versuch gemacht, mathematische Voraussetzungen physikalisch zu rechtfertigen. Dies gilt vor allem für das Problem der Vergleichbarkeit von Krummem und Geradem. Dazu sind die Wäge- und Gießvorstellungen zu rechnen, bei denen z. B. die Möglichkeit, ein mit Wasser gefülltes kugelförmiges Gefäß in ein quaderförmiges umzugießen, als sinnfällige Demonstration einer „Kubatur" der Kugel aufgefasst wurde. Dies alles und damit auch die Tatsache, dass die ‚Kreismessung' am Anfang und im Mittelpunkt der mittelalterlichen Archimedes-Überlieferung steht, ist auch vor dem Hintergrund eines ausschließlich philosophischen Interesses der Scholastik, insbesondere des 13. und 14. Jh., an der Frage zu sehen, ob und wie Krumm und Gerade verglichen werden können. Die Dominanz des Aristotelismus vom 13. Jh. an begründet dieses Interesse. Berücksichtigt man, dass natürliche Bewegung bei Aristoteles nur in den beiden Formen geradlinig und kreisförmig vorstellbar ist, so erkennt man, dass diese Frage weit über den Rahmen der Mathematik hinaus für die physikalischen und kosmologischen Vorstellungen Bedeutung hatte.

Diese Wirkungen beziehen sich vor allem auf die lateinische Ausgabe der ‚Kreismessung' durch Gerhard von Cremona. Von ihm stammen auch die ‚Verba filiorum', eine lateinische Übersetzung eines geometrischen Traktats, der von den Banū Mūsā, drei Brüdern aus dem Bagdad des 9. Jh., verfasst worden war. Die ‚Verba filiorum' waren für die Archimedesrezeption des Mittelalters besonders wichtig. Sie enthielten u. a., neben z. T. eigenständigen Beweisen und Berechnungen im Zusammenhang mit der ‚Kreismessung', die von den Arabern verschiedentlich Archimedes zugewiesene Heronische Dreiecksformel, Volumen und Oberfläche von Kegel und Kugel mit Beweisen, die Konstruktion zweier mittlerer Proportionaler zu zwei gegebenen Strecken auf zwei verschiedene Weisen, eine Lösung der Winkeldreiteilung mit Hilfe einer Einschiebung und schließlich eine Näherungsmethode für Kubikwurzeln. Dieses Werk bot, verglichen mit dem Inhalt der Geometrie Gerberts aus dem 10. Jh. und dem der Römischen Agrimensoren, ganz neue

---

[8] Clagett (7), S. 144.

Anregungen für die Mathematiker des 12. Jh. Der Einfluss der ‚Verba filiorum' reicht bis zu Regiomontan im 15. Jh. und ist spürbar in den Werken von Jordanus Nemorarius und Leonardo von Pisa, zwei führenden Mathematikern des 13. Jh.. Über die ‚Practica geometriae' des Leonardo von Pisa kann ein Fortwirken der ‚Verba filiorum' und damit von Archimedes bis zur 1494 gedruckten ‚Summa de Arithmetica' des Luca Pacioli nachgewiesen werden.

Der bis jetzt geschilderte Einfluss von Archimedes beschränkt sich im wesentlichen auf die ‚Kreismessung' und die in den ‚Verba filiorum' enthaltenen Ergebnisse von ‚Über Kugel und Zylinder'. Mehr von ‚Über Kugel und Zylinder' war in dem dem Johannes de Tinemue zugeschriebenen Traktat ‚De curvis superficiebus Archimenidis' enthalten. Auch dieser aufgrund einer griechischen Vorlage erstellte lateinische Traktat des 13. Jh. wurde in der Folgezeit verbessert und von Maurolico 1534 in die Ausgabe von ‚Über Kugel und Zylinder' eingearbeitet.

Den wichtigsten Schritt in der lateinischen Archimedes-Tradition des Mittelalters stellte die lateinische Übersetzung der Werke von Archimedes durch den Dominikanermönch Wilhelm von Moerbeke dar. Diese 1269 abgeschlossene Ausgabe fußte, wie bereits erwähnt, auf den griechischen Kodices A und B, deren Inhalt mit Ausnahme des ‚Sandrechners' und des Eutokios-Kommentars zur ‚Kreismessung' vollständig in diese ziemlich wörtliche Übersetzung aufgenommen wurde. Die Originalhandschrift Wilhelm von Moerbekes wird heute noch im Vatikan aufbewahrt. Erstaunlich ist, dass diese bei weitem umfangreichste Werksausgabe, die bis zum 20. Jh. nach dem Verschwinden des Kodex B die wichtigste Quelle für den Inhalt der Schrift ‚Über schwimmende Körper' darstellte, nur sehr wenig kopiert wurde. Immerhin wurden sechs der neun in der Moerbekeschen Übersetzung enthaltenen Archimedischen Schriften an der Pariser Universität im 14. Jh. teilweise mehrfach bearbeitet. Besondere Aufmerksamkeit schenkte man der ‚Spiralenabhandlung', was wiederum durch das Problem der Vergleichbarkeit von Krumm und Gerade motiviert war. Die wichtigsten Vertreter dieser Pariser Schule sind Johannes de Muris und Nicole Oresme. Bedeutender als der Einfluss des Mathematikers war zu dieser Zeit der des Physikers Archimedes. Oresme verknüpfte die nur mittelbar über eine arabisch-lateinische Tradition zugängliche Definition des spezifischen Gewichts mit den dazugehörigen Archimedischen Überlegungen in ‚Über schwimmende Körper'. Eine ähnliche Gegenüberstellung in Tartaglias italienischer Ausgabe von ‚Über schwimmende Körper' (1551) veranlasste vermutlich Benedetti (1553) zu einem gegenüber dem Aristotelischen modifizierten Fallgesetz, wonach ein Körper mit einer Geschwindigkeit fällt, die dem Überschuss seines spezifischen Gewichts über das spezifische Gewicht des Mediums proportional ist.[9]

Genau dasselbe Fallgesetz benutzte Galilei in seiner um 1590 verfassten Frühschrift ‚De motu', um dann später ein der peripatetischen Tradition direkt widersprechendes Fallgesetz abzuleiten.[10]

---

[9] Clagett (7), S. 250.
[10] Grant in Clagett (7), S. 262; für den Archimedischen Einfluss auf ‚De motu' siehe auch Busulini.

Der Physiker Archimedes wirkte auch zumindest mittelbar über den anonym verfassten Traktat ‚De canonio' des 13. Jh. und den ‚Liber karastonis', einer lateinischen Übersetzung einer Arbeit von Thābit Ibn Qurra, anregend auf die Entstehung einer mittelalterlichen Statik, die hauptsächlich von Jordanus Nemorarius getragen wurde. Die mechanischen Schriften von Archimedes, vor allem ‚Über das Gleichgewicht ebener Flächen', beeinflussten unmittelbar die Vorstellungen von Leonardo da Vinci über Gleichgewicht und Schwerpunkte.[11]

All diese vielen kleinen, hier nur angedeuteten Über- und Bearbeitungen von Archimedes können nicht darüber hinwegtäuschen, dass bis zum 16. Jh. kein einziger die Gesamtheit der überlieferten Schriften von Archimedes überblickte oder gar auf der Grundlage eines Verständnisses der von Archimedes angewandten Methoden zu wesentlich neuen Ergebnissen vorgedrungen war. Ein Grund dafür mag sein, dass die begabtesten Mathematiker des Mittelalters wie Leonardo von Pisa, Jordanus Nemorarius, Gerhard von Brüssel und Johannes de Tinemue *vor* der Moerbekeschen Übersetzung der Archimedischen Werke wirkten und damit nur einige wenige Archimedische Schriften kannten. Hinzu kommt, dass sich das mathematische Interesse des 13., 14. und teilweise des 15. Jh. unter dem Einfluss der Scholastik mehr den philosophisch relevanten Grundlagen zuwandte.[12]

Dass dann im 16. und in noch höherem Maß im 17. Jh. eine Archimedesrenaissance spürbar wird, nicht zuletzt sichtbar aus dem Bestreben von Mathematikern, zu einem neuen „Archimedes", wie Mersenne einmal schreibt, zu werden, hat verschiedene Ursachen.

Eine wesentliche Voraussetzung für diese Entwicklung war die Verfügbarkeit einer einheitlichen Archimedesausgabe. Die wenigen Kopien der Moerbeke-Übersetzung konnten diese Funktion nicht erfüllen.

Ein erster Schritt auf eine größere Verbreitung der Archimedischen Werke war getan, als Jakob von Cremona auf Anordnung von Papst Nikolaus V. um 1450 eine neue ausschließlich auf Kodex A beruhende Übersetzung schuf. Einer der ersten, denen diese neue, durchaus in Anlehnung an die Moerbekesche gestaltete Übersetzung zuging, war der Kardinal Nikolaus von Kues, der das Werk – aus seinem ‚De mathematicis complementis' ersichtlich – benutzte.

Von den heute noch nachweisbaren 9 Manuskripten der neuen Übersetzung war eines von Regiomontan um 1468 nach Deutschland gebracht und 1544 im Rahmen der gedruckten griechischen Erstausgabe als zugehörige lateinische Übersetzung veröffentlicht worden. Grundlage für den griechischen Text dieser griechisch-lateinischen Erstausgabe von 1544 war eine Kopie von Kodex A. Deshalb fehlte der Baseler Ausgabe von 1544 die Schrift ‚Über schwimmende Körper'. Schon vor 1544, das den Beginn eines merklich gesteigerten Archimedes-Interesses darstellt, waren 1503 die Moerbeke-Übersetzungen der ‚Kreismessung' und der ‚Parabelquadratur', herausgegeben von L. Gaurico, in Venedig im Druck erschienen. In Venedig wurden diese Übersetzungen, erweitert um die der beiden Bücher ‚Über schwimmende Körper', erneut 1543 von Tartaglia veröffentlicht.

---

[11] Clagett (6) und (7), S. 259.
[12] Grant und Murdoch in Clagett (7), S. 262 bzw. S. 266–268.

Entscheidend blieb die Erstausgabe des griechisch-lateinischen Textes von 1544, der noch im 16. Jh. mindestens 6 weitere Archimedesteilausgaben folgten.[13]

Damit waren die Werke von Archimedes in einer einheitlichen Form und, verglichen mit den Handschriften, in einer Anzahl von „Kopien" verfügbar, die auch ausreichte, die nunmehr sehr viel zahlreicheren Archimedesinteressenten zu befriedigen. Dass Archimedes im 16. Jh. in der Person des Abtes Maurolico ein Bearbeiter erwuchs, der das Werk des Syrakusaners vollkommen überblickte und selbst bereits über Archimedes hinausführende Schritte machte, war nicht abhängig von der Existenz einer gedruckten griechischen Werksausgabe. Ganz wesentlich war, dass die „Elemente" der Mathematik, die Archimedes bereits weitgehend voraussetzte, teils aufgrund inzwischen veröffentlichter griechischer Texte,[14] teils aufgrund eines über die Araber laufenden Traditionsstromes wieder zugänglich geworden waren. Dabei spielen die abendländischen Träger dieser von den Arabern ausgehenden Überlieferung des Mittelalters durch ihre Bemühungen um eine dem jeweiligen Verständnis angepasste Auswahl und Kommentierung eine große Rolle.

Diese mehr internen Faktoren für das im 16. Jh. erwachende neue Archimedesverständnis werden durch äußere Einflüsse ergänzt. Allgemein sind diese äußeren Einflüsse dieselben, die den Beginn einer neuen abendländischen Wissenschaftsentwicklung, heute als Zeitalter der wissenschaftlichen Revolution bezeichnet, auslösten.

Ganz wesentlich dafür ist z. B. der Bruch mit einem für das Mittelalter typischen Lebensgefühl, das den Menschen nur als einen kleinen Teil einer alles umfassenden Ordnung, nicht aber als ein für sich allein lebensfähiges Individuum begriff; dieser Bruch ist sicherlich durch den im Zeitalter des Humanismus verstärkten Kontakt mit den antiken Quellen mitausgelöst worden. Das Erlebnis der Reformation, die ihrerseits bereits ein neues Selbstwertgefühl voraussetzte, hat neue Kräfte freigesetzt, sich gegen den Dogmatismus scholastischer Prägung zur Wehr zu setzen. Genauso unbestritten ist, dass die von italienischen Rechenmeistern und Mathematikern des 16. Jh. entdeckten algebraischen Lösungen der allgemeinen Gleichungen dritten und vierten Grades den Beginn einer eigenständigen Entwicklung der Mathematik des Abendlandes darstellen. Diese Entwicklung ist getragen von dem Optimismus, die bisher für nahezu unerreichbar gehaltenen Ergebnisse der Mathematik eines Archimedes und eines Apollonios nicht nur verstehen, sondern über diese antike Mathematik hinausführende neue, allgemeinere Methoden entdecken zu können. Zunächst musste man dazu die in den Werken von Archimedes enthaltenen Probleme und deren Lösung analysieren. Die bereits in der mittelalterlichen Archimedestradition angebotenen neuen Lösungswege regten dazu an, nach weiteren Lösungsmethoden, neuen ähnlichen Problemen, die mit diesen Methoden gelöst werden

---

[13] Duarte (Literaturverzeichnis 1.3.), S. 107–110.

[14] Ein allerdings etwas jüngeres Beispiel für die Bemühungen, die gesamten zum Verständnis der griechischen Mathematik erforderlichen Quellen zugänglich zu machen, stellt Federigo Commandino (1509–1575) dar, der lateinische Übersetzungen der Werke oder einer Auswahl der Werke von Euklid, Apollonios, Archimedes (1558, 1565), Aristarch, Autolykos, Heron, Pappos, Ptolemaios und Serenos bereitstellte.

konnten, und schließlich nach Verallgemeinerungen zu suchen. Die eindrucksvollste und wirkungsgeschichtlich bedeutendste mathematische Leistung des 17. Jh., die Entdeckung des Infinitesimalkalküls, ist als ein Ergebnis einer solchen Suche zu begreifen.

Kennzeichnend für den Anfang dieser Entwicklung sei hier Commandino erwähnt, der mit den der ‚Parabelquadratur‘ entnommenen Methoden zur Inhaltsbestimmung selbständig Ergebnisse ableitete, die er in einer ursprünglich umfangreicheren Fassung von ‚Über schwimmende Körper‘ vermutete.[15]

Entscheidend für die Möglichkeit, neue, umfassendere Methoden formulieren zu können, war eine im ausgehenden 16. Jh. durch François Viète vollzogene Vereinigung zwischen der auf einem praktischen, nichtwissenschaftlichen Niveau entstandenen cossistischen Algebra und der klassischen Geometrie. Vorausgegangen waren dieser Vereinigung die erfolgreichen Bemühungen von Pierre de la Ramée, die als Vulgärform der antiken mathematischen Analysis angesehene Algebra der Rechenmeister in das Curriculum der Universitäten aufzunehmen, wobei diese Algebra durch den von Ramée im Rahmen seiner didaktischen Bestrebungen hergestellten Zusammenhang mit der griechischen geometrischen Analysis zu einer „wissenschaftlichen“ Disziplin avancierte. Die von Viète entworfene „Neue Algebra“ bzw. „Wiederhergestellte mathematische Analysis“ wurde noch von Descartes verstanden als Rekonstruktion einer universellen mathematischen Methode der Alten, die der Nachwelt böswillig vorenthalten worden war.[16]

Tatsächlich aber war mit der „neuen Analysis“ Viètes, die in der ‚Géométrie‘ Descartes’ ihre für das 17. Jh. verbindliche Form erhalten hatte, ein Instrument geschaffen worden, das – zunächst für die Zeit noch nicht voll erkennbar – nicht nur durch die gegenüber einer in der Antike üblichen verbalen stark verkürzende symbolische Darstellungsweise eine größere Übersichtlichkeit erzielte, sondern durch das schon in der cossistischen Algebra enthaltene formale, algorithmische Element den Keim zu einer höheren Abstraktionsstufe enthielt.

Ein Beispiel für diesen Vorgang und gleichzeitig für die von Archimedes ausgehenden Impulse auf die Mathematik des 17. Jh. bietet das Werk von Pierre de Fermat.[17]

Fermat hatte von den Archimedischen Schriften zumindest die ‚Parabelquadratur‘ und die ‚Spiralenabhandlung‘, auf die er wiederholt in seinen Briefen hinweist, gründlich durchgearbeitet. Angeregt durch die Lektüre von Galileis ‚Dialog über die beiden Hauptweltsysteme‘ (1632) beschäftigte sich Fermat zunächst mit der Galileischen Spirale $r(\phi) = \phi^2$ und später allgemein mit Spiralen der Form $r(\phi) = \phi^n$, n natürlich. Das von Archimedes in der ‚Spiralenabhandlung‘ angebotene Modell der Inhaltsbestimmung passte Fermat erfolgreich dem Problem der Inhaltsbestimmung von Spiralen der Form $r(\phi) = \phi^n$ an. Damit hatte sich Fermat eine Methode geschaffen, die es ihm später nach geeigneter Umformung gestattete, den Inhalt der gewöhnlichen und höheren Parabeln $y(x) = x^n$, $n = 2, 3, \ldots$ zu bestimmen.

---

[15] Mahoney (2), S. 3.
[16] Schneider (3), S. 227 f.
[17] Siehe Mahoney (2), insbes. Kapitel V.

Wenn auch Fermat die vergleichsweise zu der Descartes' noch umständliche Darstellungsweise von Viète übernahm, so ist doch unverkennbar, dass erst die neue Buchstabenalgebra Inhaltsbestimmungen für ganze Klassen von Kurven ermöglichte, wobei die Quadratur der höheren Parabeln einen der wichtigsten Schritte auf dem Weg zum Infinitesimalkalkül darstellt.

Dies ist beileibe nicht der einzige Bereich, in dem Fermat durch Archimedes angeregt wurde. Schwerpunktsbestimmungen und geostatische Untersuchungen Fermats gehen zumindest zum Teil auf Archimedes zurück. Eindrucksvoll ist auch, dass Fermat die wiederholt erwähnte „Archimedische Art" als Qualitätsbegriff für gute Mathematik verwendet, dass ein „englischer" oder „französischer" Archimedes zu sein bedeutet, auch für die schwierigsten Sätze strenge Beweise finden zu können.

So wirkte Archimedes in doppelter Weise auf die Mathematik des 16. und 17. Jh.: durch seine Schriften und als Vorbild eines um keine Lösung, um keinen Beweis verlegenen Mathematikers.

Dabei sollte nicht vergessen werden, dass auch der Mechaniker, Physiker und Ingenieur Archimedes seine neuzeitlichen Nachfolger fand. Bespielhaft sei hier der niederländische Ingenieur, Physiker und Mathematiker Simon Stevin erwähnt, der sich u. a. durch die Einführung der Dezimalbruchrechnung in Europa verdient gemacht hat. Stevin entwickelte im Anschluss an Archimedes in seinem 1586 erschienenen ,Beghinselen der Weeghconst' eine Theorie des Hebels, in der er auf neuartige Weise die schiefe Ebene, das Kräfteparallelogramm, Gleichgewichtslagen eines starren Körpers und eine Schwerpunktslehre abhandelte. In einer im gleichen Jahr veröffentlichten Schrift behandelte Stevin im Anschluss an ,Über schwimmende Körper' das hydrostatische Paradoxon und bereitete damit eine später durch Pascal abgeschlossene Darstellung der Hydrostatik vor.[18]

Der Einfluss der aus der Analyse der Archimedischen Arbeiten über Inhalts- und Schwerpunktsbestimmungen erwachsenen Infinitesimalmethoden auf das Wachstum der Mathematik des 17. Jh. ist wohl der gewichtigste, verglichen mit anderen aus dem Spektrum Archimedischer Wirkungen im 16. und 17. Jh. Dieser vielfältige und vielschichtige Einfluss kann hier, wie schon vorher bei Fermat, nur aufgrund von Beispielen angedeutet werden:

Keplers ,Nova Stereometria doliorum vinariorum' (1615), die mit einem Kapitel „Stereometria Archimedea" beginnt und 1616 als ,Auszug auß der Vralten Messe Kunst Archimedis' in deutscher Kurzfassung erschien, stellt eine selbständig weitergeführte Bearbeitung von Teilen der ,Kreismessung' und ,Über Kugel und Zylinder' dar.[19]

Die ,Nova Stereometria' beeinflusste ihrerseits Cavalieri bei der Konzeption seines Indivisibelnkalküls, der als eine der Wurzeln des späteren Calculus von Leibniz anzusehen ist. Cavalieri kannte auch z. T. die frühen Arbeiten Fermats über Quadraturprobleme.

---

[18] Siehe Dijksterhuis (1).
[19] Siehe Wieleitner (2).

Schwerpunktsuntersuchungen, die bei Archimedes und dann auch von den Mathematikern des 16. und 17. Jh. mit Inhaltsbestimmungen verknüpft werden, sind ein Problembereich, der bis zu den Arbeiten von Huygens und Leibniz direkt und indirekt vom Werk des Syrakusaners beeinflusst wurde.[20]

Es war Huygens, der Leibniz bei der ersten Begegnung 1673 die Bedeutung der Archimedischen Betrachtungsweise bei Schwerpunktsbestimmungen im allgemeinen und im besonderen für das Problem der Pendelbewegung, wie er es in seinem damals neuesten Werk, dem ‚Horologium oscillatorium‘ behandelt hatte, nahelegte. Leibniz selbst hat übrigens wiederholt in Briefen auf Archimedes hingewiesen als den ersten, der sich einer „Arithmetica infinitorum" und einer „Geometria indivisibilium" vor Cavalieri, Wallis oder James Gregory bediente.[21]

In Huygens und Leibniz waren sich zwei Mathematiker und Naturphilosophen begegnet, von denen der Niederländer eine noch ganz von der griechischen und speziell Archimedischen Mathematik geprägte Phase der neuzeitlichen Mathematik vollendet, während Leibniz als Begründer der für die nachfolgende Jahrhunderte verbindliche Form des Infinitesimalkalküls am Anfang einer neuen Epoche steht.

Im 18. Jh. hat man dann den Ausgangspunkt für die nun rasch weiterentwickelten Methoden vergessen. Gegenüber den jetzt lösbar erscheinenden Problemen wirken die eines Archimedes elementar, ja sogar trivial. Archimedes war wieder aus dem Blickfeld verschwunden, er hatte sich zurückentwickelt zu einer rein historischen Figur. In Johann Bernoullis Gesamtwerk erscheint nicht einmal sein Name. Euler interessierte sich nur aufgrund der Brennspiegelversuche Buffons und einer Abhandlung über Archimedische Brennspiegel von Knutzen für den Syrakusaner. Laplace stellte schließlich in distanzierter Bewunderung für Archimedes fest, dass das Sizilien seiner Zeit einen neuen Archimedes benötigte, um aus seinem trostlos provinziellen wissenschaftlichen Niveau herauszukommen.[22]

Ein starkes Motiv für diese Gleichgültigkeit bzw. Distanz gegenüber der griechischen Mathematik ist in der zwischen Unbehagen und Ablehnung schwankenden Haltung des 18. Jh. zur griechischen Synthesis zu erblicken. Das von Archimedes immer wieder benutzte indirekte Beweisverfahren bei Inhaltsbestimmungen erschien den Mathematikern des 18. Jh. wegen seiner Umständlichkeit als hinderlich, ja überflüssig.

Eine Wende in der Wertschätzung von Archimedes und damit eine weitere Möglichkeit zu einer Beeinflussung der Mathematik trat ein, als der ungeheuer rasche, dynamische Ausbau einer von Leibniz grundgelegten weitgehend formalen Mathematik vor allem in der Reihenlehre zu sogenannten Paradoxa geführt hatte. Solche Paradoxa waren etwa beim

---

[20] Siehe Wieleitner (1).

[21] Siehe Briefe von Leibniz für Gallois (Ende 1672) und für Mariotte (Oktober 1674), in: Leibniz: Mathematischer, Naturwissenschaftler und Technischer Briefwechsel, Bd. I: 1672–1676 (bearbeitet von J. E. Hofmann), Berlin 1976, S. 3 bzw. S. 140.

[22] Siehe Brief Laplace an Lagrange vom 11.8.1780, in: Oeuvres de Lagrange, Bd. XIV, S. 97.

Umgang mit divergenten Reihen entstanden; man verstand diese Paradoxa zunächst nicht als Widersprüche oder Gegenbeispiele, sondern als Ausnahmen, als Monster.

Eine neue Generation, die sich etwa unter dem Eindruck von Winckelmanns Graecophilie wieder den Schriften der Antike zuwandte,[23] besann sich auf Tugenden wie griechische Beweisstrenge. Gauß gehörte dieser neuen Generation an. Er hat seine Studenten wiederholt dazu aufgefordert, die griechischen Klassiker zu studieren, von denen er nach dem Zeugnis von Sartorius von Waltershausen Archimedes am höchsten schätzte. Es war der „rigor antiquus" eines Archimedes, den Gauß erneut zum Maßstab mathematischer Strenge machte. Das neue Bewusstsein eines Gauß, aufgrund einer an der antiken ausgerichteten Strenge die im 18. Jh. entstandenen Schwierigkeiten in der Analysis vermeiden bzw. beheben zu können, befähigte später Bolzano und Cauchy dazu, die Begriffe Stetigkeit und Konvergenz einzuführen bzw. zu präzisieren. Damit wurde die Analysis auf eine neue tragfähige Grundlage gestellt, für die die Mathematik des Syrakusaners zumindest mittelbar noch als Modell dienen konnte.

Wenn auch die Ergebnisse der Archimedischen Mathematik nach einer über mehr als zweitausend Jahre nachweisbaren Wirkungsgeschichte zum mathematischen Allgemeingut geworden sind, so bleibt doch die relative Leistung von Archimedes davon unberührt. Sie ist so einmalig, dass sich auch ein Gauß nicht zu schämen brauchte, von Jacobi 1840 als ein Mann geschildert zu werden,

dessen wunderbarer Genius unwillkürlich an den Archimedes' erinnert. Denn wir finden in seinen Schriften bei Überlieferung des Vollgehaltes gleich tiefsinniger Entdeckungen auch die vollendete Form und ideale wissenschaftliche Strenge jenes Alten wieder, und wie dieser weit über alle praktischen Anwendungen, welche ihn in dem Munde des Altertums zur Fabel werden ließen, den rein mathematischen Gedanken stellte, so hat Gauß bei aller Bewunderung, welche die größere Menge der Vollendung seiner Praxis zollt, selber an sich immer nur den Maßstab der Tiefe seiner Gedanken gelegt.[24]

---

[23] Die zeitgenössische Literatur griff mit besonderer Vorliebe antike Stoffe auf. Friedrich von Schiller verfasste 1795 sogar ein Gedicht ‚Archimedes und der Schüler', auf das Gauß später hinzuweisen pflegte.
[24] Carl Gustav Jacob Jacobi anlässlich seiner Ernennung zum auswärtigen Mitglied der Göttinger Gesellschaft der Wissenschaften. Zitiert nach Erich Worbs, Carl Friedrich Gauß, Leipzig 1955, S. 196.

Literaturverzeichnis

1 Textausgaben

1.1 Originaltexte

Archimedis opera omnia cum comentariis Eutocii, hrsg. v. J. L. Heiberg, 2. Aufl. in 3 Bdn., Leipzig 1910–1915. – Als Nachdruck in 3. Aufl. Stuttgart 1972, dazu als Bd. 4: Archimedes, Über einander berührende Kreise, hrsg. v. Y. Dold-Samplonius, H. Hermelink und M. Schramm, Stuttgart 1975. (Auf diese Ausgabe wird in den Fußnoten verwiesen mit: AO.)

Archimedes, hrsg. u. übers. v. Ch. Mugler, 4 Bde., Paris 1970–1972 (griech. Texte m. franz. Übers.).

Archimēdeous 'Apanta: Arhaiōn Keimenon-Metafrasis-Sholia, hrsg. v. E. S. Stamatis, 3 Bde. in 4 Tln., Athen 1970–1974. (Originaltexte m. Übers. ins Neugriech. u. Komm.)

1.2 Übersetzungen

1.2.1 Deutsche Übersetzungen

Archimedes: Werke, übers. und mit Anm. versehen v. A. Czwalina, mit zwei Anhängen: ‚Kreismessung', übers. v. F. Rudio, und „Des Archimedes Methodenlehre von den mechanischen Lehrsätzen", übers. v. J. L. Heiberg u. komm. v. H. G. Zeuthen, 3. Aufl. Stuttgart 1972.

Archimedes: Werke, mit modernen Bezeichnungen hrsg. u. eingeleitet von Th. Heath; ins Deutsche übers. v. F. Kliem, Berlin 1914.

Einzelwerke

‚Über Spiralen', übers. v. A. Czwalina, Leipzig 1922 (= Ostwald's Klassiker der exakten Wissenschaften Nr. 201).

‚Kugel und Zylinder', übers. v. A. Czwalina, Leipzig 1922 (= Ostwald's Klassiker der exakten Wissenschaften Nr. 202).

© Springer-Verlag Berlin Heidelberg 2016
I. Schneider, *Archimedes*, Mathematik im Kontext, DOI 10.1007/978-3-662-47130-2

,Die Quadratur der Parabel' und ,Über das Gleichgewicht ebener Flächen oder über den Schwerpunkt ebener Flächen', übers. v. A. Czwalina, Leipzig 1923 (= Ostwald's Klassiker der exakten Wissenschaften Nr. 203).

,Über Paraboloide, Hyperboloide und Ellipsoide', übers. v. A. Czwalina, Leipzig 1923 (= Ostwald's Klassiker der exakten Wissenschaften Nr. 210).

,Über schwimmende Körper' und ,Die Sandzahl', übers. von A. Czwalina, Leipzig 1925 (= Ostwald's Klassiker der exakten Wissenschaften Nr. 213).

Archimedes, Huygens, Lambert: Vier Abhandlungen über die Kreismessung, hrsg. v. F. Rudio, Leipzig 1892. Reprint Wiesbaden 1971.

1.2.2 Englische Übersetzungen

The Works of Archimedes, hrsg. in moderner Schreibweise mit einer Einleitung von T. L. Heath, Cambridge 1897.

The Method of Archimedes, übers. v. T. L. Heath, Cambridge 1912.

The Works of Archimedes, The Method of Archimedes, Reprint New York 1953.

Archimedes, hrsg. v. E. J. Dijksterhuis, Kopenhagen 1956 (= Acta historica scientiarum naturalium et medicinalium Bd. 12).

(Es handelt sich hier nur teilweise um wörtliche und vollständige Übersetzungen; der Interpretation unter Berücksichtigung der damals verfügbaren Sekundärliteratur ist breiter Raum gewidmet.)

Einzelwerk

The ,Arenarius' of Archimedes, mit Glossar hrsg. v. E. J. Dijksterhuis, Leiden 1956.

1.2.3 Französische Übersetzung

Oevres complètes d'Archimède, Übers. ins Franz. m. Einführung u. Anmerkungen v. P. Ver Eecke, Paris/Brüssel 1921. – In 2. Aufl. erweitert um die Übersetzungen der Kommentare von Eutokius in 2 Bänden, Paris 1960.

1.2.4 Holländische Übersetzungen einer Auswahl der Werke

Archimedes, hrsg. u. komm. v. E. J. Dijksterhuis, T. 1 (alles Erschienene), Groningen/Batavia 1938 (= Historische Bibliotheek voor de exacte Wetenschappen Bd. 6).

1.2.5 Spanische Übersetzungen einer Textauswahl

Arquimedes, eingeleitet v. J. J. Schäffer u. ins Span. übers. v. P. L. Heller, Buenos Aires 1969 (= Enciclopedia del pensamiento esencial 38).

Arquimedes arabe: El tratado de los círculos tangentes, in: Al-Andalus 33, 1968, S. 53–93.

1.2.6 Russische Übersetzung

Archimedes: Sočinenija, Werke übers. u. komm. mit einer Einführung v. J. N. Veselowski; Übers. d. arab. Texte durch B. A. Rosenfeld, Moskau 1962.

1.2.7 Italienische Übersetzung

Archimede: Opere, hrsg. und eingeleitet v. A. Frajese, Turin 1974 (= Classici della scienza 19).

1.3 Bibliographie von Textausgaben

Duarte, F. J.: Bibliografia: Euclides Arquímedes Newton, Caracas 1967 (= Biblioteca de la Academia de ciencias fisicas, matematicas y naturales Bd. 2). (Überdeckt den Zeitraum vom 16. Jh. bis ca. 1950.)

2 Monographien und Artikel zu Archimedes' Leben und Werk

Dieses Literaturverzeichnis enthält für den Zeitraum vor 1930 nur Arbeiten, die auch heute noch von Interesse sind. Bei der Fülle von Veröffentlichungen über und um Archimedes, die sich oft in sehr entlegenen Zeitschriften befinden, ist eine vollständige Bibliographie kaum erreichbar. Außerdem konnten hier nur gelegentlich Arbeiten aus der großen Anzahl von populären Darstellungen über Leben und Werk von Archimedes berücksichtigt werden. Gesamtdarstellungen der Mathematikgeschichte sind in dieses Verzeichnis nicht mit aufgenommen worden.

Aaboe, Asger: Episodes from the Early History of Mathematics, New Haven 1964, speziell Kapitel 3: Three Samples of Archimedean Mathematics, S. 73–99.

Africa, Thomas W.: Archimedes through the looking Glass, in: Classical World 68, 1975, S. 305–308.

Allendoerfer, Carl B.: Angles, Arcs and Archimedes; in: Mathematics Teacher 58, 1965, S. 82–88.

Archibald, Raymond C.: The Cattle Problem of Archimedes, in: American Mathematical Monthly 25, 1918, S. 411–414.

Arendt, F.: Zu Archimedes, in: Bibliotheca mathematica 3. Folge, Bd. 14, 1913/1914, S. 289–311.

Audisio, Fausto: Calcolo di π in Archimede, in: Atti della Reale Accademia delle Scienze di Torino, Classe di Scienze Fisiche, Matematiche e Naturali 65, 1929, S. 101–108.

Babini, José:

(1) Archimède ou la Mathématique [span.], in: Archives internationales d'Histoire des Sciences 2, 1948, S. 66–75.
(2) Arquimedes, Buenos Aires 1948.

Bašmakova, I. G.:

(1) Infinitesimalmethoden in den Werken von Archimedes [russ.], in: Istoriko-matematičeskije issledovanija 6, 1953, S. 609–658.
(2) Der Traktat des Archimedes ‚Über schwimmende Körper' [russ.], in: Istoriko-matematičeskije issledovanija 9, 1956, S. 759–788.
(3) Differential methods in Archimedes' works, in: Akten des VIII. CIHS Florenz-Mailand 1956, Bd. 1, Paris 1958, S. 120–122.
(4) Les Méthodes différentielles d'Archimède, in: Archive for History of Exact Sciences 2, 1963, S. 87–107.

Berggren, J. L.: Spurious Theorems in Archimedes' Equilibrium of Planes: Book I, in: Archive for History of Exact Sciences 16, 1976, S. 87–103.

Berve, Helmut: König Hieron II., in: Abh. d. Bayer. Akad. d. Wiss., Phil.-hist. Kl., N. F. H. 47, 1959.

Beumer, M. G.: Archimedes en de Trisectie van de Hoek, in: Nieuw tijdschrift voor wiskunde 33, 1946, S. 281–287.

Bockstaele, P.: Archimedes' ‚cirkelmeting', in: Nova et vetera 34, 1956/57, S. 299–312.

Böhme, Gernot: Platons Theorie der exakten Wissenschaften, in: Antike und Abendland Bd. XXII/1, 1976, S. 40–53.

Bonny, Charles: Les Oevres d'Archimède et les Progrès de la Construction navale, in: Bulletin Technique de l'Union des Ingénieurs sortis des Ecoles spéciales de Louvain 2, 1945, S. 41–68.

Bosmans, H.:

(1) Guillaume de Moerbeke et le Traité des Corps flottants d'Archimède, in: Revue des Questions scientifiques 1^4, 1922, S. 370–388.
(2) Archimède. A propos d'un Ouvrage rècent (1), in: Mathesis 36, 1922, S. 24–27.

Boyer, Carl. B.:

(1) The Concepts of the Calculus, New York 1939; [2]1949; Reprint 1959. (Speziell Kap. 2 u. 4, in dem der Einfluss von Archimedes auf das 16. u. 17. Jh. behandelt wird.)

(2) Quantitative Science without Measurement: The Physics of Aristotle and Archimedes, in: The Scientific Monthly 60, 1945, S. 358–364.

Brockelmann, C.: Geschichte der arabischen Literatur, in 5 Bdn., Leiden 1943–1945.

Bromwich, T. J. I'a: The Methods Used by Archimedes for Approximating to Square-roots, in: Mathematical Gazette 14, 1928, S. 253–257.

Brun, Viggo: Kulens overflate og volum. En variasjon av Arkimedes' fremgangsmåte, in: Norsk matematisk tidsskrift 17, 1935, S. 1–13.

Bulmer-Thomas, Ivor: Artikel ‚Euklid: Life and Works‘, in: Dictionary of Scientific Biography, hrsg. v. Ch. C. Gillispie, Bd. 4, New York 1971, S. 414–437.

Burger, D.: Heeft Archimedes de brandspiegels uitgevonden?, in: Faraday 17, 1946/47, S. 1–10 u. Zusatz S. 103.

Busard, Hubert L. L.: Der Codex Orientalis 162 der Leidener Universitätsbibliothek, in: Akten des XII. CIHS Paris 1968, Bd. 3A, Paris 1971, S. 25–31.

Busulini, Bruno: Componente Archimedea e componente medioevale nel ‚De motu‘ di Galileo, in: Physis 6, 1964, S. 303–321.

Cajori, Florian: The Death of Archimedes, in: Science 61, 1925, S. 415.

Carra de Vaux, B.: Notice of Archimedes, in: Science 61, 1925, S. 415.

Carra de Vaux, B.: Notice sur un Manuscrit arabe traitant de Machines attribuées à Heron, Philon et Archimède, in: Bibliotheca mathematica 3. Folge, Bd. 1, 1900, S. 28–38.

Carruccio, Ettore: Costruzione dell' ettagono regolare secondo Archimede e i matematici arabi, in: Periodico di matematiche: storia-didattica-filosofia 18[4], 1938, S. 207–216.

Casara, Guiseppina: Un problema Archimedeo di terzo grado e le sue soluzioni attraverso i tempi, in: Bollettino della unione matematica Italiana 4[2], 1942, S. 244–262.

Child, J. M.: Archimedes' Principle of the Balance and some Criticisms upon it, in: Studies in the History and Method of Science, hrsg. v. Ch. Singer, Bd. 2, Oxford 1921, S. 490–520.

Ciancio, Salvatore: La tomba di Archimede: Un sepolcro con colonnella alle porte di Acradina, Rom 1965.

Cittè di Siracusa: Celebrazioni Archimedee del Sec. XX 11.–16. Aprile 1961, Bd. 1, Teil I, Conferenze generali e discorsi, Gubbio 1962.

Clagett, Marshall:

(1) Three Notes: The ‚Mechanical Problems‘ of Pseudo-Aristotle in the Middle Ages, further Light on Dating the ‚De curvis superficiebus Archimenidis‘, Oresme and Archimedes, in: Isis 48, 1957, S. 182 f.

(2) The Impact of Archimedes on Medieval Science, in: Isis 50, 1959, S. 419–429.

(3) The Science of Mechanics in the Middle Ages, Madison/London 1959, Reprint 1961.

(4) Archimedes in the Middle Ages, Bd. 1: The Arabo-Latin Tradition, Madison 1964; Bd. 2: The Translation from the Greek by William of Moerbeke (= Memoirs of the American Philosophical Society, Bd. 117 in 2 Tln., 1976); Bd. 3: The Fate of the Medieval Archimedes, 1300–1565 (= Memoirs of the American Philosophical Society, Bd. 125 in 3 Tln., 1978).

(5) Archimedes and the Scholastic Geometry, in: Mélanges Alexandre Koyré, Bd. 1, L'Aventure de la Science, Paris 1964, S. 40–60.

(6) Leonardo da Vinci and the Medieval Archimedes, in: Physics 11, 1969, S. 100–151.

(7) Archimedes in the late Middle Ages, in: Perspectives in the History of Science and Technology, hrsg. v. Duane H. D. Roller, Norman/Oklahoma 1971, S. 239–259, m. Komm. v. Edward Grant and John E. Murdoch, S. 260–269.

(8) (zus. m. Ernest A. Moody): The Medieval Science of Weights, Madison 1960, speziell S. 33–53.

(9) Artikel ‚Archimedes‘ in: Dictionary of Scientific Biography, hrsg. v. Ch. C. Gillispie, Bd. 1, New York, S. 213–231.
Claus, A. C.: Archimedes' Burning Mirrors, in: Applied Optics 12, 1973, A 14 und nachfolgende Diskussion von O. M. Stavroudis, K. D. Mielenz and D. L. Simms.

Czwalina, Arthur:

(1) Archimedes, Leipzig/Berlin 1925 (= Mathematisch-Physikalische Bibliothek Bd. 64).

(2) Berechnung von Quadratwurzeln bei den Griechen, in: Archiv für die Geschichte der Mathematik, der Naturwissenschaften und der Technik 10, 1927, S. 334 f.

(3) Eine physikalische Präzisionsmessung des Archimedes, in: Archiv für die Geschichte der Mathematik, der Naturwissenschaften und der Technik 10, 1928, S. 464–466.

Siehe auch Textausgaben 1.2.1.

Davis, H. T.: Archimedes and Mathematics, in: School, Science and Mathematics 44, 1945, S. 136–145.

Delsedime, Piero:

(1) L'Infini numérique dans l'Arénaire d'Archimède, in: Archive for History of Exact Sciences 6, 1970, S. 345–359.
(2) Uno strumento astronomico descritto nel corpus Archimedeo: La dioptra di Archimede, in: Physis 12, 1970, S. 173–196.

Derenzini, Giovanna: L'eliocentrismo di Aristarco da Archimede a Copernico, in: Physis 16, 1974, S. 289–308.

Deventer, Ch. M. van: Grepen uit de Historie der Chemie, Haarlem 1924, speziell S. 108–127.

Dijksterhuis, E. J.:

(1) Archimedes und seine Bedeutung für die Geschichte der Wissenschaft, in: Abhandlungen zur Wissenschaftsgeschichte und Wissenschaftslehre, Bremen 1952, S. 5–31.
(2) Die Integrationsmethoden von Archimedes, in: Nordisk matematisk tidsskrift 2, 1954, S. 5–23.

Siehe auch Textausgaben 1.2.2. und 1.2.4.

Dold-Samplonius, Yvonne:

(1) Archimedes: Einander berührende Kreise, in: Sudhoffs Archiv 57, 1973, S. 15–40.
(2) Book of Assumptions by Aqūtūn, Diss. Amsterdam 1977. (Für Archimedes vor allem S. 56–58.)

Siehe auch Textausgaben 1.1.

Drachmann, A. G.:

(1) The Skrew of Archimedes, in: Akten des VIII. CIHS Florenz-Mailand 1956, Bd. 1, Paris 1958, S. 940–943.
(2) How Archimedes Expected to Move the Earth, in: Centaurus 5, 1958, S. 278–282.
(3) Fragments from Archimedes in Heron's Mechanics, in: Centaurus 8, 1963, S. 91–146.
(4) The Mechanical Technology of Greek and Roman Antiquity, Kopenhagen 1963 (= Acta historica scientiarium naturalium et medicinalium, Bd. 17).
(5) Archimedes and the Science of Physics, in: Centaurus 12, 1967, S. 1–11.
(6) Große griechische Erfinder, Zürich 1967 Reihe ,Lebendige Antike'.
(7) Heron's Model of the Universe, in: Akten des XII. CIHS Paris 1968, Bd. 3A, Paris 1971, S. 47–50.

Duarte, F. J. siehe Textausgaben 1.3.

Duhem, Paul: Archimède connaissait-il le Paradoxe hydrostatique?, in: Bibliotheca mathematica 3. Folge, Bd. 1, 1900, S. 15–19.

Erhardt, Rudolf von, und Erika von Erhardt-Siebold: Archimedes' Sand-Reckoner: Aristarchos and Copernicus, in: Isis 33, 1942, S. 578–602, und Isis 34, 1943, S. 214 f.

Evans, George W.: A Riddle from Archimedes, in: Mathematics Teacher 20, 1927, S. 243–252.

Favaro, Antonio:

(1) Archimede e Leonardo da Vinci, in: Atti del Reale Istituto Veneto di Scienze, Lettere ed Arti 71, 1912, S. 953–975.
(2) Archimede, 2. Aufl. Rom 1923 (= Profili No. 21).

Fierz, Markus: Die Mechanik des Archimedes und seiner Nachfolger, in: Vorlesung zur Entwicklungsgeschichte der Mechanik, Berlin/Heidelberg/New York 1972 (= Lecture Notes in Physics 15), S. 13–20.

Fleckenstein, Joachim O.:

(1) Bemerkungen zu einer Archimedeshandschrift ‚De curvis superficiebus' aus dem Basler Codex F II 33, in: L'Enseignement mathématique 2, 1956, S. 324–326.
(2) (zus. m. B. Marzetta): $\sqrt{3}$ bei Archimedes, in: L'Enseignement mathématique 6, 1960, S. 146 f.

Frajese, Attilio:

(1) Sul valore di un' attribuzione a Platone della conoscenza di due poliedri semiregolari, in: Archimede 2, 1950, S. 89–95.
(2) Da una lettera di Archimede ad un brano di Galileo, in: Archimede 23, 1971, S. 1–3.
(3) Come trovò Archimede il volume della sfera?, in: Archimede 24, 1972, S. 281–289.
(4) Archimedea, in: Cultura e scuola 14 (55), 1975, S. 190–196.

Siehe auch Textausgaben 1.2.7.

Freudenthal, Hans: What is Algebra and What Has it Been in History?, in: Archive for History of Exact Sciences 16, 1977, S. 189–200.

Gazis, Denos C., und Robert Herman: Square Roots Geometry and Archimedes, in: Scripta mathematica 25, 1960, S. 229–241.

Gericke, Helmuth:

(1) Über das Hebelgesetz des Archimedes, in: Mathematisch-Physikalische Semesterberichte 8, 1962, S. 215–222.
(2) Archimedes' Abhandlung ‚Über Spiralen', in: Mathematisch-Physikalische Semesterberichte 10, 1964, S. 252–266.

Gibson, G. A.: The Treatment of Arithmetic Progressions by Archimedes, in: Proceedings of the Edinburgh Mathematical Society 16, 1898, S. 2–12.

Giorello, Giulio: Archimedes and the Methodology of Research Programmes, in: Scientia 110, 1975, S. 125–135.

Goe, George:

(1) Is Archimedes' Proof of the Principle of the Lever Fallacious?, in: Akten des XII. CIHS Paris 1968, Bd. 4, Paris 1971, S. 73–77.
(2) Archimedes' Theory of the Lever and Mach's Critique, in: Studies in History and Philosophy of Science 2, 1972, S. 329–345.

Gould, S. H.: The Method of Archimedes, in: American Mathematical Monthly 62, 1955, S. 473–476.

Guzzo, Augusto: Archimede, in: Filosofia 3, 1952, S. 149–168.

Hauser, F., siehe E. Wiedemann (4).

Heath, Thomas, L.:

(1) Aristarchus of Samos, the Ancient Copernicus: A History of Greek Astronomy to Aristarchus together with Aristarchus's Treatise on the Sizes and Distances of the Sun and Moon, Oxford 1913.
(2) Archimedes, London 1920 (Reihe ‚Pioneers of Progress‘).
(3) A History of Greek Mathematics, 2 Bde. London 1921; Reprints London 1960, 1965 (darin Archimedes speziell in Bd. 2, S. 16–109).
(4) A Manual of Greek Mathematics, London 1931, Reprint New York 1936, speziell S. 277–342.

Siehe auch Textausgaben 1.2.1. und 1.2.2.

Heiberg, Johan L.:

(1) Quaestiones Archimedeae, Kopenhagen 1879.
(2) (zus. m. H. G. Zeuthen): Eine neue Schrift des Archimedes, in: Bibliotheca mathematica 3. Folge, Bd. 7, 1906/7, S. 321–363. (Enthält die deutsche Übers. der ‚Methodenschrift‘ durch Heiberg u. Komm. v. Zeuthen.)
(3) Le Rôle d'Archimède dans le Développement des Sciences exactes, in: Scientia 20, 1916, S. 81–89.
(4) Geschichte der Mathematik und Naturwissenschaften im Altertum, München 1925, Reprint München 1960 (= Handbuch der Altertumswissenschaft Bd. 5, Abt. 1, Teil 2).

Siehe auch Textausgaben 1.1.

Heller, P. L., siehe Textausgaben 1.2.5.

Heller, Siegfried: Ein Fehler in einer Archimedes-Ausgabe, seine Entstehung und seine Folgen, in: Abh. d. Bayer. Akad. d. Wiss., Math.-naturwiss. Kl., N. F. H. 63, 1954, S. 1–39.

Herman, Robert, siehe Gazis.

Hermelink, Heinrich: Ein bisher übersehener Fehler in einem Beweis des Archimedes, in: Archives internationales d'Histoire des Sciences A 6, 1953, S. 430–433.

Siehe auch Textausgaben 1.1.

Hill, Donald R.: On the Construction of Water-clocks. Kitāb Arshimīdas fē 'amal al-binkamāt, o.O. 1976.

Hjelmslev, Johannes:

(1) Über Archimedes' Größenlehre, in: Det Kgl. Danske Videnskabernes Selskab, Matematisk-Fysiske Meddelelser 25, 1950, S. 1–13.
(2) Eudoxus' Axiom and Archimedes' Lemma, in: Centaurus 1, 1950, S. 2–11.
(3) Antik og moderne Størrelseslaere, in: Matematisk Tidskrift A, 1950, S. 21–52, speziell S. 41–52.

Hoddeson, Lillian Hartmann: How Did Archimedes Solve King Hiero's Crown Problem? – An Unanswered Question, in: Physics Teacher 10, 1972, S. 14–19.

Hofmann, Joseph E.:

(1) Erklärungsversuche für Archimeds Berechnung von $\sqrt{3}$, in: Archiv für Geschichte der Mathematik, der Naturwissenschaften und der Technik 12, 1930, S. 386–408.
(2) Über die Annäherung von Quadratwurzeln bei Archimedes und Heron, in: Jahresbericht der Deutschen Mathematikervereinigung 43, 1934, S. 187–210; mit Nachtrag wiederabgedr. in: Zur Geschichte der griechischen Mathematik, hrsg. v. O. Becker, Darmstadt 1965, S. 100–124 (= Wege der Forschung Bd. 33).
(3) Wie kam wohl Archimedes zu seiner Näherung $\pi \sim 3\frac{1}{7}$?, in: Unterrichtsblätter für Mathematik und Naturwissenschaften 41, 1935, S. 37–40.
(4) Über ein ‚neues' Verfahren zur Annäherung von Quadratwurzeln und seine geschichtliche Bedeutung, in: Deutsche Mathematik 6, 1942, S. 453–461.
(5) François Viète und die Archimedische Spirale, in: Archiv der Mathematik 5, 1954, S. 138–147.
(6) Archimedes von Syrakus, in: Archimedes 6, 1954, S. 67–70.
(7) Vom Einfluss der antiken Mathematik auf das mittelalterliche Denken, in: Antike und Orient im Mittelalter, hrsg. v. P. Wilpert, Berlin 1962, S. 96–111 (= Miscellanea medievalia Bd. 1).
(8) Über Archimedes' halbregelmäßige Körper, in: Archiv der Mathematik 14, 1963, S. 212–216.

Hooykaas, Rejer: Das Verhältnis von Physik und Mechanik in historischer Hinsicht, Wiesbaden 1963 (= Beiträge zur Geschichte der Wissenschaft und der Technik H. 7).

Hoppe, Edmund: Die zweite Methode des Archimedes zur Berechnung von π, in: Archiv für die Geschichte der Naturwissenschaften und der Technik 9, 1929, S. 104–107.

Hölder, Otto: Die Mathematische Methode: Logisch-erkenntnistheoretische Untersuchungen im Gebiete der Mathematik, Mechanik und Physik, Berlin 1924, speziell: ,Der Hebelbeweis des Archimedes', S. 39–45.

Hultsch, Friedrich:

(1) Pappi Alexandrini collectionis quae supersunt, in 3 Bdn., Berlin 1875–1878; Reprint Amsterdam 1965.
(2) Artikel ,Archimedes', in: Real-Encyclopädie der Classischen Altertumswissenschaft (Pauly-Wissowa) II.1, Stuttgart 1895, Sp. 507–539.

Ibel, Thomas: Die Waage im Altertum und Mittelalter, Erlangen 1908, speziell S. 38–54.

Itard, Jean: Quelques Remarques sur les Méthodes infinitésimales chez Euclide et Archimède, in: Revue d'Histoire des Sciences 3, 1950, S. 210–213.

Jaouiche, Khalil: Le livre du quarastūn de Tābit ibn Qurra, in: Archive for History of Exact Sciences 13, 1974, S. 325–347.

al-Jazarī, ibn al-Razzāz: The Book of Knowledge of Ingenious Mechanical Devices (übers. u. komm. v. Donald R. Hill), Dordrecht/Boston 1974.

Johnson, M. C.: Léonard de Vinci et les Manuscrits d'Archimède: Note sur la Transmission de la Culture scientifique de l'Antiquité, in Scientia 53, 1933, S. 213–217.

Juel, C.: Note om Archimedes' Tyngdepunktslaere, in: Oversigt over det Kgl. Danske videnskabernes selskabs forhandlinger 1914, S. 421–441.

Juškevič, Adolf P.: Remarque sur la Méthode antique d'Exhaustion, in: Mélanges Alexandre Koyré, Bd. 1: L'Aventure de la Science, Paris 1964, S. 635–653.

Kagan, W. F.: Archimedes: Sein Leben und Werk, Leipzig 1955 (Übers. des Moskau/ Leningrad 1951 ersch. russ. Orig.).

Keller, Alex: Archimedean Hydrostatic Theorems and Salvage Operations in 16th Century Venice, in: Technology and Culture 12, 1971, S. 602–617.

Kierboe, T.: Bemerkungen über die Terminologie des Archimedes, in: Bibliotheca mathematica 3. Folge, Bd. 14, 1913/14, S. 33–40.

Klemm, Friedrich: Technik: Eine Geschichte ihrer Probleme, Freiburg/München 1954.

Kliem, Fritz, und Georg Wolff: Archimedes, Berlin 1927 (= Mathematisch-Naturwissenschaftlich-Technische Bücherei Bd. 1).

Siehe auch Textausgaben 1.2.1.

Knorr, Wilbur R.:

(1) The Evolution of the Euclidean Elements: A Study of the Theory of Incommensu-
rable Magnitudes and its Significance for Early Greek Geometry, Dordrecht/Boston
1975 (= Synthese historical library Bd. 15).

(2) Archimedes and the Measurement of the Circle: a New Interpretation, in: Archive
for History of Exact Sciences 15, 1976, S. 115–140.

(3) Archimedes and the Spirals: The Heuristic Background, in: Historia Mathematica 5, 1978, S. 43–75. (Da diese Arbeit im Text nicht mehr berücksichtigt werden konnte, hier eine kurze Inhaltsangabe: Die heuristische Methode, mit deren
Hilfe Archimedes die in der ‚Spiralenabhandlung‘ entwickelten Sätze fand, ist
in der ‚Methodenschrift‘ nicht angegeben. Unter der Voraussetzung, dass eine
Reihe der in der Collectio von Pappus enthaltenen Sätze über Spiralen auf eine
der ‚Spiralenabhandlung‘ vorausgehende Vorstudie von Archimedes zurückgehen,
werden die Sätze über den Flächeninhalt von Spiralensegmenten und über die Eigenschaften der Spiralentangente zurückgeführt auf geistreiche Konstruktionen
von Körpern und Kurven auf der Oberfläche dieser Körper. Eine der Forderung
nach Methodenreinheit im 19. Jh. vergleichbare Strömung wird verantwortlich
gemacht für den in der uns allein erhaltenen späteren Fassung der ‚Spiralenabhandlung‘ sichtbaren radikalen Wandel, der die Benutzung von Körpern für ebene
Probleme ausschloss.)

(4) Archimedes’ Neusis-Constructions in Spiral Lines, in: Centaurus 22, 1978,
S. 101–122.

(5) Archimedes’ Lost Treatise on the Centers of Gravity of Solids, in: Mathematical
Intelligencer 1 (no. 2), 1978, S. 102–109.

(6) Archimedes and the Pre-Euclidean Proportion Theory, in: Archives Internationales
d’Histoire des Sciences 28, 1978, S. 183–244.

(7) Archimedes and the Elements: Proposal for a Revised Chronological Ordering
of the Archimedean Corpus, in: Archive for History of Exact Sciences, 1978,
S. 211–290.

Krafft, Fritz:

(1) Bemerkungen zur Mechanischen Technik und ihrer Darstellung in der Klassischen
Antike, in: Technikgeschichte 33, 1966, S. 121–159.

(2) Die Wandlung des Begriffs Mechanik, in: Antiquitas Graeco-Romana ac tempora
nostra, Prag 1968, S. 531–542.

(3) Dynamische und statische Betrachtungsweise in der antiken Mechanik, Wiesbaden
1970 (= Boethius Bd. 10), speziell S. 97–128.

(4) Die Stellung der Technik zur Naturwissenschaft in Antike und Neuzeit, in: Technikgeschichte 37, 1970, S. 189–209.

(5) Zu den MHXANIKA des Archimedes, in: Akten des XII. CIHS Paris 1968, Bd. 4,
Paris 1971, S. 97–101.

(6) Archimedes, in: Enzyklopädie ‚Die Großen der Weltgeschichte' Bd. 1, Zürich
     1971, S. 726–743.
(7) Archimedes von Syrakus als Ingenieur und Physiker, in: Der Mathematische und
     Naturwissenschaftliche Unterricht 25, 1972, S. 65–72.
(8) Kunst und Natur: Die Heronische Frage und die Technik in der Klassischen Antike,
     in: Antike und Abendland 19, 1973, S. 1–19.

Krumbiegel, B.: Das Problema bovinum des Archimedes, in: Zeitschrift für Mathematik und Physik, Historisch-literarische Abteilung 25, 1880, S. 153–171.

Kubesov, A.: Über Nasīr al Dīn al-Tūsī's Kommentar zu Archimedes' ‚Über Kugel und
Zylinder' [russ.], in Voprosy istorii estestvoznanija i tehniki 27, 1969, S. 23–28.

Kulum, Živojin: wie kam Archimedes zu dem Ergebnis: $265/153 < \sqrt{3} < 1351/780$
[serb.], in: Bulletin de la Société des Mathématiciens et Physiciens de la RP. de Serbie
6, 1954, S. 108–111.

Lambossy, P.: Archimède. Le Traité des Corps flottants et le Traité de la Méthode, in:
Bulletin de la Société Fribourgeoise des Sciences Naturelles 1929, S. 20–39.

Lawrence, A. W.: Archimedes and the Design of Euryalus Fort, in: Journal of Hellenic
Studies 66, 1946, S. 99–107.

Lejeune, Albert:

(1) La Dioptre d'Archimède, in: Annales de la Société Scientifique de Bruxelles 61,
     1947, S. 27–47.
(2) Archimède et la Loi de la Réflexion, in: Isis 38, 1947, S. 51–53.

Lenzen, V. F.: Archimedes' Theory of the Lever, in: Isis 17, 1932, S. 288 f.

Lidonnici, Alfonso: Gli Arbeli, in: Periodico di matematiche 12^4, 1932, S. 253–269,
speziell S. 253–264.

Lones, T. East: Mechanics and Engineering from the Time of Aristotle to that of Archimedes, in: Newcomen Society Transactions 2, 1921/22, S. 61–69.

Lorent, Henri: Sur les Traces des Pas d'Archimède, in: Mathésis 64, 1955, Suppl.
S. 3–7.

Loria, Gino:

(1) Archimede: La scienza che dominò Roma, Mailand 1928 (Reihe ‚I curiosi della
     natura').
(2) Segmento e settore sferici in Archimede, in: Bolletino di matematica 24, 1928,
     S. I f.

Lurje, Salomon Jakovlevič: Archimedes, Wien 1948 (Übers. des Moskau/Leningrad
1945 ersch. russ. Org.).

Mach, Ernst: Die Mechanik in ihrer Entwicklung, 8. Aufl. Leipzig 1921. Reprint Wiesbaden 1976.

Mahoney, Mike:

(1) Another Look at Greek Geometrical Analysis, in: Archive for History of Exact Sciences 5, 1968, S. 318–348, speziell S. 337–340.
(2) The Mathematical Career of Pierre de Fermat (1601–1665), Princeton 1973.

Marsden, E. W.: Greek and Roman Artillery: Historical Development, Oxford 1969.

Marzetta, B., siehe Fleckenstein (2).

Middleton, W. E. Knowles: Archimedes, Kircher, Buffon, and the Burning-Mirrors, in: Isis 52, 1961, S. 533–543.

Midolo, P.: Archimede e il suo tempo, Syrakus 1912.

Milhaud, G.: Le Traité de la Méthode d'Archimède, in: Revue Scientifique 10^5, 1908, S. 417–423.

Miller, G. A.: Archimedes and Trigonometry, in: Science 67, 1928, S. 555.

Moody, Ernest Addison, siehe Clagett, Marshall (8).

Mugler, Charles: Sur un Passage d'Archimède, in: Revue des Etudes Grecques 86, 1973, S. 45–47.

Siehe auch Textausgaben 1.1.

Müller, Conrad: Wie fand Archimedes die von ihm gegebenen Näherungswerte von $\sqrt{3}$?, in: Quellen und Studien zur Geschichte der Mathematik, Astronomie und Physik, Abt. B 2, 1932, S. 281–285.

Natucci, Alpinolo: Commento di Nicolò Tartaglia all'opera di Archimede ‚De insidentibus aquae', in: Akten des VIII. CIHS Florenz-Mailand 1956, Bd. 1, Paris 1958, S. 75–83.

Neuenschwander, E.: Zur Überlieferung der Archytas-Lösung des delischen Problems, in: Centaurus 18, 1973, S. 1–5.

Neugebauer, Otto:

(1) Archimedes and Aristarchus, in: Isis 34, 1942, S. 4–6.
(2) A History of Ancient Mathematical Astronomy, in 3 Tln. Berlin/Heidelberg/New York 1975 (= Studies in the History of Mathematics and Physical Sciences 1).

Oldham, R. D.: The loculus of Archimedes, in: Nature 117, 1926, S. 337 f.

Painlevé, Paul: Un Traité de Géométrie inédit d'Archimède, in: Revue générale des Sciences pures et appliquées 18, 1907, S. 911 f.

Pappus siehe Hultsch (1).

Pixley, Loren W.: Archimedes, in: Mathematics Teacher 58, 1965, S. 634–636.

Price, Derek de Solla: Gears from the Greeks: The Antikythera Mechanism – a Calendar Computer from ca. 80 B.C., in: Transactions of the American Philosophical Society, N. S. 64, Teil 7, 1974.

Procissi, Angiolo: La traduzione italiana delle opere di Archimede nelle carte inedite di Vincenzo Viviani (1622–1703), in: Bollettino della unione matematica Italiana 8^3, 1953, S. 74–82.

Rabinovitch, Nachum L.: An Archimedean Tract of Immanuel Tov-Elem (14th cent.), in: Historia Mathematica 1, 1974, S. 13–27.

Raskin, G.: De brandspiegels van Archimedes, in: Philologische Studien 10, 1938/9, S. 109–118.

Read, Cecil B.: Archimedes and his Sandreckoner, in: School Science and Mathematics 61, 1961, S. 81–84.

Reeve, W. D.: We pay Tribute to Archimedes, in: Mathematics Teacher 23, 1930, S. 61 f.

Rehm, A.: Artikel ‚Konon‘, in: Real-Encyclopädie der Classischen Altertumswissenschaft (Pauly-Wissowa) XI 2, Stuttgart 1922, Sp. 1338.

Reinach, Théodore: Un Traité de Géométrie inédit d'Archimède, in: Revue générale des Sciences pures et appliquées 18, 1907, S. 913–928 und S. 954–961.

Richardt, Thv.: Archimedes' beregning av $\sqrt{3}$, in: Norsk matematisk tidsskrift 7, 1925, S. 73–88.

Rome, A.: Notes sur les Passages des Catoptriques d'Archimède conservés par Théon d'Alexandrie, in: Annales de la Société Scientifique des Bruxelles, Reihe A: Mathematik, 52, 1932, S. 30–41.

Rose, Valentin: Archimedes im Jahre 1269, in: Deutsche Literaturzeitung 5, 1884, Sp. 210–213 und Sp. 292.

Rosen, Edward: Was Copernicus a Hermetist?, in: Historical and Philosophical Perspectives of Science, hrsg. v. Roger H. Stuewer, Minneapolis 1970, S. 163–171.

Rosenfeld, B. A., siehe Textausgaben 1.2.6.

Rudio, Ferdinand, siehe Textausgaben 1.2.1.

Ruffini, Enrico: Il ‚metodo‘ di Archimede e le origini dell'analisi infinitesimale nell'antichità, Rom 1926.

Sakas, John: Archimedes Burned up the Roman Fleet by Means of Flat Mirrors (6 S.). (Schreibmaschinenvervielfältigung einer Versuchsbeschreibung; der Versuch fand im Sommer 1973 in Athen-Piräus statt.)

Schaeffer, J. J.: Die wissenschaftliche Persönlichkeit des Archimedes, in: Publicationes didácticas del instituto de matemática y estadística (Facultad de ingeniería y agrimensura, Montevideo) 1, 1958, S. 57–93.

Siehe auch Textausgaben 1.2.5.

Schmidt, Olaf: A System of Axioms for the Archimedean Theory of Equilibrium and Centre of Gravity, in: Centaurus 19, 1975, S. 1–35.

Schmidt, Wilhelm: Zur Textgeschichte der ‚Ochúmena‘ des Archimedes, in: Bibliotheca mathematica 3. Folge, Bd. 3, 1902, S. 176–179.

Schneider, Ivo:

(1) Die Entstehung der Legende um die kriegstechnische Anwendung von Brennspiegeln bei Archimedes, in: Technikgeschichte 36, 1969, S. 1–11, und in: Rechenpfennige: Aufsätze zur Wissenschaftsgeschichte, K. Vogel zum 80. Geburtstag, München 1968, S. 31–42.

(2) ‚Geheimwaffe‘ von Archimedes: eine Legende, in: Naturwissenschaftliche Rundschau 28, 1975, S. 169.

(3) François Viète, in: Enzyklopädie ‚Die Großen der Weltgeschichte‘ Bd. V, Zürich 1974, S. 222–241.

Schoy, Carl:

(1) Graeco-Arabische Studien nach mathematischen Handschriften der Vizeköniglichen Bibliothek zu Kairo, als Festgruß zum 70. Geburtstag des Herrn Prof. J. L. Heiberg, Kopenhagen, dargestellt in: Isis 8, 1926, S. 21–40.

(2) Über die Konstruktion der Seite des dem Kreise einbeschriebenen regulären Siebenecks, in: Die trigonometrischen Lehren des Persischen Astronomen Abu' l-Raihān Muh. Ibn Ahmad Al-Bīrunī, Hannover 1927, S. 74–84.

Schramm, Matthias, siehe Textausgaben 1.1.

Schrek, D. J. E.: De sikkel van Archimedes, in: Nieuw Tijdschrift voor Wiskunde 30, 1942/43, S. 1–13.

Segre, Beniamino: Archimede e la scienza moderna, in: Archimede 27, 1975, S. 65–75.

Sezgin, Fuat: Geschichte des arabischen Schrifttums, Bd. 1–5, Leiden 1967–1974, speziell Bd. 5.

Shapiro, Alan E.: Archimedes's Measurement of the Sun's Apparent Diameter, in: Journal for the History of Astronomy 6, 1975, S. 75–83.

Shoen, Harriet H.: Archimedes. The Reconstruction of a Personality, in: Scripta mathematica 2, 1934, S. 261–264 u. 342–347.

Sibirani, F.: Il trattato delle spirali di Archimede, in: Bollettino della unione matematica italiana, Serie II 1, 1939, S. 160–172 u. 259–274.

Sierpinski, Waclaw: Festivities in Honor of Archimedes, in: Scripta mathematica 26, 1961, S. 143–145.

Simms, D. L.:

(1) Archimedes and Burning Mirrors, in: Physics Education 10, 1975, S. 517–521.
(2) Archimedes and the Burning Mirrors of Syracuse, in: Technology and Culture 18, 1977, S. 1–24.

Smeur, A. J. E. M.: On the Value Equivalent to π in Ancient Mathematical Texts. A New Interpretation, in: Archive for History of Exact Sciences 6, 1970, S. 249–270, speziell S. 253–258.

Stamatis, Evangelos: (Von den zahlreichen Arbeiten des Autors zu und über Archimedes sind nur die berücksichtigt, die nicht in die Werksausgabe (siehe 1.1.) eingingen.)

(1) Geometrischer Beweis der Archimedischen Näherungswerte für $\sqrt{3}$ [neugriech.], in: Praktika tēs Akadēmias Athēnōn 30, 1955, S. 255–262.
(2) Verallgemeinerung eines Archimedischen Satzes [neugriech.], in: Platōn 15, 1963, S. 165–168.
(3) Rekonstruktion des ursprünglichen Textes im Sizilisch-Dorischen Dialekt von 15 Sätzen des Archimedes, die in arabisch sind [neugriech.], in: Deltion tēs 'Ellēnikēs mathēmatikēs 'etaireias, N. S. 6 II, 1965, S. 265–297.
(4) Die griechische Wissenschaft [neugriech.], Athen 1968, speziell S. 108–149.
(5) Unveröffentlichte Schriften Griechischer Mathematiker und Astronomen, die in arabischer Sprache erhalten sind [neugriech.], in: Platōn 24, 1972, S. 102–105.
(6) Geschichte der Griechischen Mathematik: Arithmetik – Die Anfänge der griechischen Geometrie [neugriech.], Athen 1976.

Stein, Walter: Der Begriff des Schwerpunkts bei Archimedes, in: Quellen und Studien zur Geschichte der Mathematik, Abt. B 1, 1930, S. 221–244, und in: Zur Geschichte der griechischen Mathematik, hrsg. v. O. Becker, Darmstadt 1965, S. 76–99 (= Wege der Forschung Bd. 33).

Steinschneider, Moritz:

(1) Die Arabischen Übersetzungen aus dem Griechischen, Graz 1960 (= Reprint von vier Zeitschriftenartikeln aus den Jahren 1889–1896 in Buchform).
(2) Die Hebräischen Übersetzungen des Mittelalters und die Juden als Dolmetscher, Berlin 1893, Reprint Graz 1956.

(3) Die europäischen Übersetzungen aus dem Arabischen bis Mitte des 17. Jahrhunderts, in: Sitzungsber. d. Kaiserl. Akad. d. Wiss. in Wien, Phil.-Hist. Kl. 149, 1904, und 151, 1905. Reprint als Buch: Graz 1956.

Suter, Heinrich:

(1) Das Mathematiker-Verzeichnis im Fihrist des Ibn Abī Ja'kūb An-Nadīm, in: Abhandlungen zur Geschichte der mathematischen Wissenschaften 6, 1892, S. 1–87, speziell S. 17 f.
(2) Der Loculus Archimedius oder das Syntemachion des Archimedes, in: Abhandlungen zur Geschichte der Mathematik 9, 1899, S. 491–499, und in AO II, S. 420–424.
(3) Die Mathematiker und Astronomen der Araber und ihre Werke, Leipzig 1900 (= Abhandlungen zur Geschichte der mathematischen Wissenschaften 10).
(4) Das Buch der Auffindung der Sehnen im Kreise von Abū l-Raihān Muh el-Bīrūnī, in: Bibliotheca mathematica 3. Folge, Bd. 11, 1910, S. 11–78; speziell S. 13–15, u. S. 37–40.

Tannery, Paul:

(1) Sur la Mesure du Cercle d'Archimède, in: Mémoires de la Société des Sciences physiques et naturelles de Bordeaux 4^2, 1882, S. 313–337, und in: Mémoires scientifiques de Paul Tannery Bd. 1, Toulouse/Paris 1912, S. 226–253.
(2) Sur une Critique ancienne d'une Démonstration d'Archimède, in: Mémoires de la Société des Sciences physiques et naturelles de Bordeaux 5^2, 1883, S. 49–61, und in: Mémoires scientifiques de Paul Tannery Bd. 1, Toulouse/Paris 1912, S. 300–316.

Thurot, Charles: Recherches historiques sur le Principe d'Archimède, in: Revue archéologique 18, 1868, S. 389–406; 19, 1869, S. 42–49, S. 111–123, S. 284–299, S. 345–360; 20, 1869, S. 14–33.

Toeplitz, Otto: Bemerkungen zu der vorstehenden Arbeit von Conrad Müller [Wie fand Archimedes die von ihm geg. Näherungswerte von $\sqrt{3}$?], in: Quellen und Studien zur Geschichte der Mathematik, Astronomie und Physik, Abt. B 1, 1931, S. 286–290.

Toomer, G. J.:

(1) The Chord Table of Hipparchus and the Early History of Greek Trigonometry, in: Centaurus 18, 1973, S. 6–28.
(2) Diocles on Burning mirrors: The Arabic Translation of the Lost Greek Original ed., with Engl. transl. and comm., Berlin/Heidelberg/New York 1976 (= Sources in the History of Mathematics and Physical Sciences 1).

Tóth, Imre: Das Parallelenproblem im Corpus Aristotelicum, in: Archive for History of Exact Sciences 3, 1967, S. 249–422, speziell S. 257–266.

Tropfke, Johannes:

(1) Archimedes und die Trigonometrie, in: Archiv für Geschichte der Mathematik, der Naturwissenschaften und der Technik 10, 1928, S. 432–463.
(2) Die Siebeneckabhandlung des Archimedes, in: Osiris 1, 1936, S. 636–651.

Tsukada, Osamu: Archimedes' Berechnung von π [jap.], in: Kagakusi Kenkyu 6, 1967, S. 195–199.

Vacca, Giovanni

(1) Sull' Ἔφοδος di Archimede, in: Atti della Reale Accademia dei Lincei 23, 1914, S. 850–853
(2) Sugli specchi ustori di Archimede, in: Bollettino della unione matematica Italiana 3^2, 1940, S. 71–73, und in: Atti del 2. congresso della unione matematica Italiana 2, 1940, S. 900.

Vailati, Giovanni: Del concetto di centro di gravità nella statica d'Archimede, in: Atti della Accademia Reale delle scienze di Torino 32, 1897, S. 742–758.

Ver Eecke, Paul, siehe Textausgaben 1.2.3.

Veselovski, I. N.: Archimedes [russ.], Moskau 1957.

Siehe Textausgaben 1.2.6.

Vetter, Quido:

(1) Einige Randbemerkungen zu Archimedes' Schriften, namentlich der ‚Methode‘ [tschech.], in: Časopis 49, 1920, S. 224–244.
(2) Einige Bemerkungen über die Reihenfolge von Archimedes' geometrischen Entdeckungen und Schriften [tschech.], in Časopis 50, 1921, S. 81–88 u. 250–254.

Vietzke, Alexander: Die neue Schrift des Archimedes von Syrakus, in: Mathematisch-naturwissenschaftliche Blätter 9, 1912, S. 1–3.

Vlastos, Gregory: Minimal Parts in Epicurean Atomism, in: Isis 56, 1965, S. 121–147.

Vogel, Kurt:

(1) Die Näherungswerte des Archimedes für $\sqrt{3}$, in: Jahresbericht der Deutschen Mathematiker-Vereinigung 41, 1932, S. 152–158.
(2) Beiträge zur griechischen Logistik (Erster Teil), in: Sitzungsber. d. Bayer. Akad. d. Wiss., Math.-Naturwiss. Abt. 1936, S. 357–472.
(3) Der Anteil von Byzanz an Erhaltung und Weiterbildung der griechischen Mathematik, in: Antike und Orient im Mittelalter, hrsg. v. P. Wilpert, Berlin 1962, S. 112–128 (= Miscellanea medievalia Bd. 1).

de Vries, H.: Historische Studien, Groningen 1926.

Van der Waerden, Bartel Leendert:

(1) Einfall und Überlegung: Drei kleine Beiträge zur Psychologie des Mathematischen Denkens, in: Elemente der Mathematik 8, 1953, S. 121–129; 9, 1954, S. 1–9 u. 49–56; auch Separatdruck Basel 1968.

(2) Erwachende Wissenschaft. Ägyptische, Babylonische und Griechische Mathematik, Basel/Stuttgart 1956, 2. Aufl. 1966, speziell S. 344–380.

Wiedemann, Eilhard:

(1) Aufsätze zur arabischen Wissenschaftsgeschichte, 2 Bde., Hildesheim/New York 1970.

(2) Beiträge zur Geschichte der Naturwissenschaften III, in: Sitzungsberichte der Physikalisch-medizinischen Sozietät in Erlangen 37, 1905, S. 218–263, speziell S. 247–250, 257 f.; und in: Wiedemann (1) Bd. 1, S. 59–104, speziell S. 88–91 und 98 f.

(3) Beiträge zur Geschichte der Naturwissenschaften VII: Über arabische Auszüge aus der Schrift des Archimedes über die schwimmenden Körper, in: Sitzungsberichte der physikalisch-medizinischen Sozietät in Erlangen 38, 1906, S. 152–162, und in: Wiedemann (1) Bd. 1, S. 229–239.

(4) (zus. m. F. Hauser): Uhr des Archimedes und zwei andere Vorrichtungen, in: Nova Acta, Abh. d. Kaiserl. Leop.-Carol. Deutschen Akad. der Naturforscher 103, 1918, S. 160–202.

Wieleitner, Heinrich:

(1) Das Fortleben der Archimedischen Infinitesimalmethoden bis zum Beginn des 17. Jahrh., insbesondere über Schwerpunktbestimmungen, in: Quellen und Studien zur Geschichte der Mathematik Abt. B 1, 1930, S. 201–220.

(2) Keplers ,Archimedische Stereometrie‘, in: Unterrichtsblätter für Mathematik und Naturwissenschaften 36, 1930, S. 176–185.

Wilsdorf, Helmut: Technik und Arbeitsorganisation, in: Hellenische Poleis. Krise – Wandlung – Wirkung, hrsg. v. E. Ch. Welskopf, Bd. 4, Berlin 1974, S. 1727–1821.

Winter, Franz: Der Tod des Archimedes, Berlin 1924 (= 82. Winckelmannsprogramm der Archäologischen Gesellschaft zu Berlin).

Woepcke, F.: L'algèbre d'Omar Alkhayyāmī, Paris 1851, speziell S. 91–116.

Wolff, Georg, siehe Kliem.

Zeuthen, H. G.:

(1) Note sur la Résolution géometrique d'une Equation du 3e degré par Archimède, in: Bibliotheca mathematica 2. Folge, Band 7, 1893, S. 97–104.

(2) Über einige archimedische Postulate, in: Archiv für die Geschichte der Naturwissenschaften und der Technik 1, 1909, S. 28–35
Siehe auch Heiberg (2).

Žitomirskij, S. V.: Die astronomischen Arbeiten von Archimedes [russ.], in: Istoriko-astronomičeskije issledovanija 13, 1977, S. 319–337.

Zubov, V. P.: Die archimedische Tradition im Mittelalter: Der Traktat 'Über die Bewegung' des Gerhard von Brüssel [russ.], in: Istoriko-matematičeskije issledovanija 16, 1965, S. 235–272.

3 Archimedes in der Literatur

Colerus, Egmont: Archimedes in Alexandrien. Erzählung, Berlin/Wien/Leipzig 1939.

Mayer, Theodor Heinrich: Der Stapellauf der Alexandreia, in: Vom Gedanken zur Tat, Novellen aus der Geschichte werktätigen Schaffens, München 1941, S. 45–58.

Mellach, Kurt: Archimedes oder die Stunde der Physik. Tragikomödie in 3 Akten, Wien 1967.

Namen- und Sachregister[1]

---

[1] Zum Stichwort „Archimedes" wird eine Reihe von Namen- und Sachbezügen aufgeführt, u. a. auch „Werke", wonach sämtliche zitierten und bearbeiteten Schriften von Archimedes verzeichnet sind.

Auf entsprechende in den Fußnoten enthaltene Informationen wird im Namen- und Sachregister durch Angabe der Seite verwiesen, auf der die Fußnote erscheint.